U0190954

计 算 机 科 学 丛 书

现代软件工程
面向软件产品

[英] 伊恩·萨默维尔（Ian Sommerville）著

李必信 廖力 等译

Engineering Software Products

An Introduction to Modern Software Engineering

机械工业出版社

CHINA MACHINE PRESS

图书在版编目（CIP）数据

现代软件工程：面向软件产品 /（英）伊恩·萨默维尔（Ian Sommerville）著；李必信等译 .
—北京：机械工业出版社，2021.1（2024.1 重印）
（计算机科学丛书）
书名原文：Engineering Software Products: An Introduction to Modern Software
Engineering

ISBN 978-7-111-67464-1

I. 现… II. ① 伊… ② 李… III. 软件工程 IV. TP311.5

中国版本图书馆 CIP 数据核字（2021）第 012499 号

北京市版权局著作权合同登记 图字：01-2020-2375 号。

本书共 10 章，涵盖软件产品、敏捷软件工程、特征 / 场景和用户故事、软件架构、基于云的软件、微服务架构、安全和隐私、可信赖编程、测试、DevOps 和代码管理等内容。与大多数软件工程课本不同的是，本书关注软件产品而不是软件项目，所介绍的技术是其他软件工程教材没有的，例如，人物角色和场景、云计算、微服务、安全和 DevOps 等。只要你具有现代面向对象语言的编程经验，也熟悉基本的对象计算概念，就可以轻松理解书中的内容。

出版发行：机械工业出版社（北京市西城区百万庄大街 22 号 邮政编码：100037）
责任编辑：李永泉　　　　　　　　　　责任校对：殷　虹
印　　刷：固安县铭成印刷有限公司　　版　　次：2024 年 1 月第 1 版第 2 次印刷
开　　本：185mm×260mm　1/16　　　印　　张：19.25
书　　号：ISBN 978-7-111-67464-1　　定　　价：99.00 元

客服电话：（010）88361066　68326294

我们处在万物互联互通的时代，也是软件定义一切的时代。各种软件产品已经改变了我们的日常生活和工作，还有更多的软件产品正在试图改变我们的日常生活和工作。然而，软件产品的高质量、高安全性和高可靠性需求问题一直没有得到很好的解决，究其原因，我认为传统的以过程为基础的项目驱动软件工程思想有局限性，在面对这些问题时有些力不从心。虽然全世界有几万家软件公司，几十万名软件工程师从事软件产品开发，但是他们受传统的软件工程思想束缚，很难在软件产品工程化方面取得突破性的进展，也很难在软件的高质量、高安全性和高可靠性方面给出令人满意的解决方案。本书就是在这样的背景之下，为了适应软件工程发展的需求以及软件产品高质量、高安全性和高可靠性需求而诞生的。

本书共 10 章，涵盖软件产品、敏捷软件工程、特征 / 场景和用户故事、软件架构、基于云的软件、微服务架构、安全和隐私、可信赖编程、测试、DevOps 和代码管理等内容。与大多数软件工程教材不同的是，本书关注软件产品而不是软件项目，所介绍的技术是其他软件工程教材没有的，例如，人物角色和场景、云计算、微服务、安全和 DevOps 等。只要你具有现代面向对象语言的编程经验，也熟悉基本的对象计算概念，就可轻松理解书中的例子。

本书的读者对象是刚刚开始学习软件工程课程的学生，以及那些准备进行软件产品开发但又没有多少软件工程经验的技术人员。本书可作为高等学校软件工程专业二年级以上学生的教材，也可作为软件开发人员的参考书。

参加本书翻译的人员除本人外，其他人员主要是来自东南大学软件工程研究所、东南大学计算机科学与工程学院的师生，包括廖力、王璐璐、孔祥龙、周颖、宋启威、韩伟娜、李慧丹、谢仁松、胡甜媛等。在此，对他们的辛苦劳动表示衷心的感谢。

限于水平，译稿中难免存在不当之处，在此敬请读者批评指正。本书是一本非常优秀的软件工程读物，各位读者认真地阅读本书后一定会受益匪浅。

李必信

2020 年 11 月于南京九龙湖

软件产品（例如独立程序、Web 应用和服务、移动应用等）改变了我们的日常生活和工作。全世界有几万家软件产品公司，几十万名软件工程师从事软件产品开发。

与一些人的想法不同，我认为软件产品工程化需要的技能远比编码技能多得多，因此撰写了本书，旨在介绍一些重要的软件工程活动，这些活动对开发高可信、高安全性的软件产品至关重要。

本书读者对象

本书的读者对象是刚刚开始学习软件工程课程的学生。对那些准备进行软件产品开发又没有多少软件工程经验的技术人员来说，本书也非常适用。

需要一本关注产品的软件工程书籍的原因

大多数软件工程教材关注**基于项目**的软件工程。基于项目的软件工程的核心思想是：客户给出需求规约，公司开发软件。然而，用于大规模项目开发的软件工程技术和方法，不适合软件产品开发。

学生们通常很难理解大的定制软件系统。我的看法是，当学生关注他们经常使用的软件类型时，他们会发现理解软件工程技术其实并不难。同样，当学生在做项目时，若更多地关注产品工程化技术而不是面向项目的技术，他们会更容易理解软件工程技术。

本书是作者其他的软件工程教材的新版本吗？

不是，这本书考虑的是完全不同的方法，除了几幅图之外，没有重用任何来自《软件工程》（第 10 版）的材料。

本书内容

本书共 10 章，涵盖了软件产品、敏捷软件工程、特征/场景和用户故事、软件架构、基于云的软件、微服务架构、安全和隐私、可信赖编程、测试、DevOps 和代码管理等内容。

本书适合一个学期的软件工程课程使用。

本书与其他的软件工程导论教材的不同

正如前面所说，本书关注产品而不是项目，介绍的技术是其他软件工程教材没有的，如人物角色和场景、云计算、微服务、安全和 DevOps 等。由于产品创新不是来自高校科研，所以书中没有应用或提及科研成果，本书的写作风格也是"非正式"的。

如何才能从本书获得价值？

只需要你具有现代面向对象语言的编程经验，例如，你能熟练地使用 Java 或者 Python 语言编程，熟悉有意义的命名，也熟悉基本的计算概念，如对象、类和数据库等。书中的示例程序尽管是用 Python 语言写的，但任何具有编程经验的人都能轻松理解。

教辅资源⊖

1. 教师手册，其中包含每章习题和测验问题的解答。

2. 有关如何在一个学期的软件工程课程中使用本书的建议。

3. 教学讲义（Keynote、PowerPoint 和 PDF 三种形式）。

你可以通过访问网站 https://www.pearsonhighered.com/sommerville 获得这些材料。本书的其他辅助材料（PPT、视频、拓展链接）也可以从如下网站获得：https://iansommerville.com/engineering-software-products/。

致谢

感谢所有的评审人，他们在评审本书的初始写作计划时给出了有建设性的建议，他们是：

Paul Eggert——加州大学洛杉矶分校

Jeffrey Miller——南加州大学

Harvey Siy——内布拉斯加大学奥马哈分校

⊖ 关于教辅资源，仅提供给采用本书作为教材的教师用作课堂教学、布置作业、发布考试等。如有需要的教师，请直接联系 Pearson 北京办公室查询并填表申请。联系邮箱：Copub. Hed@pearson.com。——编辑注

Edmund S. Yu——雪城大学

Gregory Gay——南加州大学

Josh Delinger——陶森大学

Rocky Slavin——得克萨斯大学圣安东尼奥分校

Bingyang Wei——中西部州立大学

感谢圣安德鲁斯大学的 Adam Barker，他帮我与本书的制作人 Rose Kernan 建立了很好的联系。

和以前一样，我要感谢我的家人，他们在我撰写本书的过程中给了我无私的帮助和支持。特别感谢我的女儿 Jane，她对稿件做了大量的阅读和评论。她是一个严格的编辑！她提出的修改意见大大提高了本书的质量。

最后，特别感谢我们家的新成员——我可爱的孙子 Cillian，他在我撰写本书期间出生。他活泼的个性和开心的微笑，缓解了我写作和编辑过程中的枯燥。

Ian Sommerville

目 录

Engineering Software Products: An Introduction to Modern Software Engineering

软 件 产 品

本书介绍用于开发软件产品（software product）的各种软件工程技术。软件产品是卖给政府、企业和消费者的通用软件系统，这种通用软件系统可能是支持商业功能的工具，（如账单管理系统），或者是能够提高效率的工具（如笔记系统），还可能是游戏或个人信息系统。软件产品的大小从大型的商业系统的数百万行代码到简单的移动手机应用的几百行代码不等。

每天我们都在电脑、平板、手机上使用软件产品，比如我现在正在使用 Ulysses editor 这个软件产品编写这本书，并将会使用编辑软件 Microsoft Word 编排最终版，以及使用 Dropbox 和出版商交互文件。在手机端，我会使用软件去阅读邮件、发送推特、查看天气等。

用于产品开发的工程技术已经从 20 世纪开发的软件工程技术发展到支持客户定制软件开发。当软件工程在 20 世纪 70 年代作为学科出现的时候，实际上所有的专业软件都是一次性的客户定制软件。企业和政府都希望使自己的业务流程自动化，并且能够指定软件具有特定的功能，随后由内部工程团队或者外部软件公司开发该软件。

这个阶段开发的客户定制软件示例如下：

- 美国联邦航空管理局的空中交通管理系统；
- 所有主要银行的账户系统；
- 电力和燃气供应商类型的公共事业单位的计费系统；
- 军事指挥和控制系统。

软件项目一般是满足一系列软件需求的一次性开发的系统。需求说明是软件开发公司和客户之间的一个合约，同时也是在软件交付时的一个软件规范。客户定义这些需求，并和软件开发团队详细指定软件的功能和关键属性等。

基于项目的方法控制了软件行业超过 25 年，而且支持基于项目的开发方法和技术定义了"软件工程"这个概念。基本的假设是：成功的软件工程在开始具体的编码之前需要大量准备工作。例如，花费时间验证需求的正确性和绘制软件的图形模型非常重要，这些模型在软件设计过程中创建，用于制作软件文档。

随着越来越多的企业业务自动化，我们可以清晰地发现大部分交易的确不需要客户定制软件，他们可以使用那些为应对普遍问题而设计出来的类似软件。为满足这种需求，软件产品行业发展起来，基于项目的软件工程技术在软件产品开发中得到应用。

因为基于项目和基于产品的软件工程存在根本性的区别，所以基于项目的技术不适合产品开发，这些不同将在图 1.1 和图 1.2 中阐述。

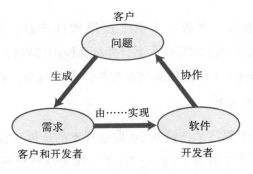

图 1.1 基于项目的软件工程

软件项目涉及外部客户或者消费者，他们决定系统的功能，并与软件开发公司签订法律合约。消费者的问题和当前的过程作为制订软件需求的基础，这些需求指定了软件的实现。随着业务的改变，支持的软件也必须随之改进，使用软件的公司决定这种改变的同时，也需要支付软件改进产生的费用。软件通常有一个很长的生命周期，交付完成之后改进大型系统的代价通常超过最初的软件开发成本。

指定和开发软件产品的方式不同，没有外部客户能够定制需求，指定软件必须实现的功能。软件开发人员决定产品的特性、什么时候发布新的版本、软件会在什么平台上实现等。显然，他们考虑了软件的潜在客户的需求，但是客户不能坚持软件包含特定的特性或属性。然而，开发公司能够选择什么时候对软件进行修改和什么时候向用户发布新的版本。

　　因为开发成本是由一个庞大的用户群体承担，因此对于每个用户来说，基于产品的软件自然比定制软件更加便宜。然而，软件的购买者必须调整他们的工作方式适应软件，因为开发时并没有考虑他们的特殊需求。由于是由开发人员而不是用户控制着软件的更改，所以存在开发人员停止支持软件开发的风险，那么客户就需要寻找一个可替代的产品。

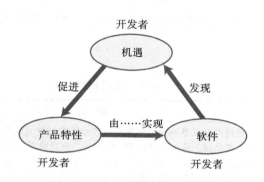

图 1.2　基于产品的软件工程

　　产品开发的起点是一个机遇，即一个公司确定开发一个可行的商业产品。这个可能是一个具有原创性的想法，如 Airbnb 共享住宿的理念；或者是一个针对现有系统的改进，如基于云计算的账户系统；又或者是一个特定客户的系统的普遍化，如资产管理系统。

　　因为产品开发人员负责甄别这种机遇，他们可以决定软件系统中包含的功能，这些功能旨在吸引潜在的客户，从而使软件能够拥有一个可行的市场。

　　除了图 1.1 和图 1.2 所示的差异外，基于项目的软件工程和基于产品的软件工程还有另外两个重要的区别：

　　（1）产品公司能够决定什么时候更改他们的产品以及什么时候让产品推出市场。如果一个产品的销售情况不好，公司可以停止开发从而缩减成本。然而在一个软件项目中，开发的客户定制软件通常具有较长的生命周期，并且必须在整个生命周期过程中得到支持。客户支付支持费用，并且决定该软件是否应该结束以及何时结束。

　　（2）对于大部分的产品来说，使产品快速推向客户是至关重要的。通常，导致优秀产品失败的原因是次等产品率先投入市场，并且消费者购买了该产品。实际上，购买者在最初的选择中投入时间和金钱之后，是不愿意更换产品的。

使产品快速投入市场对于所有类型的产品来说都是很重要的，从小规模的移动软件到类似 Microsoft Word 这种企业级的产品。这意味着面向快速软件开发（敏捷方法）的工程技术普遍用于产品开发。在第 2 章中，将会解释敏捷开发及其在产品开发中的作用。

如果你阅读和软件产品相关的书籍，会碰到这两个术语："软件产品线"和"平台"（表 1.1）。软件产品线是通过改变部分源代码来满足客户的特殊需求的系统，平台则提供一系列用于创建新功能的特性。然而，你必须始终在平台供应商定义的约束范围内工作。

表 1.1　软件产品线和平台

技　术	描　述
软件产品线	一系列的软件产品共享一个公共核心。产品线的每个成员都包含特定于客户的适应性和添加。软件产品线为那些不满足于一般产品、有特殊需求的客户实现定制系统 例如，向紧急服务提供通信软件的公司会有软件产品线，其中核心产品包括基本通信服务，如接收和记录呼叫、启动紧急响应、向车辆传递信息等。然而，每个用户会使用不同的无线设备，他们的车辆也可能以不同的方式装备。因此，这个核心产品必须能够在适应每个用户使用的设备情况下工作
平台	软件（或软件＋硬件）产品必须包括一个功能，即能够在其基础上建立新的软件。你可能使用 Facebook 平台，它不仅提供大量的产品功能，而且提供对于创建" Facebook 应用软件"的支持。这些新添加的功能可能会被企业或者 Facebook 的兴趣小组使用

在最初开发软件产品时，它们是在磁盘上交付的，并由客户安装在计算机上。软件在计算机上运行，用户数据存储在这些计算机上。用户的计算机和供应商的计算机之间没有交互关系。现在，用户可以从手机商店或者供应商的网站下载产品。

一些产品仍然基于单机执行模型，并且所有的计算都是在产品持有者的电脑上进行的。然而，无所不在的高速网络意味着其他执行模型也是可行的。在这些模型中，产品拥有者的计算机作为客户端，部分或全部执行和数据存储都在供应商的服务器（图 1.3）。

对于单机软件产品有两个选择：

（1）混合的产品。一些功能是通过用户的计算机实现的，另外的部分通过互联网访问供应商的服务器来实现。许多手机应用都是混合产品，从计算层次上面讲，计算密集型处理转移到远程服务器上。

（2）基于服务的产品。可以通过浏览器或者应用程序在互联网上访问应用软件。或许有一些使用 JavaScript 的本地处理，但是大部分的计算是在远程服务器上解决的。越来越多的产品公司把产品转化为服务，因为这可以简化产品更新和制作新的业务模型，就像预付费一样。在第 5 章和第 6 章中将解释面向服务的系统。

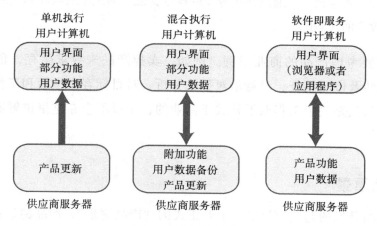

图 1.3　软件执行模型

正如我所说，产品开发的关键特征是没有生成软件需求且支付软件费用的外部客户，对于其他类型的软件开发也是如此：

（1）学生项目。作为计算机课程或者工程课程的一部分，老师可能给学生安排作业，作业要求学生以团队工作形式去开发软件，团队负责决定系统的功能以及如何协作实现这些功能。

（2）研究软件。软件是由研究团队因工作需要而开发的。例如，气候研究依靠大规模的气候模型，这些模型由研究人员设计并在软件中实现。在小规模下，工程团队可能开发软件去模拟他们正在使用的材料的特性。

（3）内部工具开发。软件开发团队可能需要一些特殊的开发工具来支持他们的工作，他们将这些工具指定为"内部"产品并加以实现。

你可以使用我在这里介绍的产品开发技术进行任何类型的软件开发，而这些软件开发并不是由外部客户需求驱动的。

人们普遍认为，软件产品工程仅仅是简单的高级程序设计，而传统的软件工程与此无关。你所需要知道的是怎么使用编程语言以及该语言的框架和库，这是一种误解。我会在这本书中解释编程之外的其他软件开发过程中的重要活动，我相信这些活动对于开发高质量软件产品是至关重要的。

如果你的产品能够成功，你需要考虑编程之外的问题：尝试理解你的用户的需求以及潜在的用户如何使用你的软件；设计软件的整体结构（软件架构）以及了解类似云计算和安全工程等技术；通过使用专业的技术验证、测试你的软件和代码管理系统，来跟踪不断改变的代码库。

你也需要考虑产品的商业案例。例如，卖掉产品来寻求生存，创造一个商业案例可能涉及市场调查、对竞争对手的分析、对目标客户生活和工作方式的理解。这本书仅仅是关于工程而不是关于商业的，所以不会在这里讲解商业和商业问题。

1.1 产品愿景

对于产品开发的起点应该是一个非正式的"产品愿景"，产品愿景是简单明了的叙述，这个叙述定义待开发产品的本质，并解释这个产品与其他竞争产品的不同之处。此产品愿景用作描述开发更详细的产品特性和属性的基础，即使提出新的功能也应该对照愿景来核验它们，确保新功能有价值。

产品愿景需要回答 3 个基本问题：

（1）计划开发的产品是什么？这个产品和同类竞争产品相比有什么不同？

（2）这个产品的目标用户和客户是谁？

（3）客户为什么要买这个产品？

第一个问题的必要性是显而易见的——在开始之前，你需要知道你的目标是什么。另一个问题考虑了产品的商业可行性，大多数产品都是为开发团队之外的客户设计的。你需要了解他们的背景来创造一个可行的产品，产品对客户具有吸引力，客户才会愿意去购买产品。

如果上网搜索"产品愿景"，你会发现关于这些问题的变化形式和表达产品愿景的模板，可以使用其中任意一个模板。我喜欢的模板来自 Geoffrey

Moore ⊖的 *Crossing The Chasm* 一书，Moore 建议使用结构化方法来编写基于关键字的产品愿景：

- FOR（目标用户）；
- WHO（陈述需求或者机会）；
- THE（PRODUCT NAME，产品名称）是一个（产品类别）；
- THAT（关键收益，令人信服的购买理由）；
- UNLIKE（主要竞争产品）；
- OUR PRODUCT（陈述主要不同点）。

在他的博客 *Joel on Software* 中，Joel Spolsky 给出了一个用这个愿景模板⊖描述的产品案例：

> 对于需要基本 CRM 功能（**FOR**）的中型公司的营销和销售部门（**WHO**）来说，*CRM-Innovator* 是一个基于 Web 的服务，它提供销售跟踪、销路拓展和销售代表支持功能（**THE**），可在关键接触点改善客户关系。与其他服务或软件产品不同（**UNLIKE**），我们的产品以适中的成本提供非常有效的服务。

如上所述，可以看见这个愿景如何回答前文定义的关键问题：

（1）**What** 提供销售跟踪、销路拓展和销售代表支持功能的基于 Web 的服务，这些信息可以被用来改善开发人员和用户的关系。

（2）**Who** 该产品面向需要标准客户关系管理软件的中型公司。

（3）**Why** 这个最重要的产品区别是它以适中的价格提供有效的服务，比同类型产品更便宜。

大量的神话围绕着软件产品愿景。对于成功的消费软件产品，媒体喜欢呈现愿景，当公司创始人有一个改变世界的"令人敬畏的想法"时，就好像想法是在"尤里卡时刻"出现的，这种观点过于简单化了提炼产品概念时所需的努力和尝试。成功产品的产品愿景通常是在大量的工作和讨论之后产生的，随着收集到更多的信息和开发团队讨论产品实现的实用性，最初的想法会逐步完善，几种不同的信息来源有助于实现产品愿景（见表 1.2）。

⊖ Geoffrey Moore, *Crossing the Chasm: Marketing and selling technology products to mainstream customers*（Capstone Trade Press, 1998）.

⊖ J. Spolsky, Product Vision, 2002；http://www.joelonsoftware.com/articles/JimHighsmithon-ProductVisi.html.

表 1.2　开发一个产品愿景的信息资源

信息资源	解　释
领域体验	产品开发人员可能在一个特殊的领域（推销、市场和销售）工作，并理解他们需要的软件支持。他们可能会对使用产品的不足感到不满，同时看到改进系统的机会
产品体验	现有软件（比如文字处理软件）的用户可能会看到提供类似功能的、更简单、更好的方法，并提出实现此功能的新系统。新的产品可以利用最近的技术发展，如语音交互
消费者体验	产品开发人员可能和产品的潜在用户进行广泛讨论，以了解他们可能面对的问题、限制和软件需要的关键属性，比如互操作性限制了他们购买新产品的灵活度
原型制作和"玩转"	开发人员可能对软件有一些初步的想法，但需要更深入地理解这个想法，并思考将其开发为产品的过程中可能涉及哪些问题。他们可以开发一个原型系统作为实验，并使用该原型系统作为平台，"玩转"各种想法和变化

一个愿景例子

作为学生，本书的读者可能使用虚拟学习环境（Virtual Learning Environment，VLE），比如 Blackboard 和 Moodle。老师使用这些虚拟教学环境分发课堂材料和作业，学生可以下载材料并上传完成的作业。尽管这个名字表明虚拟学习系统专注于学习，实际上，它们真正致力于支持学习管理而不是学习本身。它们提供一些功能给学生，但它们不是开放的学习环境，不能根据特定教师的需要进行定制和调整。

几年前，我致力于开发数字学习支持环境，这个产品不仅仅是另一个虚拟学习环境，它的目的在于为学习过程提供灵活支持。我们的团队观察了现有的虚拟学习环境，并与使用它们的老师和学生交谈；我们参观了从幼儿园到大学等不同种类的学校，研究他们如何使用学习环境，以及教师如何在这些环境之外使用软件进行实验；我们与老师们进行了广泛的讨论，讨论他们希望在数字学习环境下能做些什么。我们最后设计出表 1.3 中的愿景描述。

表 1.3　iLearn 系统的愿景宣言

对于需要帮助学生使用基于网络的学习资源和应用程序的教师及教育工作者而言，（THE）iLEARN 系统是一个开放式学习环境，（THAT）允许班级和学生使用一组资源，该资源由教师自己轻松地为这些学生和班级配置。

（UNLIKE）与虚拟的学习环境不同，比如 Moodie，iLearn 的重心是学习过程而不是对材料、评估和课程的掌握与管理，（OUR）我们的产品使得教师能够使用任何基于网络的资源为学生创造特定学科和年龄的环境，如适当的视频、模拟和书面材料。

学校是 iLearn 系统的目标消费者，它能够以较低的价格显著改善学生的学习体验，收集和处理学生的分析从而减少跟踪过程和报告的费用在教育方面，使用学习系统的老师和学生没有责任购买软件，购买者一般是学校、大学或者教育中心，采购员需要了解它们对于组织的好处。因此我们增加了表 1.3 最后一段的愿景描述，清楚地表述了对于机构和个人学习者的好处。

10

1.2 软件产品管理

软件产品管理是一个专注于开发和商业售卖软件产品的商业活动。产品经理（Product Manager，PM）承担产品的全部责任，并参与产品的规划、开发和营销，他们是产品开发团队、更广泛的组织和产品消费者的接口。产品经理应该是开发团队的正式成员，以便他们可以向软件开发人员传达业务和客户需求。

软件产品经理参与产品生命周期的各个阶段，从最初的概念到愿景的发展和实施，再到市场营销，最后他们决定何时将产品撤离市场。中等规模和大型软件公司可能有专有产品经理，在更小的产品公司，产品经理的职责可能被其他技术或者业务角色分享。

产品经理的工作面向消费者和潜在产品消费者，而不是致力于正在被开发的产品。对于一个开发团队来说，很容易陷入追求软件"酷特性"的细节中，这些细节大多数客户可能不在乎。为了使产品成功，产品经理不得不确保开发团队实现能够传达真正价值给用户的功能，而不仅是技术上有趣的功能。

在一篇博客帖子中，Martin Eriksson ⊖解释：产品经理应考虑业务、技术和用户体验问题。如图 1.4 所示，我基于 Martin 的图表说明了这些多重关注点。

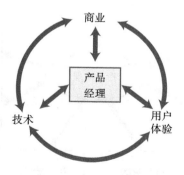

图 1.4　产品管理关注点

⊖　基于 M. Erikkson 的 *What, exactly, is a Product Manager*，2011；http://www.mindtheproduct.com/2011/10/what-exactly- is-a-product-manager/。

产品经理必须多才多艺，既具备较好的技术技能，也具备不错的沟通技能。业务、技术和客户问题是相互依存的，项目经理必须全面考虑这些问题。

1. 业务需求

产品经理保证开发的软件符合软件产品公司及其客户的业务目标，他们必须将客户和开发团队的关注点及需求传达给产品业务经理，他们与高级经理和营销人员合作为产品制订发布计划。

2. 技术限制

产品经理必须要让开发人员意识到对客户重要的技术问题，这些可能影响进度、费用和正在被开发的产品的功能。

3. 用户体验

产品经理应该和用户有定期的交流，了解他们对产品的需求、用户的类型和背景以及产品的使用方式，他们关于用户能力高低的任何认知也是设计产品用户界面的重要输入，产品经理也应该让用户参与 alpha 测试和 beta 测试。

因为本书的重点是工程，我不会深入产品经理的业务角色细节，或者他们在市场调查和经济计划中的角色。相反，我专注于他们和开发团队的互动，产品经理可能在七个关键领域和开发团队互动（图 1.5）。

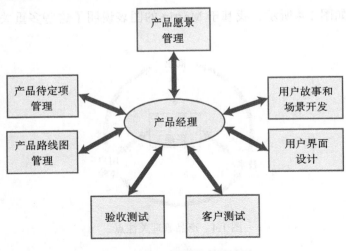

图 1.5　产品经理的技术交流

1.2.1 产品愿景管理

一些作者认为产品经理应该负责开发产品愿景，大型公司可能采用这种方式，但在小型软件公司中通常是不切实际的。在初创公司，产品愿景的来源往往是一个公司创建者的原始想法，这个愿景通常在考虑任命产品经理之前很久就已经形成了。

很显然，产品经理率先开发产品愿景是有意义的，他们应该能够带着市场和消费者的信息来处理这个过程。但是，我认为所有的团队成员都应该参与愿景开发，这样每个人都可以支持最终达成的协议。当这个团队"掌握"愿景时，每个人都更有可能协调一致地工作来实现这一愿景。 ⌷12

产品经理的重要角色之一就是管理产品愿景。在开发过程中，不可避免地会有开发团队内外的人提出变更，产品经理需要根据产品愿景接触和评估这些变化，他们必须检查这些变化是否与产品愿景中体现的理念相矛盾。产品经理应该保证没有"愿景漂移"，在这种漂移中，愿景逐渐扩大，变得更广泛、更不集中。

1.2.2 产品路线图管理

产品路线图是产品的开发、发布和营销的计划，它设定了重要的产品目标和里程碑。比如完成关键功能、完成用于用户测试的第一个版本等。它包含达到里程碑的日期和评估是否能够成功达到项目目标的标准。路线图应该包括发布时间 ⌷13 表，显示不同版本的软件何时可用，以及每个版本中包含的关键特性。

产品路线开发应该由产品经理主导，但是必须包含开发团队、公司经理和市场员工。根据产品类型，如果希望产品能够成功，必须满足重要的截止日期。例如，许多大公司必须在财政年度末做出采购决策，如果想向该类型的公司销售新产品，必须在截止日期之前提供产品。

1.2.3 用户故事和场景开发

用户故事和场景被广泛应用于改进产品愿景来确定产品特性，这是针对用户可能想要使用产品做的事情的自然语言描述。使用用户故事和场景，团队可以决定需要包括哪些特性以及这些特性如何实现。在第 3 章中，将阐述用户故事和场景。

产品经理的工作是理解产品消费者和潜在的消费者。因此，产品经理应该在了解该领域和客户业务知识的基础上，领导用户场景和故事的开发。产品经理还应该将其他团队成员建议的场景和故事带回给客户，以检查它们是否反映产品的目标用户实际情况下可能的操作。

1.2.4　产品待定项管理

在产品开发过程中，"产品待定项列表"驱动的过程是非常重要的。一个产品待定项列表是一个任务列表，列出完成产品开发必须做的事情。在开发过程中，待定项被添加并逐步细化。在第 2 章中，解释 Scrum 方法如何使用产品待定项列表。

产品经理作为产品待定项的权威，在决定哪些待定项应该优先开发时起关键作用。产品经理还可以帮助细化广泛的待定项，比如"实现自动保存"，以及在每个项目迭代的更多细节。如果提出这些改进建议，那就需要产品经理决定是否重新安排产品待定项列表以确定建议变更的优先级。

1.2.5　验收测试

验收测试是验证软件版本是否符合产品路线图中设定的目标，以及验证产品是否有效和可靠的过程。产品经理应该参与产品特性的测试，这些产品特性用来反映客户如何使用产品，产品经理可能通过使用场景检查产品是否可以发布给客户。

验收测试随着产品的开发而细化，产品在交付给客户之前必须通过这些测试。

1.2.6　客户测试

客户测试包括向现有的和潜在的客户提供产品的发布版本，并从他们那里获得关于产品的特性、产品的易用性以及产品的适用性的反馈。产品经理参与选择可能对客户测试过程感兴趣的客户，并在此过程中与他们一起工作。他们必须确保客户可以使用产品，还要确保客户测试过程能为开发团队收集有用的信息。

1.2.7　用户界面设计

产品的用户界面（UI）对于软件产品的商业验收（commercial acceptance）来说至关重要。如果用户发现它们很难使用，或者它们的用户界面与使用的其他软件不兼容，那么技术上优秀的产品也不太可能获得成功。用户界面设计对于小型开发团队来说是一个挑战，因为大多数用户的技术水平都不如软件开发人员，开发人员通常很难想象用户在使用软件产品时可能遇到的问题。

产品经理应该需要理解用户的局限性，并在与开发团队的交互中充当代理用户。产品经理应该在开发用户界面特性时对其进行评估，以检查这些特性是否过于复杂或强迫用户以非自然的方式工作。产品经理可能会安排潜在用户试用该软件，评论其用户界面，并协助错误消息和帮助系统的设计。

15

1.3　产品原型设计

产品原型设计是开发产品早期版本的过程，用来测试你的想法，并让你自己和公司的出资人信服你的产品有真正的市场潜力。你可以使用产品原型来检查你想做的是否可行，并且可以向潜在的客户和出资者展示你的软件。产品原型还可以帮助你了解如何组织和构造产品的最终版本。

你也许能够写出一个鼓舞人心的产品愿景，但产品的潜在用户只有在看到软件的运行版本时，才能真正与你的产品产生联系。他们可以指出他们喜欢什么、不喜欢什么，并对新功能提出建议。而对于风险投资家们，你往往要向他们寻求资金，通常在他们承诺支持一家初创公司之前会坚持要看到产品原型，所以产品原型在说服投资者相信你的产品具有商业潜力方面起着至关重要的作用。

产品原型还可以帮助识别基本的软件组件或服务以及测试技术。你可能会发现，你计划使用的技术是不完备的，以至于你必须重新思考如何完善软件。例如，你可能会发现为产品原型选择的设计无法处理系统上的预期负载，所以你必须重新设计整个产品架构。

在开发软件产品时，构建产品原型应该是你要做的第一件事，你的目标应该是拥有一个可以用来演示其关键特性的软件运行版本。短的开发周期是至关重要的，你的目标应该是在 4 到 6 周内建立并运行一个可演示的系统。当然，为了做到这一点，你不得不走捷径，所以可以选择忽略可靠性和性能等问题，使用基本的用户界面。

一般产品原型设计有两个阶段：

1. 可行性论证

创建一个可执行的系统，该系统演示产品中的新思想。这一阶段的目标是展示你的想法是否真实有效，并向资助者和公司管理层表明该产品的功能优于竞争对手的产品。

2. 客户演示

可以使用已经创建的原型说明可行性，并使用对特定客户的功能以及如何实现这些功能的想法来扩展它。在开发客户原型之前，需要进行一些用户研究，以便清楚地了解潜在用户和使用场景。在第 3 章中，将解释如何开发用户角色和使用场景。

你应该始终使用自己所知道和理解的技术来开发原型，从而不必花费时间来学习新的语言或框架。你不需要设计健壮的软件架构，可以忽略安全特性和用检查代码来确保软件的可靠性。但是，我建议对于原型应该始终使用自动化测试和代码管理，这些将在第 9 章和第 10 章进行讨论。

如果你在没有外部客户的情况下开发软件，比如为一个研究小组开发软件，你可能只需要一个原型系统，可以随着对问题理解的加深而开发和完善原型。然而，一旦你的软件有了外部用户，就应该把你的原型当作"可以扔到一边的"系统。否则，你的任何不可避免的妥协和捷径会加速原型的开发，而这会导致原型越来越难改变和增加新的功能，那么增加安全性和可靠性实际上就变得不可能了。

要点

- 软件产品是一种软件系统，它包含了可能对广大客户有用的一般功能。
- 在基于产品的软件工程中，产品应该有哪些功能和产品功能相应的实现应该由同一家公司负责。
- 软件产品可以作为运行在客户计算机上的单机产品、混合产品或基于服务的产品来交付。在混合产品中，一些功能是在本地实现的，而另一些则是通过网上访问来获取。在基于服务的产品中，所有功能都可以通过远程访问来获取。
- 产品愿景简明扼要地描述了将要开发的内容，产品的目标客户是谁，以及为什么客户应该购买该产品。

- 领域体验、产品体验、客户体验和实验性软件原型都可能有助于产品愿景的开发。
- 产品经理的主要职责是建立产品愿景、开发产品路线图、创建用户故事和场景、管理产品待定项列表、进行客户测试和验收测试以及设计用户界面。
- 产品经理负责业务、软件开发团队和产品客户之间的接口工作，他们促进了这些群体之间的交流。
- 你应该开发产品原型来完善自己的想法，并向潜在客户展示计划中的产品特性。

推荐阅读

What is Product Line Engineering?（Biglever Software，2013）：该文对软件产品线工程进行了概述，并强调了产品线工程和软件产品开发之间的区别。

http://www.productlineengineering.com/overview/what-is-ple.html

Building Software Products vs Platforms（B. Alqave，2016）：该篇博文简要解释了软件产品与软件平台之间的区别。

https://blog.frogslayer.com/building-software-products-vs-platforms/

Product Vision（J. Spolsky，2002）：这是一篇时间较久的文章，但它很好地总结了什么是产品愿景以及它为什么重要。

http://www.joelonsoftware.com/articles/JimHighsmithonProductVisi.html

Agile Product Management with Scrum（R. Pichler，2010，Addison-Wesley）：我通常避免推荐关于产品管理的书籍，因为它们对大多数读者来说太详细了。然而，该书值得一看，因为它关注的是软件，而且它集成了我在第 2 章中提到的 Scrum 敏捷方法。这是一本简短的书，包括对产品管理的简明介绍，并讨论了产品愿景的开发。

作者的博客也有关于产品管理的文章。

http://www.romanpichler.com/blog/romans-product-management-framework/

What. Exactly, is a Product Manager?（M. Eriksson，2011）：该文解释了为什么产品经理在业务、技术和用户的交叉领域工作很重要。

http://www.mindtheproduct.com/2011/10/what-exactly-is-a-product-manager/

习题

1. 简要描述基于项目和基于产品的软件工程之间的基本区别。

2. 软件产品和软件产品线之间的三个重要区别是什么？

3. 写出基于 iLearn 系统的示例项目愿景，确定该软件产品的内容、目标对象和原因。

4. 为什么软件产品经理必须多才多艺，需要拥有各种技能，而不是简单的技术专家？

5. 假设你是一家公司的软件产品经理，该公司开发基于科学模拟的教育软件产品。如果最终的产品版本需要在今年的前三个月发布，解释为什么开发一个产品路线图很重要？

6. 在开发新软件产品之前，为什么要先实现原型？

敏捷软件工程

能够快速将软件产品推向市场是至关重要的。无论是简单的移动应用还是大型的企业产品，所有类型的产品都是这样。如果产品的发布时间比预期晚，那么可能就会被竞争对手抢先占领市场，或者错过市场窗口，如假期开始之初。一旦用户习惯了使用某种产品，他们通常都不愿意更改，即使是技术水平更高的产品。

敏捷软件工程专注于功能的快速交付，对软件需求变更的响应，最大限度减少开发运营成本。"运营"活动是指非产品开发和交付的活动。快速开发和交付以及面对变更的灵活性是产品开发的基本要求。

目前已研发出多种"敏捷方法"。每种方法都有自己的拥趸者，大肆宣传该方法的优点。实际上，公司和个人开发团队会选择最适合他们所开发产品规模和类型的敏捷技术。不存在最佳，只有适合的敏捷方法或技术，而这取决于谁在使用该技术、开发团队以及所开发产品的类型。

2.1 敏捷方法

在 20 世纪 80 年代和 90 年代初期，一种普遍的观点认为，开发出良好软件的最佳方法是使用受控且严格的软件开发流程。该流程包括详细的项目计划、需求规范和分析、分析和设计工具的使用，以及形式化的质量保证。这种观点来自软件工程界，他们负责开发大型且长期存在的软件系统，例如航空航天和政府系统。这些软件系统是基于客户需求开发的"一次性"系统。

有时，把这种方法称为计划驱动的开发。这种开发方法通常支持大型团队对复杂并且使用寿命比较长的软件的开发。团队通常分散在不同的地方，软件开发周期长。现代飞机的控制系统就是这类软件，从最初的需求规范到机载部署，开发航空电子系统可能需要 5 ~ 10 年的时间。

计划驱动的开发包括大量的运营活动，如计划、设计和系统的文档化。对于必须协调多个开发团队的工作，并且不同人员可能要在软件生命周期内对软件进行维护和更新的关键系统，这种运营是合理的。当不可能进行非正式的团队沟通时，描述软件需求和设计的详细文档就变得非常重要。

但是，如果将计划驱动的开发用于中小型软件产品，这些运营过程就会喧宾夺主，软件开发过程沦为配角。这种情况下，就会花费太多时间来编写可能永远不会被阅读的文档，而不是编写代码。在软件实现之前就给出过于详细定义，而通常只有在实现了系统的重要部分后，才会发现需求中的错误、遗漏和误解。

为了解决这些问题，开发人员必须重做他们认为已经完成的工作。因此，快速交付软件并快速响应对交付软件的更改请求几乎是不可能的。

由于对计划驱动的软件开发的不满，研究人员在 20 世纪 90 年代创建了敏捷方法。这些方法使开发团队可以专注于软件本身，而不是软件的设计和文档编制。敏捷方法可以快速地向客户提供可工作的软件，然后客户可以提出新的或不同的要求，以便形成系统的新版本。通过规避这些长期价值存疑的工作，不写那些永远不会用到的文档，敏捷开发减少了软件过程中的官僚主义作风。

敏捷方法背后的理念在敏捷宣言⊖中得到了体现，这些宣言得到了敏捷开发方法的主要开发人员的赞同。表 2.1 显示了敏捷宣言中的关键信息。

21

表 2.1　敏捷宣言

我们在自己开发软件和帮助他人开发软件的过程中探索更好的开发方法。通过这项工作，我们认识到： 　– 个人和互动胜过流程和工具； 　– 可用的软件胜过全面的文档； 　– 与客户合作胜过合同谈判； 　– 响应改变胜过遵循计划。 虽然右侧的项有价值，但我们更重视左侧的项

所有的敏捷方法都基于增量开发和交付。理解增量开发的最好方法是将软件

　　⊖　引自 http://agilemanifesto.org/，经许可使用。

产品视为一组特征。每个特征都可以为软件用户提供帮助，比如允许输入数据、搜索输入数据以及格式化和显示数据。每个软件增量都应实现少量的产品特征。

通过增量开发，开发者可以延迟决策，直到真正需要做出决策为止。首先要确定特征的优先级，以便首先实现最重要的特征。不需要担心所有特征的详细信息，只需定义要包含在增量中的特征的详细信息，然后实现并交付该特征。客户或代理客户可以试用并向开发团队提供反馈。然后，开发人员继续定义和实现系统的下一个特征。

图 2.1 展示了此过程，表 2.2 中描述了增量开发活动。

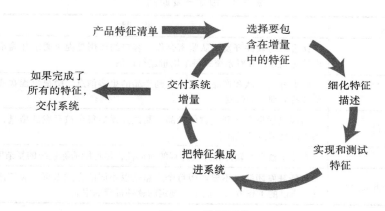

图 2.1 增量开发

表 2.2 增量开发活动

活 动	说 明
选择要包含在增量中的特征	使用计划产品中的特征列表，选择可以在下一个产品增量中实现的特征
细化特征描述	在特征描述中添加细节，以便团队成员对每个特征有相同的理解，并且保证有足够的细节来进行实现
实现和测试	实现特征并开发针对该特征的自动化测试来验证特征行为是否与描述一致。本书将在第 9 章讲解自动化测试
集成特征和测试	将新开发的特征和现存系统进行集成并进行测试，以检查它能否与其他特征结合使用
交付系统增量	向客户或产品经理交付系统增量并寻求核对和建议。如果实现了足够多的特征，就发布系统版本以供客户使用

当然，现实并不总是像这个特征开发模型这么简单。有时开发的增量是基础设施服务，如数据库服务，可以用于几个特征；有时增量是规划用户界面，以便各个特征能有一致的界面；有时需要一个增量来解决在系统测试期间发现的问题，

22

如性能问题。

所有的敏捷方法共享基于敏捷宣言的一组原则，因此它们有很多共同点。表2.3 总结了这些敏捷原则。

目前几乎所有的软件产品都是以敏捷方法开发的。敏捷方法适用于产品工程，因为软件产品通常是独立系统，而不是由独立子系统组成的系统。它们是由位于同一地点的团队开发的，团队成员之间可以进行非正式的交流。产品经理可以轻松地与开发团队进行交互。因此，无须正式文件、会议和跨团队沟通。

表 2.3　敏捷开发原则

原　则	说　明
使客户加入	让客户与软件开发团队紧密合作，客户的作用是提供需求并确定新系统需求的优先级，并对系统的每个增量进行评估
拥抱变化	随着开发团队和产品经理了解到产品的更多信息，敏捷流程欢迎产品的特征和特征细节的改变
增量地开发和交付	始终以增量方式开发软件产品，测试并评估每个被开发的增量，并将所需的更改反馈给开发团队
保持简洁	专注于被开发软件和开发过程的简洁性，尽可能消除系统的复杂度
关注人，而不是开发过程	信任开发团队，不要期望每个人总是以相同的方式做事。应该让团队成员发展自己的工作方式，而不受规定的软件过程的限制

2.2　极限编程

敏捷方法的基本思想是在 20 世纪 90 年代提出的，但是，对软件开发文化最有影响力的工作是极限编程（XP）的开发。该名称是 Kent Beck 在 1998 年提出的，因为这种方法将公认的良好实践（例如迭代开发）推向了"极致"水平。例如，定期集成是一个好的软件工程实践，团队中所有程序员的工作都会在这个过程中被集成和测试。XP 则提倡，一旦发生了更改，就应该将更改后的软件进行集成，可以一日多次集成。

XP 侧重于更适合快速和增量的软件开发、更改和交付的新的开发技术。图 2.2 显示了 XP 的开发人员提出的 10 种基本实践，它们是 XP 的特征。

XP 的开发人员声称这是一种整体方法，所有这些实践都是必不可少的。但实际上，开发团队会根据自己的组织文化和所编写的软件类型来选择他们认为有用的技术。表 2.4 描述了 XP 实践，这些实践已成为主流软件工程的一部分，特别是对于软件产品开发。图 2.2 所示的其他 XP 实践并未得到广泛采用，但已在一些公司中使用。

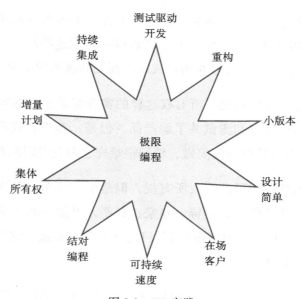

图 2.2　XP 实践

表 2.4　被广泛采用的 XP 实践

实　践	说　明
增量计划 / 用户故事	系统没有总体计划。相反，每次增量开发需要建立在和客户代表的讨论上。需求被写成用户故事。要包含在发行版本中的故事取决于可用的时间和它们的相对优先级
小版本	首先开发提供业务价值的最小有用特征集。系统的发布是频繁的，可递增地将特征添加到上一个版本中
测试驱动开发	开发人员不是编写代码然后对其进行测试，而是首先编写测试模板。这有助于阐明代码应执行的操作，并且总是有可用的测试版本代码。自动化单元测试框架用于在每次更改后运行测试。新的代码不应破坏已经实现的代码
持续集成	工作任务完成后会被集成到整个系统，这样一个新的版本就产生了。任何开发者的所有单元测试都是自动进行的，并且在新版本系统被接受前必须成功
重构	重构意味着改善程序的结构、可读性、效率和安全性。一旦发现代码可以改进，所有的开发人员都期待重构代码，这样可以使代码简单、易维护

在本书的后续章节中，将介绍这些被广泛使用的 XP 实践。第 3 章介绍增量计划和用户故事，第 8 章介绍重构，第 9 章介绍测试驱动开发，第 10 章介绍持续集成和小版本。

你可能会惊讶于"设计简单"不在常用的 XP 实践列表中。XP 的开发人员建议在设计软件时应遵循"YAGNI"（你不需要）原则，即只包括所请求的特征，并且不应添加额外的代码来应对开发人员预期的情况。

然而，这样做忽略了一个事实：客户几乎并不了解系统范围的问题（例如安全性和可靠性）。因此你需要在设计和实现软件时考虑这些问题。这通常意味着需要增加代码来应对客户不太可能在用户故事中预见和描述的情况。

像拥有在场客户和代码集体所有权这样的实践都是很好的实践。在场客户与团队合作，提出用户故事和测试并了解产品。但是，客户和代理客户（例如产品经理）往往还有许多其他的事情要做，他们很难完全和开发团队在一起工作。

集体所有权不鼓励代码的个人所有权，但是事实证明，在许多公司中这是不切实际的。某些类型的代码需要特定专家，有些人可能并非全职参与项目，因此不能参与代码"所有权"。一些团队成员可能在心理上不适合这种工作方式，并且不希望"拥有"他人的代码。

在结对编程中，两个开发人员创建每个代码单元。XP 的发明者提出了这一建议，因为他们相信双方可以互相学习，并可以发现彼此的错误，因此他们认为两个人一起工作比两个人单独工作更高产。但是，没有确凿的证据来证明这一点。许多管理者认为结对编程没有效率，因为两个人似乎在做一份工作。

原则上，以可持续的速度工作并且不加班是有吸引力的。如果团队成员没有感到疲倦和压力，他们的工作效率就会更高。但是，很难说服经理相信这种可持续的工作有助于按时完成任务。

XP 将管理视为集体团队活动。通常情况下，并不指定负责与管理层的沟通并规划团队工作的项目经理。实际上，软件开发是一项业务活动，因此必须适应更广泛的业务问题，如融资、成本、进度、雇用和管理员工以及保持良好的客户关系。这意味着管理问题不能简单地留给开发团队，还是需要有明确的管理，其间，经理要考虑业务需求的优先级以及技术问题。

2.3 Scrum 争球模型

在任何软件业务中，管理人员都需要知道发生了什么，以及软件开发项目是否可以在预算范围内交付软件。传统来说，这涉及制订一个项目计划，该计划包括一组里程碑（将完成什么）、可交付成果（团队将交付什么）和截止日期（何时达到里程碑）。该项目的"总体计划"显示了从头到尾的所有内容，并通过将实际情况与该计划进行比较来评估进度。

预先制订项目计划的问题在于，它需要在实现阶段开始之前很久就对软件进行详细的决策。事情不可避免地会改变，比如出现了新的需求、团队成员来了又去、业务优先级不断发展等。从项目计划制订之日起，几乎一定会被更改。有时，这意味着"已完成的"工作必须重新再做。这样效率低下，并且通常会延迟软件的最终交付时间。

基于此，敏捷方法的开发者认为基于计划的管理是一种浪费，并不必要。最好逐步进行计划，以便计划可以根据情况的不断变化而更改。在每个开发周期的开始，都会决定应该优先考虑哪些特征，如何开发这些特征以及每个团队成员应该做什么。计划应该是非正式的、文档最小化的并且不指定项目经理的。

不幸的是，这种非正式的管理方法不能满足进度跟踪和评估的广泛业务需求。高级经理没有时间参与与团队成员的详细讨论，经理希望有人可以报告进度，并将他们的疑虑和优先事项反馈给开发团队。他们需要知道软件是否可以在计划的完成日期之前交付，并且需要信息来更新产品的商业计划。

这种对更实用的敏捷项目管理方法的需求促进了 Scrum 的发展。与 XP 不同，Scrum 不是基于一系列的技术实践。相反，它旨在为敏捷项目组织提供一个框架，由指定的人员（ScrumMaster 和产品负责人）来充当开发团队与组织之间的接口。

Scrum 开发人员想强调的是，这些人不是"传统"的项目经理，他们无权指导团队。因此，他们为个人和团队活动发明了新的 Scrum 术语（表 2.5）。学习者需要了解此 Scrum 术语才能理解 Scrum 方法。

Scrum 中有两个其他方法都没有的关键角色：

（1）产品负责人负责确保开发团队始终专注于他们正在开发的产品，而不是将重心转移到技术上有趣但不太相关的工作上。在产品开发中，产品经理通常应担当产品负责人的角色。

（2）ScrumMaster 是 Scrum 专家，其工作是指导团队有效地使用 Scrum 方法。Scrum 的开发人员强调，ScrumMaster 不是常规的项目经理，而是团队的教练。ScrumMaster 在团队内部有权决定如何使用 Scrum。但是，在许多使用 Scrum 的公司中，ScrumMaster 还承担一些项目管理职责。

[28]

表 2.5　Scrum 术语

Scrum 术语	说　明
产品	由 Scrum 团队开发的软件产品
产品负责人	负责识别产品特征和属性的团队成员。产品负责人审查已完成的工作并帮助测试产品
产品待定项	Scrum 团队尚未完成的 bug、特征和产品优化等项目的待办事项列表
开发团队	一个 5 ~ 8 人的小型自组织团队，负责开发产品
冲刺	在短时间内，通常是 2 ~ 4 个星期内开发一个产品增量
Scrum	每日团队会议，审查工作进度，并就当天要完成的工作达成一致
ScrumMaster	指导团队高效利用 Scrum
潜在可交付的产品增量	具有足够高的质量以供客户使用的冲刺输出
速度	估计一个团队在一个冲刺中可以完成多少工作

另一个需要解释的 Scrum 术语是"潜在可交付的产品增量"。这意味着每个冲刺的结果应为有着产品级质量的代码。它们应该经过了完整的测试、文档化并在必要时进行过审查。测试应随代码一起交付，并且始终应该有可以向管理人员或潜在客户演示的高质量系统。

Scrum 流程或冲刺周期如图 2.3 所示。Scrum 流程的基本思想是应按一系列"冲刺"来开发软件。冲刺是一个固定长度的（有时间限制的）活动，每个冲刺通常持续 2 ~ 4 个星期。在冲刺期间，团队每天举行会议（Scrum），以审查到目前为止完成的工作并就当天的活动达成一致。"冲刺待定项"用于跟踪冲刺期间要完成的工作。

冲刺计划基于产品待定项，这是完成要开发的产品必须完成的所有活动的列

[29]表。在开始新的冲刺之前需要检查产品待定项。下一个冲刺要实现的是其中最高优先级的项目。团队成员一起工作，通过分析所选项目来规划冲刺，从而创建冲刺待定项。这是在冲刺期间要完成的活动的列表。

在实现期间，团队将在冲刺允许的时间内实现尽可能多的冲刺待定项，会把未完成的项目写回到产品待定项中，不会因为有项目未完成而延长冲刺。

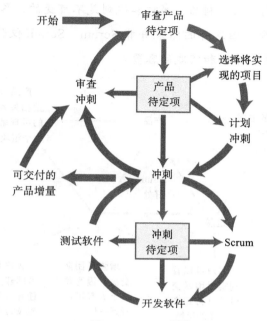

图 2.3　Scrum 周期

　　冲刺要么产生可交付给客户的可交付产品增量，要么产生内部交付物。内部交付物（例如产品原型或结构设计）可为将来的冲刺提供信息。如果冲刺的输出是最终产品的一部分，则应该是完整的。除非团队必须更改软件功能，否则在将来的冲刺中，该团队不必再对该软件增量做任何工作。

　　冲刺完成后，将举行一次审核会议，所有团队成员都将参加。团队讨论冲刺期间项目是否进展顺利、出现了哪些问题以及如何解决这些问题。团队成员还应反思所用工具和方法的有效性。这次会议的目的是让团队互相学习，避免出现问题并在以后的冲刺中提高产出率。

30

　　使用 Scrum 的主要好处与正在开发的产品、项目的进展以及相关人员都有关联（图 2.4）。

　　Scrum 在敏捷软件工程的开发中非常有影响力。它提供了"进行"软件工程的框架，而没有规定应使用的工程技术。但是，Scrum 在定义角色和 Scrum 过程方面是规范的。在 *The Scrum Guide* ⊖ 中，Scrum 方法的"拥护者"声明：

⊖　*The Scrum Guide* This definitive guide to the Scrum method defines all the Scrum roles and activities. (K. Schwaber and J. Sutherland, 2013).

Scrum 的角色、人工制品、事件和规则是不可变的，尽管有可能仅实现 Scrum 的一部分，但这样的结果并非 Scrum。Scrum 仅作为整体存在，可以用作其他技术、方法和实践的容器。

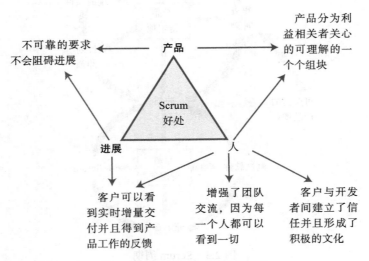

图 2.4　使用 Scrum 的五项好处

也就是说，他们认为不应该选择实践 Scrum 的一部分。相反，应该掌握整个方法。在本书作者看来，这种僵化的看法并不符合敏捷的基本原则，即个人和互动应优先于流程和工具。这个原则表明，个人应该能够适应和修改 Scrum 以匹配他们的情况。

[31] 在某些情况下，作者认为使用 Scrum 中的某些想法而不严格遵循 Scrum 中确切设想的方法或定义的角色是有意义的。通常，具有各种角色的"纯 Scrum"不能被少于五个人的团队使用。因此，如果与规模较小的开发团队合作，则必须修改方法。

小型软件开发团队常见于新兴公司，可能整个公司就是一个开发团队。这在教育和科研环境中也很常见，在这种情况下，团队将软件开发作为学习的一部分；在大型制造公司中，软件开发则是更广泛的产品开发过程的一部分。

我认为一个活跃的团队应该对如何使用 Scrum 或类似 Scrum 的流程做出自己的决定。但是，我建议任何产品开发过程中都应包含 Scrum 的三个重要特征：产品待定项、限时冲刺和自组织团队。

2.3.1 产品待定项

产品待定项列表列出了完成产品开发所需执行的操作。此列表上的条目称为产品待定项（Product Backlog Item，PBI）。产品待定项可能包括各种不同的项目，例如要实现的产品特征、用户要求、必要的开发活动以及所需的工程改进。一定得对产品待定项进行优先级排序，以便将首先要实现的条目置于列表的顶部。

产品待定项最初以较宽泛的术语描述，并没有太多细节。例如，表 2.6 展示了第 1 章介绍的 iLearn 系统版本的产品待定项。第 3 章将解释如何从产品愿景中识别系统特征，这些都会成为 PBI。之后我还将解释如何将用户故事用于识别 PBI。

32

表 2.6　产品待定项示例

1. 作为一名老师，我希望能够配置可用于各个班级的工具。（特征）
2. 作为父母，我希望能够查看孩子的作业以及老师给的评估。（特征）
3. 作为幼儿教师，我希望为阅读能力有限的孩子提供图形界面。（用户要求）
4. 建立评估开源软件的标准，这些标准可用作该系统各部分的基础。（开发活动）
5. 重构用户界面代码以提高可理解性和性能。（工程改进）
6. 对所有的个人用户数据实施加密。（工程改进）

表 2.6 展示了不同类型的产品待定项。前三个项目是与必须实现的产品特征相关的用户故事。第四项是团队活动。团队必须花时间决定如何选择可能在以后的增量中使用的开源软件。此类活动应专门作为 PBI 来考虑，而不应视为占用团队成员时间的隐式活动。最后两项涉及软件的工程改进，不会产生新的软件特征。

PBI 可能会被指定为较高级别，而团队将决定如何实现这些条目。例如，开发团队最适合决定如何重构代码以提高效率和理解性。在冲刺开始时详细地精化此条目是没有意义的。但是，高级特征定义通常需要优化，以便团队成员对要求的内容有清晰的了解，并可以评估所涉及的工作量。

产品待定项被视为处于三种状态之一，如表 2.7 所示。在项目进行期间，随着新条目的添加和对已有条目的分析和精化，产品待定项将不断更改和扩展。

Scrum 敏捷流程的关键部分是产品待定项审查，这应该是冲刺计划流程中的第一项。在此审查中，将分析产品待定项，并对产品待定项进行优先级排序和优化。随着团队对系统的了解更多，待定项审查也可能在冲刺期间进行。团队成员可以修改或完善现有产品待定项，或添加新项，以便在以后的冲刺中实现。在产品待定项审查期间，条目的状态可能会发生变化。

33

表 2.7　产品待定项状态

标　题	描　述
准备考虑	这些是关于产品的宏观想法和特征描述。它们是暂时性的，因此可能会发生根本性的改变，或者可能不出现在最终产品中
准备精化	团队认可是当前开发的一个重要步骤。需要去合理清晰地定义需求，然而理解和优化条目仍需花费时间
准备实现	PBI 对于团队进行成本评估和实现来说已足够详细。与其他条目之间的依赖关系已确定

图 2.5 展示了可以修改产品待定项的四个操作。在此示例中，待定项 1 被分为两个条目，待定项 2 和 3 被评估，待定项 4 和 5 已进行了优先排序，并添加了待定项 6。请注意，新待定项 6 的优先级高于现有待定项 4 和 5。

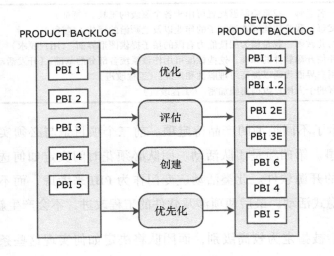

图 2.5　产品待定项活动

Scrum 社区有时使用术语"待定项整理"概括以下四个活动。

（1）优化。对现有的 PBI 进行分析和优化以创建更详细的 PBI。这也可能导致创建新的待定项。

（2）评估。团队评估实施 PBI 所需的工作量，并将此评估添加到每个被分析的 PBI 中。

（3）创建。新条目将会添加到待定项中。这些可能是产品经理建议的新特征、必需的特征更改、工程改进或过程活动，例如可能使用的开发工具评估。

（4）优先级。考虑到新的信息和已更改的情况对 PBI 进行重新排序。

设定待定项优先级是一项全团队活动，在该活动中，将决定在冲刺期间要处理哪些条目。产品经理的意见至关重要，因为他们应该了解客户的需求和优先事项。开发团队会优化优先级最高的条目，以创建"冲刺待定项"，其中列出了更详细的实施条目。在诸如推测性的产品开发或研究系统开发之类的情况下，如果没有指定产品所有者，则团队应一起确定项目的优先级。

应有准备实施的条目的预算，以评估实施这些条目需要的工作量。评估在冲刺计划中至关重要，因为团队通过评估来决定每次冲刺中他们可以承担多少工作。每个活动的工作量评估值是其优先级的一个输入。有时，能以最少的工作量提供最大价值的条目应具有高优先级。

PBI 评估值表明完成每个条目所需的工作，通常使用两种度量。

（1）所需的工作量。可以用每人几小时或每人几天来表示工作量，即一个人完成该 PBI 所花费的小时或天数。这与日历时间不同，一些人可能一起处理某个条目，这可能会缩短所需的日历时间。另外，开发人员可能还有其他任务，无法专职做项目工作，那么所需的日历时间比评估的要长。

（2）故事点。故事点是对完成 PBI 所需要的工作量的粗略估计，其中要考虑任务的大小、复杂度、可能需要的技术以及工作的"未知"特征。故事点最初是通过比较用户故事而得出的，但是它们可用于评估任何一种 PBI。故事点评估是相对的。团队就基线任务的故事点达成共识。然后，通过与该基线进行比较来估计其他任务，例如复杂程度、任务大小等。故事点的优势在于它们比所需的工作量更加抽象，因为所有的故事点都应相同，而与个人能力无关。

如果团队仅有很少或根本没有此类工作经验，或者使用了新技术，那么评估工作量很困难，尤其是在项目开始的阶段。评估基于团队成员的主观判断，而初始评估不可避免是有错误的。但是，随着团队获得有关产品及其开发过程的经验，评估准确度会提高的。

Scrum 方法推荐一种基于团队的评估方法，即"Planning Poker"，在此不再赘述。团队理应能够比个人做出更好的评估。但是，没有能令人信服的表明集体评估比有经验的个体开发人员的评估更好的经验证据。

完成许多冲刺之后，团队就可以估计"速度"。简单地说，团队的速度是在固定时间冲刺中已完成条目的大小评估值的总和。例如，假设已经按故事点评估了 PBI，并且在连续的冲刺中，团队分别完成了 17、14、16 和 19 个故事点。因此，团队的速度是每个冲刺完成 16 到 17 个故事点。

速度用于确定团队可以在每个冲刺中实际提交多少个 PBI。在上面的示例中，团队应实现大约 17 个故事点。速度也可以用来衡量产出率。团队应该尝试改进他们的工作方式，以便在项目过程中提高速度。

产品待定项是一个共享的"动态"文档，该文档在产品开发过程中会定期更新。它通常太大而无法放在白板上，因此可以将其维护为共享的数字文档。支持 Scrum 的几种专用工具的功能包括共享和修改产品待定项。有些公司可以考虑为其软件开发人员购买这些工具。

资源有限的小型公司或团体可以使用共享文档系统，例如 Office 365 或 Google 文档。这些低成本的系统不要求购买和安装新软件。如果在开发过程中使用产品待定项，建议使用这种通用方法来获得经验，然后再决定是否需要用来管理待定项的专用工具。

2.3.2　限时冲刺

Scrum 概念中对所有的敏捷开发过程都有用的概念是计时概念。计时意味着给活动分配固定的时间。一旦时间结束，无论计划的工作是否完成，活动都会停止。冲刺是短暂的活动（1 ~ 4 个星期），发生在定义的开始日期和结束日期之间。在冲刺期间，团队将处理产品待定项中的条目。因此，产品是在一系列的冲刺期间开发的，每个冲刺都会提供交付产品或支持软件的增量。

所有的敏捷方法都会用到增量开发，我认为在 Scrum 中坚持每次增量花等量的时间是正确的做法。图 2.6 展示了使用限时冲刺的三个重要好处。

每个冲刺都涉及三个基本活动。

（1）冲刺计划。选择要在该冲刺中完成的工作项，并在必要时对其进行精化以创建冲刺待定项。在冲刺开始时执行此活动，时间不超过一天。

（2）冲刺执行。在本阶段，团队致力于完成该冲刺所选的冲刺待定项。如果不能完成所有的冲刺待定项，也不延长冲刺的时间，而是将未完成的条目放回产

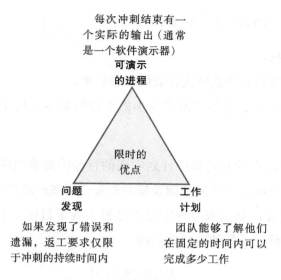

图 2.6 使用限时冲刺的好处

品待定项列表，并排队等待将来的冲刺。

（3）冲刺审查。冲刺期间完成的工作由团队和（可能的）利益相关者进行审查。团队思考在冲刺期间哪些方面做得好，哪些方面做错了，以期改善工作流程。

图 2.7 展示了这些活动的周期以及更详细的冲刺执行的任务分解。冲刺待定项在计划过程中创建，并在执行冲刺时驱动开发活动。

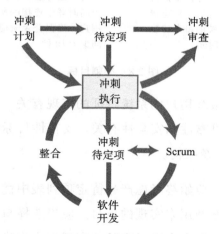

图 2.7 冲刺活动

每个冲刺都应从计划会议开始，在会议中，团队成员共同决定在冲刺期间要完成的 PBI。此活动的输入是准备实现的产品待定项，以及来自产品所有者的这些 PBI 中哪一个优先级最高的信息。

37

在计划冲刺时，团队要做三件事：

- 达成冲刺目标；
- 从产品待定项列表中确定应完成的项目清单；
- 创建冲刺待定项，这是产品待定项的更详细版本，用于记录冲刺期间要完成的工作。

冲刺目标是团队在冲刺过程中计划实现的目标的简要说明。它可以是产品特征的实现，或者是某些基本产品基础设施的开发或某些产品属性（例如其性能）的改进。应该客观地在冲刺结束时确定是否已经实现了目标。图 2.8 展示了三种类型的冲刺目标，并给出了每种类型的示例。

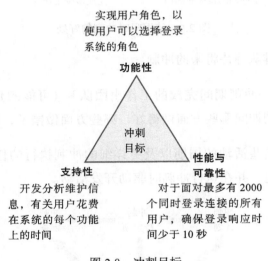

图 2.8　冲刺目标

功能性冲刺目标与最终用户的系统特征的实现有关，性能和可靠性目标与提高系统的性能、效率、可靠性和安全性有关。支持性目标涵盖辅助活动，例如开发基础设施软件或设计系统架构。

在确定冲刺目标时，应始终考虑产品待定项列表中优先级最高的条目。团队在设置冲刺目标的同时选择用来实现的条目。应当选择与冲刺目标一致的一组连续的高优先级条目，但有时也会选择产品待定项列表中优先级较低的条目，因为它们与冲刺整体目标中的部分条目紧密相关。

通常，在冲刺期间不应更改冲刺目标。但如果发现了意外的问题，或者团队发现了一种能比最初估计的速度更快地实现特征的方法，则必须更改冲刺目标。

在这些情况下，目标的范围可能会缩小或扩大。

建立冲刺目标后，团队应讨论并确定冲刺计划。正如之前所解释的，PBI 应该具有相关的工作量评估，这是冲刺计划过程的关键输入。重要的是，团队不要在冲刺期间尝试完成太多条目。过度尝试可能导致无法实现冲刺目标。

团队的速度是冲刺计划过程的另一个重要输入。速度反映了团队通常可以在冲刺中完成多少工作。正如之前所解释的，你可以评估故事点，团队的速度是通常可以在两周或四周的冲刺中实现的故事点数。对于一支速度稳定的团队来说，这种方法显然是有意义的。

但是，团队的速度可能不稳定，这意味着所完成的 PBI 的数量从一个冲刺到另一个冲刺会有变化。如果团队成员发生变化，或者为较容易执行的条目分配比难以实施的条目更高的优先级，或者团队中有一些随着项目的进展而进步的缺乏经验的成员，这些情况都可能导致速度不稳定。如果团队的速度不稳定或未知，则必须采用更直观的方法来选择在冲刺期间要实施的 PBI 数量。

冲刺待定项是冲刺期间要完成的工作项的列表。有时，PBI 可以直接转移到冲刺待定项。但是，团队通常会将每个 PBI 分解为较小的任务，添加到冲刺待定项中。之后，所有的团队成员讨论如何分配这些任务。每个任务的持续时间应相对较短（最多一两天），以便团队可以在每日冲刺会议期间评估其进度。冲刺待定项应比产品待定项短得多，因此可以在共享白板上进行维护。整个团队可以看到要实施的条目以及已完成的条目。

冲刺的重点是产品特征或基础结构的开发，团队致力于创建计划的软件增量。为了促进合作，团队成员每天在称为 Scrum 的简短会议中协调工作（表 2.8）。Scrum 方法是在这些会议之后命名的，这些会议是该方法的重要组成部分。它们是团队交流的一种方式，而不是像橄榄球比赛中的混战。

表 2.8　Scrum

Scrum 是一个简短的日常会议，通常在每天的早晨举行。在一次 Scrum 期间，所有的团队成员共享信息，描述自前一天的 Scrum 以来的进度，并提出已经出现的问题和第二天的计划。这意味着团队中的每个人都知道发生了什么，并且，如果出现问题，可以重新计划短期工作以应对它们。

Scrum 会议应该简短而集中。为了防止团队成员参与长时间的讨论，有时会将 Scrum 安排为"站立式"会议，即会议室中没有椅子。

Scrum 期间将审查冲刺待定项。已完成的项目将从其中删除。随着新信息的出现，新项目可能会添加到待定项列表中。之后，团队决定谁应该在当天处理冲刺待定项

Scrum 方法不包括特定的技术开发实践，团队可以使用他们认为合适的任何敏捷方法。一些团队喜欢结对编程，其他的则喜欢成员单独工作。但是，建议在代码开发冲刺中始终使用下面两种实践。

（1）测试自动化。尽可能使产品测试自动化。应该开发一套可以在任何时候运行的可执行测试。之后将在第 9 章中说明如何执行此操作。

（2）持续集成。当任何人对正在开发的软件组件进行更改时，都应立即将这些组件与其他组件集成在一起以创建系统。在之后应测试系统，检查是否存在意外的组件交互问题。第 10 章中将说明持续集成。

冲刺的目的是开发"潜在可交付的产品增量"。当然，该软件不一定会发布给客户，但在发布之前不需要进一步的工作。对于不同类型的软件，这意味着不同的事情，因此团队建立"必须完成的工作的定义"非常重要，该定义指定了在冲刺期间开发的代码必须完成的工作。

例如，对于正在为外部客户开发的软件产品，团队可以创建适用于所有正在开发的软件的检查表。表 2.9 是检查表示例，可用于判断已实现特征的完整性。

表 2.9 代码完整性检查表

状　态	说　明
评审	代码已由另一位团队成员评审过，检查它是否符合商定的编码标准，是否可以理解，如果必要，包含适当的注释
单元测试	所有单元测试均已自动运行，并且所有的测试执行成功
已集成	该代码已与项目代码库集成，没有报告出集成错误
集成测试	所有的集成测试均已自动运行，并且所有的测试均已成功执行
接受	如果适用，并且产品所有者或开发团队已确认该产品待定项已完成，运行接受验收测试

如果在冲刺期间无法完成此检查表中的所有项目，则应将未完成的条目添加到产品待定项中，以备将来执行。不应将冲刺扩展到未完成的条目。

在每个冲刺的末尾，都会有一个由全体团队参与的评审会议。这次会议有三个目的。首先，它评审冲刺是否达到了目标。其次，它列出了在冲刺期间出现的任何新问题。最后，这是团队反思自己如何改善工作方式的一种方式。成员们讨论了进展顺利、进展不好的地方以及可以改进的地方。

评审可能涉及外部利益相关者以及开发团队。团队应该如实汇报冲刺期间已完成的工作和尚未完成的工作，以使得评审的结果是对所开发产品状态的确定评估。如果条目没有完成或者新条目已经确定，则应将其添加到产品待定项中。产品负责人拥有决定冲刺目标是否实现的最终权力。他们应确认所选产品待定项的实现已完成。

冲刺评审的重要部分是过程评审，团队在该过程中反思自己的工作方式以及如何使用 Scrum。过程评审的目的是确定改进方法，并讨论如何更有效地使用 Scrum。在开发过程中，Scrum 团队应尝试不断提高其效率。

在评审过程中，团队可能会讨论沟通故障、工具和开发环境的优缺点，已采用的技术实践，已发现的可重用软件和库，以及其他问题。如果发现了问题，团队应讨论在未来的冲刺中应如何解决。例如，可以研究替代工具来取代团队正在使用的工具。如果工作的各个方面都取得了成功，则团队可以明确安排时间来分享经验，以在团队中采用良好实践。

2.3.3　自组织团队

所有的敏捷开发方法的基本原则是，软件开发团队应该是自组织的。自组织团队没有项目经理来分配任务并为团队做出决策，而是如图 2.9 所示，他们做出自己的决定。自组织团队通过讨论问题来工作，并通过达成共识来做出决策。

42

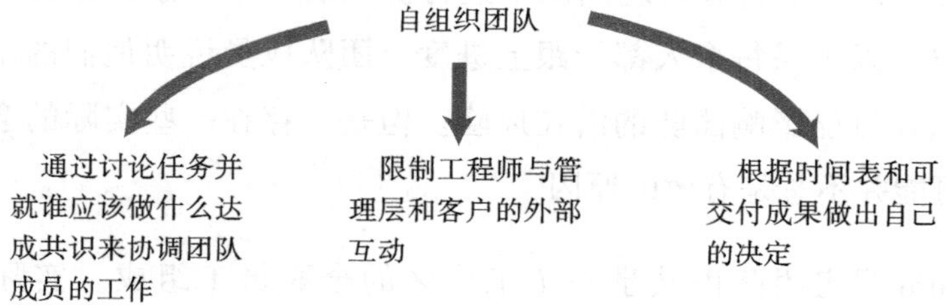

图 2.9　自组织团队

理想的 Scrum 团队规模应该为 5 ~ 8 人，既要足够多样化，又要足够小，以便进行非正式有效的沟通，并就团队的优先级达成共识。因为团队必须处理各种各样的任务，所以 Scrum 团队拥有一系列专业知识非常重要，例如网络、用户体验、数据库设计等。

实际上，这种方式可能无法组建理想的团队。在诸如大学这样的非商业环境中，团队规模较小，并且由技能水平大致相同的人组成。全球范围内软件工程师短缺，因此有时找不到具有适当技能和经验组合的人员。随着成员的离开和新成员的雇用，团队成员可能会在项目期间发生变化。一些团队成员可能会兼职或在家工作。

一个有效的自组织团队的优势在于它有凝聚力并可以适应变化。因为是由团队而不是个人来负责工作，所以团队可以处理成员离开和加入的情况。良好的团队沟通意味着团队成员不可避免地要彼此学习。因此，当有人离开团队时，其他人可以在某种程度上进行替补。

在一个管理团队中，项目经理负责协调工作。管理人员查看要完成的工作并将任务分配给团队成员。项目经理必须做好安排，这样就不会因为一个团队成员在等待其他人完成他们的工作而延误整体进度。他们必须告知所有的团队成员可能会延误工作的问题和其他因素。不鼓励团队成员承担协调和沟通的责任。

在一个自组织团队中，团队必须采取适当的方式来协调工作并将问题传达给所有的团队成员。Scrum 的开发人员假定团队成员位于同一地点。他们在同一工作办公室，可以进行非正式的沟通。如果一个团队成员需要了解另一人所做的事情，他们只需互相交谈就可以找出答案。他们无须记录自己的工作内容以供他人阅读。每天的 Scrum 意味着团队成员知道已经完成的事情和其他人正在做的事情。

Scrum 方法体现了自我管理团队中进行协调的基本要素，即良好的非正式沟通和定期会议，以确保每个人都能跟上进度。团队成员说明他们的工作，并了解团队的进度以及可能影响团队的潜在风险。但是，存在一些实际的会导致非正式的口头交流可能并不总是有效的原因：

（1）Scrum 假定团队由共享一个工作区的全职员工组成。实际上，团队成员可能是兼职的，并且可能在不同的地方工作。对于一个学生项目，团队成员可能在不同时间参加不同的课程，因此可能很难找到所有团队成员都可以见面的时间段。

（2）Scrum 假定所有的团队成员都可以参加晨会来协调当天的工作。这没有考虑到团队成员可能会弹性工作（例如，承担育儿责任）或可能在多个项目中做兼职。因此，他们并非每天早晨都有时间。

如果在同一地点进行日常会议不切实际，那么团队必须制定其他的沟通方式。消息系统对于非正式通信可能是有效的，例如 Slack。消息传递的好处在于所有的消息都会被记录下来，以便人们可以获取他们错过的对话。消息传递并不具有面对面通信的即时性，但是它比电子邮件或共享文档能更好地进行协调。

彼此交谈是团队成员协调工作、传达进展顺利的内容和发现问题的最佳方法。日常会议可能是不可行的。但是实际上，敏捷开发团队必须定期安排进度会议，即使所有的成员不能参加也必须使用电话会议出席。无法参加会议的成员应提交关于自己手头工作进度的摘要，以便团队评估工作的进展情况。

所有的开发团队，甚至那些在小型初创公司或非商业开发中工作的开发团队，都有一些外部交互。这些交互有助于团队了解客户对正在开发的软件产品的需求。其他人将与公司管理层以及公司的其他部门（例如人力资源和营销）一起工作。

在 Scrum 项目中，ScrumMaster 和产品负责人应共同负责管理与团队外部人员的交互（图 2.10）。

图 2.10　管理外部交互

产品负责人负责与当前客户和潜在客户，以及公司的销售和市场营销人员进行互动。他们的工作是了解客户在软件产品中寻找什么，并确定采用和使用正在开发的产品的可能障碍。他们应该了解产品的创新特征，用来确定客户如何从中受益，以及帮助开发产品待定项，并确定要实施的待定项条目的优先级。

ScrumMaster 角色具有双重功能。一是与团队紧密合作，指导他们使用 Scrum 并进行产品待定项的开发。*The Scrum Guide* 指出，ScrumMaster 还应该与团队外部人员合作以"消除障碍"。也就是说，他们应该处理外部问题，并代表整个组织的团队。目的是使团队能够在不受外部干扰的情况下进行软件开发。

无论团队是使用 Scrum 还是其他敏捷方法，都需要注意下面的问题。在小型团队中，由不同的人来处理与客户或经理的互动不太可能。最好的方法可能是让一个人同时担任这两个角色，并兼职从事软件开发。对"外部沟通者"的关键要求是具有良好的沟通能力和人际交往能力，这样他们就可以以一种团队之外的人也可以理解和关联的方式来谈论团队的工作。

ScrumMaster 不是常规的项目经理。这项工作是为了帮助团队成员有效地使用 Scrum 方法，并确保他们不会因外部因素而分心。但是，在所有的商业项目中，他们都必须承担基本的项目管理职责（图 2.11）。

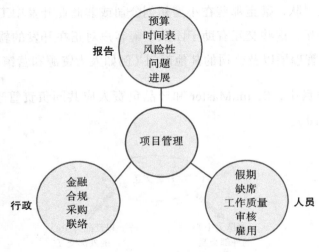

图 2.11　项目管理职责

The Scrum Guide 和许多 Scrum 书籍（尽管不是"推荐阅读"中的 Rubin 的书）只是忽略了这些问题。但是，除了最小的公司以外，这些问题在所有的公司中都存在。自组织团队必须任命一个成员来承担管理任务。由于需要与团队外部的人员保持沟通的连续性，因此在团队成员之间共享管理任务是不可行的。

针对此问题，Rubin 认为，团队外部的项目经理代表多个 Scrum 团队行事是合适的，但作者认为这个想法行不通，原因有三点：

（1）小型公司可能没有资源来支持设定专门的项目经理。

（2）许多项目管理任务需要团队详细的工作信息。如果项目经理跨多个团队工作，则可能无法详细了解每个团队的工作。

（3）自组织团队具有凝聚力，而且往往不喜欢被团队之外的人告知该做什么。

成员有可能抵制而不是支持外部项目经理。

作者认为 ScrumMaster 角色不负责项目管理职责是不现实的。ScrumMaster 了解目前团队正在进行的工作，并且他处在能够提供准确信息、项目计划和进度的最佳位置。

要点

- 开发软件产品的最佳方法是使用敏捷软件工程方法，这种方法适合快速的产品开发和交付。
- 敏捷方法是基于迭代开发的，并且在开发过程中将开销最小化。
- XP 是一种有影响力的敏捷方法，它引入了诸如用户故事、测试优先开发和持续集成之类的敏捷开发实践。这些是现在主流的软件开发活动。
- Scrum 是一种专注于敏捷计划和管理的敏捷方法。与 XP 不同，它没有定义要使用的工程实践方法。开发团队可以使用他们认为适合所开发产品的任何技术实践。
- 在 Scrum 中，要完成的工作保存在产品待定项中，这是要完成的工作项的列表。软件的每个增量都会实现产品待定项中的一些工作项。
- 冲刺是固定时间的活动（通常为 2 ~ 4 周），在此期间开发产品增量。增量应具有潜在的可交付性，也就是说，在交付之前不需要进一步的工作。
- 自组织团队是一个通过团队成员之间的讨论和协议来组织要完成的工作的开发团队。
- Scrum 实践，诸如产品待定项、冲刺和自组织团队，可以在任何敏捷开发过程中使用，即使 Scrum 的其他某些方面没有被使用。

47

推荐阅读

Extreme Programming Explained（K. Beck and C. Andres，Addison-Wesley，2004）：这是关于 XP 的第一本书，我认为它仍然是最好的。该书从一位发明家的角度解释了 XP 方法，并且这位发明家的热情在书中也非常明显地体现了出来。

Essential Scrum, A practical guide to the most popular agile process（K. S. Rubin，Addison-Wesley，2012）：这是对 2011 版 Scrum 方法的全面且易读的描述。书中的配图有时过于复杂并且难以理解，但该书是我见过的关于 Scrum 的最好的书。

The Scrum Guide（K. Schwaber and J. Sutherland，2013）：Scrum 方法的权威指南，定义了所有 Scrum 角色和活动。

http://www.scrumguides.org/docs/scrumguide/v1/scrum-guide-us.pdf

The Agile Mindset（D. Thomas，2014）：这篇博客文章主张对 Scrum 实践采取灵活的挑选－混合的方法，而不是 *The Scrum Guide* 中提出的不灵活的模型。

http://blog.scottlogic.com/2014/09/18/the-agile-mindset.html

The Advantages and Disadvantages of Agile Scrum Software Development（S. de Sousa，未注明日期）：由项目管理专家而不是 Scrum 传播者撰写的一篇文章，平衡地展示了 Scrum 的优点和缺点。

http://www.my-project-management-expert.com/the-advantages-and-disadvantages-of-agile-scrum-software-development.html

A Criticism of Scrum（A. Gray，2015）：这篇幽默的博客文章列出了 Scrum 的我真正不喜欢的地方，但仅同意文章中的某些观点，而其他的，我认为被夸大了。

https://www.aaron-gray.com/a-criticism-of-scrum/

习题

1. 解释为什么快速开发和交付软件产品非常重要。为什么先交付未完成的产品然后在交付后发布该产品的新版本是明智的？
2. 解释为什么敏捷软件工程的基本目标与加速开发和交付软件产品一致。
3. 请给出三个原因，说明其开发人员所设想的 XP 未得到广泛使用的原因。
4. 你正在开发一种软件产品，以帮助管理大学的招生。你的敏捷开发团队建议创建一些小版本，供潜在用户试用然后提供反馈。对此想法发表评论，并猜想为什么系统用户无法接受。
5. 解释为什么产品负责人在 Scrum 开发团队中扮演重要角色。在没有外部客户的环境中工作的开发团队（例如学生项目团队）如何重现产品负责人角色？
6. 为什么每个冲刺正常地产生潜在可交付的产品增量很重要？团队何时可以放宽此规则，并发布尚未准备好交付的产品？
7. 说明为什么使用每人几小时或每人几天来评估完成产品待定项所需的工作量可能导致评估出的工作量与实际的工作量之间存在重大差异。

8. 为什么每天的 Scrum 可能会减少新团队成员完成工作所需要的时间？

9. 自组织团队的一个问题是，经验丰富的团队成员倾向于主导讨论，因此会影响团队的工作方式。对解决此问题的方法提出建议。

10. Scrum 是使用由 5 ~ 8 个人组成的团队共同开发软件产品。如果你尝试将 Scrum 用于学生团队项目中，团队成员共同开发程序，那么可能会出现哪些问题？在这种情况下可以使用 Scrum 的哪些部分？

49

特征、场景和用户故事

有一些软件产品是灵感驱动的。这些软件的开发者对他们将要开发的软件有一个预想。他们没有产品经理，不做用户调查，不收集和记录需求，也不模拟用户如何与系统交互。他们只是一上手就开发一个原型系统。一些非常成功的软件产品就是这样开始的，例如 Facebook。

然而，绝大多数仅基于开发者灵感的软件产品是失败的。这些产品要么不能满足用户的实际需求，要么不符合用户的实际使用方式。灵感固然很重要，但是大多数成功的产品都基于了解业务和用户需求，以及用户交互。即使灵感让许多用户采用了某种产品，但是否继续使用，取决于开发人员对软件使用方式的理解，以及用户可能需要的新功能。

除了灵感，软件产品的设计还受三个因素的驱动：

1. 当前产品无法满足业务和客户的需求

例如，书籍和杂志的出版商正转型为能够同时提供在线和纸质出版物，但很少有软件产品允许这两种媒介之间的无缝转换。

2. 业务或客户不满意现有的软件

许多现有的软件结构臃肿，有许多很少被使用的功能。新的公司可能会制作更加轻量化的软件，以满足这个领域绝大多数用户的需求。

3. 科技的发展让全新的软件产品成为可能

例如，随着虚拟现实（VR）技术的成熟以及硬件价格逐渐下降，许多新的产品抓住了这次机遇。

如同第 1 章所讲的那样，软件产品并非为某一个特定的用户需求所开发。因此，需求诱导、需求文档化和需求管理并不适用于产品工程。你不需要一个完整、详尽的需求文档作为软件开发合同的一部分。需求变更时，无须进行长时间的磋商。产品开发是增量和敏捷的，因此可以使用不太正式的方式来定义产品。

在产品开发的早期阶段，你无须去了解特定客户的需求，而是应该试图了解哪些产品功能是对用户有用的，哪部分是用户喜欢的，而哪部分是用户厌恶的。简而言之，将特征（feature）作为功能片段，例如打印特征、更改背景特征、新建文档特征等。在开始编程之前，应创建产品的特征列表。这是你进行产品设计和开发的起点。

无论开发什么产品，花时间尝试了解产品的潜在用户和客户都是有意义的。已经开发了多种技术以了解人们的工作方式和使用软件的方式，其中包括用户访谈、调查、族谱（ethnography）和任务分析○。其中有些技术对于小型公司而言成本高且不切实际。但是，非正式的用户分析和讨论通常仅仅询问用户的工作内容，他们使用的软件及其优缺点，这些方法成本低廉而且非常有价值。

对商业产品进行非正式的用户调研存在一个问题：用户可能根本不想要新软件。对于商业产品来说，企业购买产品，但企业的雇员才是用户。这些用户可能会对新产品怀有敌意，因为他们不得不改变他们熟悉的工作方式，或者随着自动化程度的提高，工作岗位可能会减少。业务经理可能会提出他们对新软件产品的需求，但这并不总能反映出产品用户的需求或愿望。

本章假设可以进行非正式的用户协商，解释了表示用户（角色）的方式，以及与用户和其他产品涉众进行沟通的方式。本章重点介绍如何使用简短的自然语言描述（场景和故事）来可视化和文档化用户与软件产品的交互。

图 3.1 演示了由角色、场景、用户故事表现的可能在软件产品中实现的特征。

在网上可以找到"产品特征"的一系列定义，但我认为特征是实现某些用户或系统需求的功能片段。你可以通过产品的用户界面访问特征。例如，撰写本书

51

○ 在通用软件工程教科书 *Software Engineering* 第 10 版（Pearson Education，2015）中，讨论了用以发现软件需求的用户分析技术。

的编辑器包含一个"创建组"的特征，能够将一系列文档作为一组，通过下拉菜单进行访问。

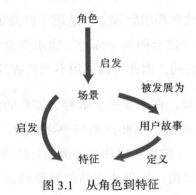

图 3.1　从角色到特征

特征是用户需要或想要的东西。可以通过编写用户故事来明确：

> 作为作者，我需要一种方法来把将要撰写的文本组织成段落和章节，最终成为一本书。

使用"新建组"特征，可以为每个章节创建一个组，该组中的文档就是该章节的各个段落。可以使用简短的、叙述性的特征描述：

> "新建组"命令可通过菜单选项或键盘快捷键激活，为一组文档和组创建命名容器。

另外，你可以使用标准模板来定义特征，包括它的输入、功能、输出，以及如何被激活。图 3.2 给出了标准模板中的元素。图 3.3 展示了如何使用这个模板来定义"新建组"特征。

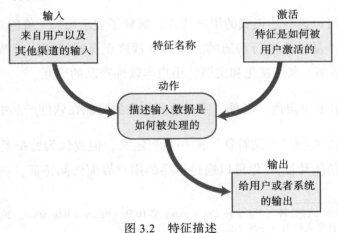

图 3.2　特征描述

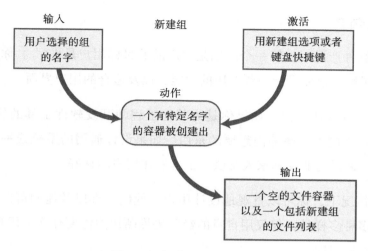

图 3.3 "新建组"特征描述

可以使用输入/激活/输出模型来定义特征。然而，系统开发人员通常只需要简短的特征描述，过后他们再填写特征的详细信息。当该功能是其他产品中普遍提供的"实用性"功能时，尤其如此。例如，众所周知的"剪切和粘贴"特征，可以定义为：

> 剪切和粘贴——任何被选中的对象都可以被剪切或者复制，然后插入文档中的其他位置。

有时只需要说明剪切、粘贴，然后开发人员就能凭借自身对其功能特征的理解来实现。

特征是敏捷开发方法"特征驱动开发（Feature Driven Development，FDD）"中的基本要素。我没有使用这种方法的经验，也没有见过使用这种方法的开发者，所以无法直接评论。但是，我曾用过这种方法的一部分，就是其用于特征描述的模板：

> <通过/为了><某对象><做某动作><结果>

所以，上面提到的"新建组"特征可以被描述为：

> 为文本或者组建立一个容器。

3.4.2 节展示了这种简单特征描述方法的另一个例子。

在描述了场景和用户故事之后，我会在 3.4 节再度讲到特征这个主题。你可以使用这两种技术来生成系统中要包含的特征列表。

3.1　人物角色

在开发软件产品时，第一个问题是"产品的目标用户是谁?"。你需要对潜在用户有一些了解，以便设计一些有用的功能，以及适合的用户界面。

有时你了解这些用户。如果你是为其他工程师开发软件工具的软件工程师，你可能在某种程度上了解他们想要的东西。如果设计通用的手机或平板电脑应用程序，则可以通过与朋友和家人交谈，了解潜在用户的喜好。

在这种情况下，你可以直观地设计用户，他们是谁以及他们可以做什么。但是，用户是多种多样的，仅仅用自身的经验去推断用户需要什么、用户如何工作，可能会有一些局限性。

对于某些类型的软件产品，你可能不太了解潜在用户的背景、技能和经验。开发团队中不同的人可能对产品用户及其能力有不同的想法。当这些不同的观点反映在软件实现中时，可能会导致产品不统一。理想情况下，团队应该对用户、用户的技能以及使用该软件的动机具有共同的观念。人物角色是代表这种共同观念的一种方式。

人物角色是"想象中的用户"，也就是对于产品潜在使用者的设定。

例如，如果是给牙医管理预约产品，那么可以创建一个牙医角色、一个接待人员角色、一个患者角色。不同种类的人物角色可以帮助你更好地认识用户需要软件来做什么，以及用户会如何操作软件。他们还可以帮助你设想用户在理解和使用产品功能时会遇到什么样的困难。

角色应能为一类产品用户进行用户画像，描述用户的背景以及他们为什么要使用该产品。用户画像中还应提及用户的教育背景和技术水平，这可以评估某软件功能特性是否对典型产品用户有用并易于理解。

表 3.1 展示了设计 iLearn 系统时编写的一个角色示例，该角色在第 1 章中进行了说明。这是一位致力于数字学习的教师角色，他相信使用数字设备可以带来更好的学习效果。

关于如何描述一个人物角色并没有统一的标准。如果在网上搜索，会发现许多不同的建议。 这些建议的共同特征如图 3.4 所示。表 3.2 中说明了描述人物角色方面的建议，即个性化、工作相关、产品相关和教育背景。

表 3.1 小学老师人物角色

Jack，一个小学老师

Jack 现年 32 岁，是苏格兰高地大沿海村庄乌拉浦的小学老师。负责教授 9 ~ 12 岁的儿童。他出生于阿勒浦以北的一个以捕鱼业为主的社区，父亲在那里经营一家船舶燃料供应公司，母亲是社区护士。 他拥有格拉斯哥大学的英语学位，并在一个大型休闲团体担任网络内容作者数年后接受了教师培训。

Jack 作为网络开发人员的经验使他对数字技术充满信心。他满怀激情，相信有效地使用数字技术以及面对面的教学，可以增强儿童的学习体验。他对将 iLearn 系统用于基于项目的教学特别感兴趣，这样学生可以跨学科领域共同探讨具有挑战性的主题

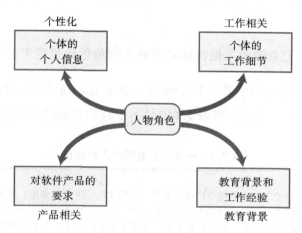

图 3.4 人物角色描述

表 3.2 人物角色不同方面的描述

方 面	描 述
个性化	给角色起名，并谈及角色的基本情况。 有时使用照片来代表人物角色。一些研究表明，这有助于项目团队更有效地使用人物角色
工作相关	如果产品是针对业务的，则应说明用户的工作以及（如有必要）工作内容。对于某些工作，例如教师，大家可能都比较熟悉，就不必做过多说明
教育背景	应该描述人物角色的教育背景以及技术和经验水平。这一点很重要，尤其是对于界面设计
产品相关	如果可以的话，应该说明人物角色为什么会对使用该产品感兴趣，以及他们想对它做什么

网上许多建议提到，个体目标应该囊括进人物角色。我不赞成这种观点，因为不可能明确"目标"的含义。目标是一个广泛的概念。有些人的目标是自我完善和学习，有些人则以职业发展和晋升为工作目标。对于一些人来说，目标可能与工作无关，只是为了度过一天并获得足够的收入，以便可以做工作以外的事情，

而这才真正使他们高兴和满足。

尝试定义"用户目标"没有帮助。大多数人在使用软件时并没有明确定义的目标。他们可能被告知要在工作中使用该软件，将软件视为更有效地完成工作的一种方式，或者在组织生活中很有用。与其尝试设定目标，不如尝试去解释该软件为何有用，并举例说明潜在用户可能想使用软件做的事。

如果产品针对特定的某一类用户，则可能只需要一个或两个人物角色即可代表潜在的系统用户。但是，有些产品的用户群体可能非常广泛，需要大量角色。实际上使用太多角色可能会使设计一个一致的系统变得更加困难，不可避免地会发生重叠。

总的来说，确定系统的关键特征需要的人物角色数量少于五个。

人物角色应该相对简短并且易于阅读。对于 iLearn 系统，我们用两到三段文字描述角色就足够了。表 3.3 和表 3.4 中显示了我们创建的两个人物角色。

表 3.3　一位历史老师的人物角色

Emma，历史老师

　　Emma 今年 41 岁，是爱丁堡一所高中的历史老师，教授 12 ~ 18 岁的学生。她出生于威尔士的加的夫，父亲和母亲都是老师。 在纽卡斯尔大学获得历史学学位后，她搬到爱丁堡与丈夫一起生活，并接受了教师培训。她的两个孩子分别是 6 岁和 8 岁，就读于当地的小学。为了多陪陪家中的孩子，她经常在家里备课，进行管理工作，评阅作业。

　　Emma 使用社交媒体以及其他的生产力工具来准备课程，但对数字技术并不特别感兴趣。她讨厌学校中当前使用的虚拟学习环境，并尽可能避免使用它。她认为面对面的教学是最有效的。她可能会使用 iLearn 系统来管理和访问历史视频和文档。但是，她并不喜欢数字化以及面对面交流相结合的授课方式

表 3.4　一位 IT 技术人员的人物角色

Elena，IT 技术人员

　　Elena，28 岁，是格拉斯哥一家大型中学的高级 IT 技术人员。这所中学有 2000 多名学生。她来自波兰，拥有波茨坦大学的电子学文凭。毕业一年后，她于 2011 年移居苏格兰。Elena 有一个苏格兰伴侣，没有孩子，并希望在苏格兰发展自己的职业。 她最初被任命为初级技术员，在 2014 年升职到负责所有学校计算机的高级职位。

　　尽管不直接参与教学，Elena 经常到计算机科学课上帮忙。她是一位称职的 Python 程序员，并且是数字技术的"高级用户"。 她的长期职业目标是成为数字学习技术的技术专家并参与其发展。 她希望成为 iLearn 系统的专家，并将其视为支持数字学习新用途的实验平台

表 3.3 中的 Emma 角色代表没有技术背景的用户，只需要一个系统来提供管理方面的支持。表 3.4 中的 Elena 角色代表了技术熟练的技术人员，他们可能负责

设置和配置 iLearn 软件。

对于 iLearn 系统潜在的用户学生，我没有提供他们的用户模型。原因是我们将 iLearn 系统视为一个平台产品，应对其进行配置以适合各个学校和教师的喜好和需求。学生将使用 iLearn 访问工具，但是不会将 iLearn 配置为一个独特的系统。尽管我们计划在系统中提供一组标准的应用程序，但创建学习系统的最佳人选是教师，技术人员只是为他们提供支持。

理想情况下，软件开发团队应具有不同的年龄和性别。但现实情况，软件产品开发人员仍然是具有高水平技术的年轻人。软件用户更加多样化，具有不同的技术水平。一些开发人员发现很难意识到用户使用该软件可能遇到的问题。人物角色的一个重要好处是，可以帮助开发团队成员理解软件的潜在用户。人物角色让团队成员能够站在用户的视角，无须思考在特定情况下会做什么，而是想象人物角色会如何表现和做出反应。

因此，当你对某个功能有想法时，可以询问"该人物角色对此功能是否感兴趣？"和"该人物角色如何访问和使用该功能？"。人物角色可以帮助你检查想法，以确保没有添加冗余的、用户并不需要的功能。它们可以帮助你避免根据自己的知识做出不必要的假设，设计过于复杂或不相关的产品。

人物角色应基于对潜在产品用户的了解：他们的工作、背景和要求。你应该研究和调查潜在用户，以了解他们想要什么以及如何使用该产品。从这些数据中，抽象出不同类型产品用户的基本信息，然后将其用作创建角色的基础。然后应对照用户数据对这些角色进行交叉检查，以确保反映了典型的产品用户。

当产品是由现有的产品演化而来的时候，可以研究用户。但若是新产品，会发现进行详细的用户调查是不切实际的。因为无法轻松接触到潜在用户，没有资源进行用户调查，或者希望在产品发布之前对其保密。

如果对某个领域一无所知，就无法建立可靠的人物角色，因此需要做一些用户研究。无须正式或长期的过程，你可能认识在某个领域工作的人，也许能够帮助你与同事见面，讨论你的想法。例如，我的女儿是一名老师，她帮我安排了一场午餐来和她的同事讨论如何使用数字技术。这对于人物角色和场景的搭建都很有帮助。

58

根据有限的用户信息开发的人物角色称为用户人物角色原型。可以使用有关潜在产品用户的任何可用信息来创建人物角色原型，把这种工作作为团队练习的一部分。它们不可能像通过详细的用户研究得出的角色一样准确，但是总比没有好。它们代表开发团队所看到的产品用户，并且使开发人员可以对潜在产品用户建立共识。

3.2 场景

作为产品开发人员，应该试着去发现什么功能使得用户使用你的产品，而非竞争对手的产品。没有简单的方法来定义"最佳"产品功能集。你必须对要包含在产品中的内容做出自己的判断。为了帮助选择和设计功能，建议构建一些方案以设想用户如何与你要设计的产品进行交互。

场景是一种描述，描述了用户使用你的产品的功能来完成想要做的事情。该方案应简要说明用户的问题，并提出一种解决问题的方式。无须在方案中包括所有内容。这不是详细的系统规范。

表 3.5 是一个示例场景，显示了 Jack 是如何使用 iLearn 系统，Jack 是在 3.2 节中描述的一个角色。

表 3.5　Jack 的场景：将 iLearn 系统用于班级项目

在阿勒浦钓鱼

　　Jack 是阿勒浦的一名小学教师，教小学六年级，他决定开展一个围绕该地区捕鱼业的班级项目，着眼于捕鱼业的历史、发展和经济影响。

　　在此过程中，学生们被要求收集、分享亲戚们的回忆。使用报纸档案，并收集该地区有关捕鱼和捕鱼社区的老照片。学生们使用 iLearn wiki 收集捕鱼故事，并使用 SCRAN（一个历史档案站点）获取报纸档案和照片。但是，Jack 还需要一个照片共享站点，因为他想要学生们对彼此的照片进行拍照并发表评论，上传他们家庭里可能拥有的照片扫描件。Jack 需要在分享之前对包含照片的帖子进行审核，因为未成年的孩子无法理解版权和隐私问题。

　　Jack 将邮件发送给小学教师组，以查看是否有人可以推荐一个合适的系统。两位老师回复了邮件，都建议 Jack 使用 KidsTakePics，这是一个照片分享网站，允许老师检查和审核内容。由于 KidTakePics 未与 iLearn 认证服务集成，因此他在 KidTakePics 中设置了教师和班级账户。

　　他使用 iLearn 设置服务将 KidTakePics 添加到班级学生可以看到的服务中，以便他们登录之后可以立即使用该系统从手机和班级计算机上传照片。

通过如何将 iLearn 应用于班级项目的描述，你可以看到场景（图 3.5）中可能包含的一些关键要素，这些要素可以帮助你考虑所需产品的特征。

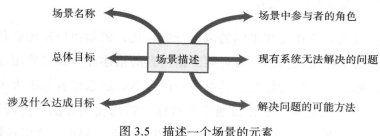

图 3.5 描述一个场景的元素

一个场景中最重要的要素是：

（1）总体目标的简要说明。如表 3.5 所示，在 Jack 的场景中，这是为了支持一个关于捕渔业的班级项目。

（2）对所涉及角色（Jack）的引用，以便获取有关该用户能力和动机的信息。

（3）涉及执行此活动的信息。例如，在 Jack 的场景中，涉及从亲戚那里收集回忆，访问报纸档案等。

（4）如果有机会，描述出现有系统无法解决的问题。未成年孩子不理解诸如版权、隐私的问题，因此照片分享需要一个教师可以管理的网站，以确保发布合法的、可以接受的照片。

（5）对某问题的一种解决方案的说明。场景说明中可能并不总有这条，尤其是在需要技术知识来解决问题的情况下。在 Jack 的场景下，首选的方案是使用为学校学生设计的外部工具。

从 20 世纪 80 年代就开始使用场景来支持软件工程了，已提出各种不同类型的场景，从类似于 Jack 的高层次场景到更详细、具体的场景。这些场景列出了用户与系统交互所需的步骤。它们是用例（在面向对象方法中广泛使用）和用户故事（在敏捷方法中使用）的基础。场景用于需求和系统特征的设计、系统测试和用户界面设计。

像 Jack 的场景那样叙述性、高层次的场景，是促进沟通和激发设计创造力的主要手段。由于用户、系统投资者和系统购买者都可以理解和访问这些场景，它们有利于交流⊖。与人物角色一样，它们帮助开发人员获得对正在创建的系统的共同理解。但是，你应该始终注意到场景不是规范，缺乏细节，可能不完整，也可

⊖ 我向一位教育部长介绍了 iLearn 系统的一些场景。他评论说，这是他第一次参加一个能够真的明白 IT 系统应该做什么的会议。

能不能表达所有类型的用户交互。

有些人建议场景应该使用不同的域进行结构化，例如用户在场景开始时看到的内容、对正常事件流的描述、对可能出错内容的描述等。如果使用场景来引出详细的需求，那么结构化的好处是具有一致的表示，这意味着你不太可能忘记与关键系统需求相关的元素。工程师通常喜欢这种结构化的方法。然而系统用户，也就是那些阅读和检查场景的人，会发现结构化场景令人畏惧，难以理解。

因此，当产品设计的早期阶段，建议使用叙述性场景，而不是结构化场景。这些场景可以是两到三段文字，如表 3.5 中 Jack 的场景，也可以是更长的描述。当要在已有过程中使用你的软件，并须与其他软件交互操作时，可能需要编写更长的描述。可能包括与其他流程和软件系统交互的描述。

Emma 场景（如表 3.6 所示）是一个较长场景的示例。在这个场景中，使用了 iLearn 系统来帮助她安排一次班级旅行。

表 3.6　使用 iLearn 系统进行管理

　　Emma 给一班 14 岁（S3）的孩子讲授一战的历史，一群 S3 学年的学生正在参观位于法国北部历史悠久的一战战场，她想成立一个"战场小组"，让参加这次旅行的学生可以分享他们对参观地点的研究，以及他们关于参观的一些照片和想法。

　　在家里，她使用 Google 账户凭证登录 iLearn 系统。Emma 有两个 iLearn 账户——她的教师账户和一个与当地小学相关联的家长账户。系统识别出她是多个账户所有者，并要求她选择要使用的账户。她选择教师账户，系统生成她的个人欢迎屏幕。除了她已经选择的应用程序外，还展示了帮助教师创建和管理学生组的管理应用程序。

　　Emma 选择了"群组管理"应用程序，该应用程序从她的身份信息中识别出她的角色和学校，并创建了一个新的群组。系统提示输入学年（S3）和科目（历史），并自动将正在学习历史的所有 S3 学生填充到新组中。她挑选了那些去旅行的学生，并把她的老师同事 Jamie 和 Claire 也加入了这个小组。

　　她给小组命名并确认应该创建它，应用程序在她的 iLearn 屏幕上设置一个图标来表示组，并为小组创建一个电子邮件别名，询问 Emma 是否希望共享组，她与组中的每个人共享访问权限，这意味着他们也可以在屏幕上看到图标。为了避免收到太多来自学生的电子邮件，她将电子邮件别名的共享限制为 Jamie 和 Claire。

　　接下来，群组管理应用程序会询问 Emma 是否希望设置组网页、wiki 和博客。Emma 确认应该创建一个网页，并键入一些要包含在该网页上的文本。

　　然后，她使用屏幕上的图标访问 Flickr，登录并创建一个私人组来共享学生和教师拍摄的旅行照片。她上传了一些自己以前旅行的照片，并将邀请加入照片分享小组的电子邮件发送到战场小组电子邮件列表中。Emma 从自己的笔记本电脑向 iLearn 上传她写的关于旅行的材料，并与战场小组分享。此操作将她的文档添加到网页，并向组成员生成新材料可用的提醒

Emma 场景不同于 Jack 场景，因为它描述了一个常见且易于理解的过程，而不是新东西。该场景讨论了 iLearn 系统如何自动化流程的各个部分（设置电子邮

件组和网页）。记住，Emma 是一个电子学习怀疑论者；她对创新应用程序不感兴趣。她想要一个能让她的生活更轻松的系统，减少日常管理的工作量。

在这种类型的场景中，更可能将系统中存在的特定细节包括在内。例如，解释了 Emma 如何使用 Google 凭证登录系统。她不必记住单独的登录名和密码。我们在第 7 章中讨论了这种认证方法。

当在场景中看到此类信息时，需要检查是否是用户真正需要的，或者是否表示一种更普遍的需求。软件必须支持使用 Google 凭据登录的声明可能实际上反映了一种更普遍的需要——提供一种登录机制，用户不必记住另一组凭据。可以使用一种替代的认证方法，例如在手机上使用指纹或人脸识别，以避免需要系统特定的登录凭据。

62

编写场景

场景编写的起点是创建的角色，应该试着为每个角色设想几个场景。请记住，这些场景旨在激发思考，而不是提供系统的完整描述。不需要涵盖所有用户可能对你的产品做的事情。

场景应该始终从用户的角度来编写，并且基于已识别的角色或真实用户。一些开发者建议场景应该关注于目的（用户想要做的事情）而不是机制。他们认为场景不应该包含交互的具体细节，因为这限制了功能设计人员的自由，然而，从 Emma 场景中可以看出，有时讨论产品用户和开发人员都理解的机制（如用 Google 账户登录）是有意义的。

63

此外，以一般方式编写场景，也就是不对实现做出假设，可能会让用户和开发人员感到困惑。例如，我认为"某人从报纸存档中剪切段落并将其粘贴到项目 wiki"比"某人使用信息传输机制将段落从报纸存档移动到项目 wiki"更容易阅读和理解。

有时可能会有一个特定的要求，在系统中包括一个特定的特征，因为该特征被广泛使用。例如，在表 3.5 中 Jack 的场景讨论了使用 iLearn wiki，许多教师目前使用 wiki 来支持小组写作，他们特别希望在新系统中使用 wiki。这样的用户需求可能更加具体。例如，在设计 iLearn 系统时，我们发现老师想要的是 WordPress 博客，而不仅仅是一般的博客。所以，当场景反映现实时，你应该在场景中包含具体的细节。

场景写作不是一个系统化的过程，不同的团队以不同的方式进行。建议每个团队成员单独负责创建少量场景，并单独工作来完成此任务。显然，成员可以与用户和其他专家讨论场景，但这不是必需的。然后，团队讨论提议的场景，每个场景都是基于这个讨论而改进的。

因为任何人都很容易阅读和理解场景，所以可以让用户参与到开发中。对于 iLearn 系统，最好的方法是根据我们对系统可能如何使用的理解开发一个虚构的场景，然后让用户告诉我们有什么问题。用户可以问一些不理解的事情，比如"为什么像 Flickr 这样的照片分享网站不能在 Jack 的场景中使用？"他们可以建议如何扩展这一设想，使之更加现实。

我们尝试了一个实验，要求一组用户编写自己的场景，说明他们可能如何使用这个系统，这不是一个成功案例。他们创建的场景只是基于他们目前的工作方式，他们写得太详细了，编者很难概括他们的经验。他们的场景并不有用，因为我们想要一些东西来帮助我们产生想法，而不是复制他们已经使用的系统。

64 　场景不是软件规范，而是帮助人们思考软件系统应该做什么的方法。对于"我需要多少场景"这样的问题没有简单的答案。

在 iLearn 系统中，开发了 22 个场景，以涵盖系统使用的不同方面。这些场景之间有很多重叠，所以可能超出了我们的实际需要。通常，建议每个角色开发 3 ~ 4 个场景，以获得有用的信息集。

虽然场景不必描述系统的每一个可能的用途，但要查看开发的每个角色的作用，并编写涵盖该角色主要职责的场景。Jack 场景和 Emma 场景是基于 iLearn 系统的使用来支持教学。

但是，与设计用于一个组织的其他系统产品一样，需要配置 iLearn 以供使用。虽然有些配置可以由精通技术的教师来完成，但在许多学校，技术支持人员承担这一责任。如表 3.7 所示，Elena 的场景描述了如何配置 iLearn 软件。

编写场景是为提供包含在系统中的特征的想法。然后，可以通过分析场景的
65 　文本来更详细地开发这些想法，如下一节中所讲。

表 3.7　Elena 的场景：配置 iLearn 系统

Elena 的学校艺术系主任 David 要求她帮助他的系建立一个 iLearn 环境。David 想要一个环境，包括制作和分享艺术的工具，访问外部网站学习艺术作品，以及"展览"设施，以便可以展示学生的作品。

Elena 首先与艺术老师交谈，了解他们推荐的工具以及他们用于学习的艺术网站，她还发现，他们使用的工具和访问的网站因学生的年龄而异，因此，应向不同的学生群体提供适合其年龄和经验的工具集。

一旦确定了所需的内容，Elena 以管理员身份登录到 iLearn 系统，并开始使用 iLearn 设置服务配置艺术环境。她为三个年龄段的学生分别创建了子环境，外加一个共享环境，其中包括所有学生都可以使用的工具和网站。

她将本地可用的工具和外部网站的 URL 拖放到这些环境中，对于每个子环境，她都会指派一名美术教师作为其管理员，这样他们就能够完善已设置的工具和网站选择。她以"回顾模式"展示这些环境，并提供给艺术系的老师。

在和老师们讨论了环境之后，Elena 向他们展示了如何改进和扩展环境，一旦他们同意艺术环境是有用的，它就会被发布给学校的所有学生

3.3　用户故事

3.2 节解释了场景是用户试图对软件系统进行操作的情景描述，场景是系统使用的高层故事。它们应该描述一系列与系统的交互，但不应该包括这些交互的细节。

用户故事是以更详细和结构化的方式阐述用户想要从软件系统中得到的单一事物的细粒度叙述。我在本章开头介绍了一个用户故事：

作为一个作家，我需要一种方法把我正在写的书组织成章节。

这个故事反映了用户故事的标准格式：

作为一个 < 角色 >，我 < 想 / 需要 >< 做点什么 >

从 Emma 场景中获取的用户故事的另一个示例可能是：

作为一名教师，我想在有新的信息时告诉我们小组的所有成员。

此标准格式的变体为操作添加了理由：

作为一个 < 角色 > 我 < 想 / 需要 >< 做点什么 > 这样 < 原因 >

例如：

作为一名教师，我需要能够报告谁参加了一次班级旅行，以便学校保持所需的健康和安全记录。

有些人认为，一个基本原理或理由应该始终是用户故事的一部分，如果故事本身有意义的话，我认为这是不必要的，知道这可能有用的原因对产品开发人员没有帮助。然而，在一些开发人员不熟悉用户所做的事情的情况下，一个基本原理可以帮助这些开发人员理解为什么包含了这个故事，一个基本原理也可能有助于引发提供用户所需内容的替代方法的想法。

用户故事的一个重要用途是在计划中，Scrum 方法的许多用户将产品待办列表表示为一组用户故事。为此，用户故事应该关注一个明确定义的系统特征，或者可以在单个冲刺中实现特征的一个方面。如果故事是关于一个更复杂的功能，可能需要几个冲刺才能实现，那么它被称为"epic"。epic 的一个例子如下所示：

> 作为一个系统管理员，我需要一种方法来备份系统和恢复单个应用程序、文件、目录或整个系统。

很多功能都与这个用户故事相关。对于实现，应该将其分解为更简单的故事，每个故事侧重于备份系统的一个方面。

当考虑产品特征时，用户故事不是用于规划，而是用于帮助识别特征。因此，你不必过分担心你的用户故事是简单的故事还是史诗。你的目标应该是通过以下两种方式之一开发有帮助的用户故事：

- 作为扩展和增加场景细节的一种方式；
- 作为已标识的系统功能描述的一部分。

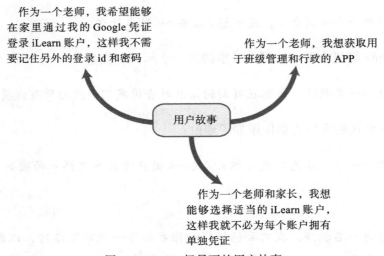

图 3.6　Emma 场景下的用户故事

作为场景精化的一个例子，图 3.6 所示的 Emma 场景中的初始操作可以由三个用户故事表示。回想一下，情景是这样的：

在家里，她使用 Google 账户凭证登录 iLearn 系统。Emma 有两个 iLearn 账户——她的老师账户和与本地小学关联的家长账户。系统识别出她是多个账户所有者，并要求她选择要使用的账户。她选择教师账户，系统生成她的个人欢迎屏幕。除了她选择的应用程序外，还展示了帮助教师创建和管理学生组的管理应用程序。

你可以从这个账户创建用户故事，如图 3.6 所示。

从图 3.6 中的用户故事可以看出，其中包含了一个基本原理，解释了为什么 Emma 希望按照场景中指定的方式工作。最好不要在一个场景中包含基本原理，因为它往往会扰乱描述的流程，使其更难阅读和理解。

当你从场景中定义用户故事时，可以向开发人员提供更多信息，帮助他们设计产品的特征。我们可以在图 3.6 所示的故事中看到一个这样的例子。Emma 想用一种简单的方式向系统证明自己，无论是作为老师还是作为家长，她不想记住更多的登录凭据，也不想拥有两个具有不同凭据的账户。

作为如何使用故事描述系统特征的示例，Emma 的场景讨论了如何创建组，并解释了在创建组时发生的系统操作。图 3.7 所示的用户故事可以从 iLearn 系统中描述组特征的场景中派生出来。

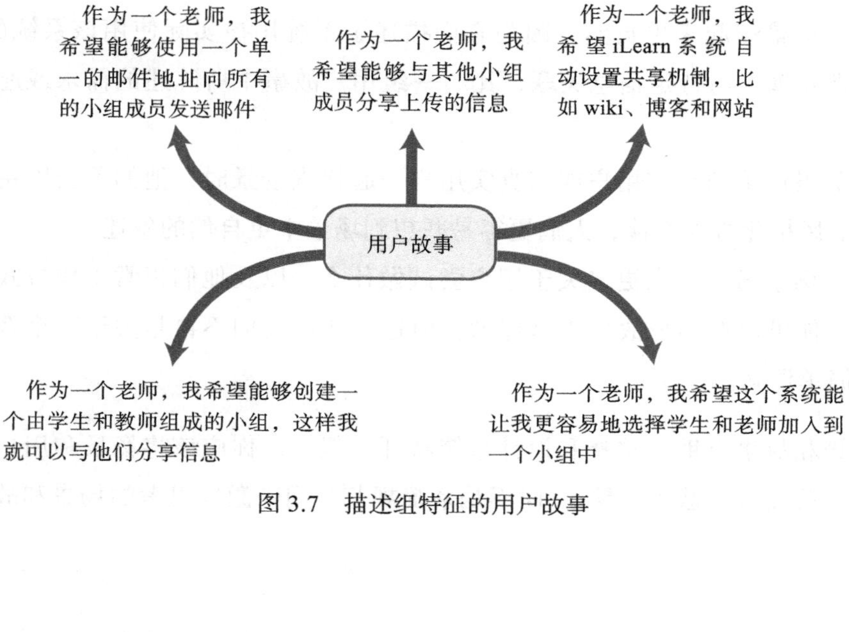

图 3.7　描述组特征的用户故事

图 3.7 所示的故事集并不是对组特征的完整描述，没有故事涉及删除或更改组、限制访问和其他任务。首先从一个场景派生故事，然后必须考虑对功能的完整描述可能需要哪些其他故事。

关于用户故事，是否应该写"负面故事"来描述用户不想要的东西。例如，你可以写一个负面的故事：

> 作为用户，我不希望系统记录我的信息并将其传输到任何外部服务器。

如果你写的故事是产品待办列表的一部分，你应该避免负面的故事，不可能编写显示否定的系统测试。然而，在产品设计的早期阶段，如果定义了对系统的绝对约束，那么写负面故事可能会有帮助，或者，可以用积极的方式重新定义消极的故事。例如，你可以写下面的用户故事替代上面的故事：

> 作为一个用户，我希望能够控制由系统记录并传输到外部服务器的
> 信息，从而确保我的个人信息不被共享。

你开发的一些用户情景将足够详细，可以直接在计划中使用它们，将它们包含在产品待办列表中。然而，有时为了在计划中使用故事，必须改进故事使其更直接地与系统的实现相关联。

可以将场景中描述的所有功能都表示为用户故事。所以，你可能会问一个显而易见的问题："为什么不开发用户故事，忘掉场景呢？"有些敏捷方法完全依赖用户故事，但我认为场景更自然，出于以下原因也更有帮助：

（1）场景读起来更自然，因为它们描述了系统用户实际使用该系统的情况。人们常常发现，与特定信息关联，比与一组用户故事中所陈述的需求或愿望关联更容易。

（2）当你采访真实用户或与真实用户一起检查场景时，他们不会以用户故事中使用的风格化方式交谈，人们更容易联想到场景中更自然的叙述。

（3）场景通常提供更多关于用户尝试做什么，以及他们正常工作方式的上下文信息。你可以在用户故事中这样做，但这意味着它们不再是关于一个系统特征使用的简单语句。

场景和故事有助于选择和设计系统特征。但是，你应该将场景和用户故事看作是关于系统的"思考工具"，而不是系统规范。用来激发思考的场景和故事不一

定要完整或一致，每个场景和故事的数量也没有限制。

3.4 特征识别

正如我在介绍章节中所说的，在产品设计的早期阶段，你的目标是创建一个定义软件产品的特征列表。特征是允许用户访问和使用产品功能的一种方式，因此特征列表定义了系统的整体功能。在本节中，我将解释如何使用场景和故事来帮助识别产品特征。

理想情况下，你应该识别出独立、一致和相关的产品特征：

（1）独立性。特征不应该依赖于其他系统特征的实现，也不应该受到其他特征使用顺序的影响。

（2）一致性。特征应该链接到单个功能项。它们不应该做一件以上的事情，也不应该有副作用。

（3）相关性。系统的特征应该反映用户通常执行某些任务的方式。它们不应该提供很少需要的模糊功能。

对于特征的选择和设计没有确定的方法。当然，图 3.8 中所示的四个重要的知识来源可以帮助解决这个问题。

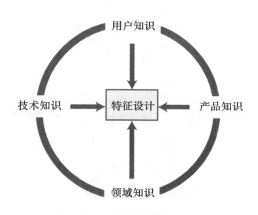

图 3.8　特征设计

表 3.8 更详细地解释了这些知识来源。当然，这些并不是对所有产品都同等重要。例如，领域知识对于业务产品非常重要，但是对于一般的消费产品就不那么重要了。因此，你需要仔细考虑特定产品所需的知识。

表 3.8　特征设计所需知识

知　识	描　述
用户知识	可以使用用户场景和用户故事来告诉团队成员用户想要什么以及如何使用软件特征
产品知识	对现有产品的经验，或者去研究现有产品的特征是开发过程中的一部分。有时你的特征必须复制这些产品中的现有特征，因为它们提供了总是需要的基本特征
领域知识	这是你的产品要支持的领域或工作领域的知识（例如，财务、活动预订）。通过理解这个领域，你可以想出新的创新方法来帮助用户做他们想做的事情
技术知识	竞争对手推出新产品之后，新产品常常会逐渐利用技术上的发展与之竞争。如果你了解最新的技术，可以设计特征来利用它

创新往往源于领域知识和技术知识的结合。一个很好的例子是在第 10 章中介绍的用于代码管理的 Git 系统。Git 的工作方式与以前的代码管理系统完全不同。这些旧的系统基于一种存储成本高昂的技术模型，因此它们专注于限制存储的使用，并根据需要向用户交付信息。

71

Git 的开发人员意识到存储成本降低了很多，所有用户都可以拥有所有信息的完整副本。这使得一种新方法成为可能，它极大地简化了分布式团队的软件开发。

在设计产品特征集并决定特征应该如何工作时，必须考虑图 3.9 中所示的六个因素。

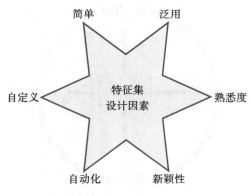

图 3.9　特征集设计中的因素

但是，不可能设计出所有这些因素都得到优化的特征集，所以必须做出一些权衡：

（1）简单和泛用。每个人都希望软件尽可能简单易用，同时能够帮助他们做他们想做的事情。你需要在提供简单、易于使用的系统和包含足够的功能以吸引具有各种需求的用户之间找到平衡。

（2）熟悉度和新颖性。用户希望新软件能够支持他们工作或生活中熟悉的日常任务。但是，如果你只是简单地复制他们已经使用的产品的特征，那么他们就没有真正的动机去改变。为了鼓励用户采用你的系统，你需要包含一些新特征，让用户相信你的产品可以比竞争对手做得更多。

（3）自动化和自定义。你可以决定你的产品自动为用户做其他产品不能做的事情。然而，用户不可避免地会以不同的方式做事。有些人可能喜欢自动化，软件为他们做事情。另一些人更喜欢自定义。因此，你必须仔细考虑什么可以自动化，如何自动化，以及用户如何配置自动化，以便系统可以根据他们的偏好进行调整。

72

你的选择对产品中包含的特征、它们如何集成以及它们提供的功能有很大的影响。你可以做出特定的选择（例如，关注简单），这将驱动你产品的设计。

产品开发人员应该注意并尽量避免的一个问题是"特征蔓延"。特征蔓延是指产品的特征数量会随着产品的新用途而增加。

许多大型软件产品（如 Microsoft Office 和 Adobe Photoshop）的规模和复杂度是特征蔓延的结果。大多数用户只使用这些产品的一小部分特征。而开发人员只是不断地向软件添加新特征，而不是退一步来简化产品。

特征蔓延增加了产品的复杂度，可能会将 bug 和安全漏洞引入软件。它通常也使用户界面更加复杂。一个大的特征集通常意味着将模糊相关的特征捆绑在一起，并通过高级菜单提供对这些特征的访问。这可能会让人感到困惑，特别是对于缺乏经验的用户。

特征蔓延有三个原因：

（1）产品经理和营销主管与不同的产品用户讨论他们需要的功能。不同的用户有稍微不同的需求，或者以稍微不同的方式做相同的事情。人们自然不愿对重要的用户说不，因此满足所有用户需求的功能最终会出现在产品中。

（2）竞争性产品引入与你的产品略有不同的功能。由于市场压力在产品中增加可比较的功能，以便市场份额不丢失给这些竞争对手。这可能会导致"特征大战"，竞争产品在复制竞争对手的特征时变得越来越臃肿。

（3）该产品同时支持有经验和无经验的用户。为缺乏经验的用户添加了实现通用操作的简单方法，并保留了完成相同任务的更复杂的特征，因为有经验的用户喜欢这样工作。

为了避免功能蔓延，产品经理和开发团队应该审查所有的功能建议，并将新建议与已经被接受的功能进行比较。图 3.10 所示的问题可以用来帮助识别不必要的特征。

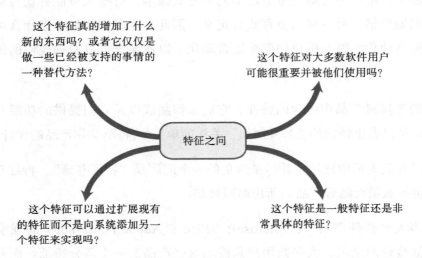

图 3.10　避免特征蔓延

3.4.1　特征推导

当你开始一个产品愿景或基于该愿景编写场景时，产品特征会立即浮现在你的脑海中。我在第 1 章讨论了 iLearn 系统愿景，并在表 3.9 中重复了它。

我已经在这个愿景中突出了一些短语，建议这些特征应该是产品的一部分，包括如下：

- 允许用户访问和使用现有网络资源的特征；
- 允许系统以多种不同配置存在的特征；
- 允许用户配置系统以创建特定环境的特征。

表 3.9　iLearn 系统愿景

对于需要帮助学生使用网络学习资源和应用程序的教师和教育工作者来说，iLearn 系统是一个开放的学习环境，它允许教师轻松地为这些学生和班级配置资源集。

与 Moodle 等虚拟学习环境不同，iLearn 的重点是学习过程，而不是对材料、评估和课程作业的管理。我们的产品使教师能够为他们的学生创建主题和特定年龄的环境，使用任何基于 Web 的资源，例如适当的视频、模拟和书面材料

这些特征将 iLearn 系统与现有的 VLEs（虚拟学习环境）区分开来，并且是该产品的核心特征。

74

这种在叙述性描述中突出短语的方法可用于分析场景以查找系统特征。通读场景，查找用户操作（通常由主动动词表示，如“使用”“选择”“发送”“更新”等），并突出这些短语。然后考虑可以支持这些操作的产品特征以及如何实现它们。

在表 3.10 中，我使用了 Jack 场景（见表 3.5），他为学生的项目工作建立了一个系统。

表 3.10　Jack 场景

Jack 是乌拉浦的一名小学教师，教六年级的学生。他决定开展一个围绕该地区的捕鱼业的班级项目，考察捕鱼业的历史、发展和经济影响。

作为这项活动的一部分，学生们被要求收集和分享来自亲戚的回忆，使用报纸档案，并收集与该地区渔业和渔业社区有关的旧照片。学生们使用 iLearn wiki 收集钓鱼故事和 SCRAN（历史档案）来访问报纸档案和照片。然而，Jack 还需要一个照片分享网站，因为他想让学生们对彼此的照片进行拍摄和评论，并上传他们家中可能有的旧照片的扫描件。他需要在照片被分享之前对帖子进行审核，因为青春期前的孩子无法理解版权和隐私问题。

Jack 给一个小学教师小组发了一封电子邮件，看看是否有人能推荐一个合适的系统。有两位老师回复了他，他们都建议他使用 KidsTakePics，这是一个照片分享网站，允许老师检查和调整内容。由于 KidsTakePics 没有与 iLearn 认证服务集成，因此他使用 KidsTakePics 设置了一个教师和一个班级账户。

他使用 iLearn 安装服务将 KidsTakePics 添加到班上学生看到的服务中，这样，当他们登录时，就可以立即使用该系统从他们的手机和班级电脑上上传照片

突出显示的文本标识了应该成为 iLearn 系统一部分的特征：

- 小组写作的 wiki；
- 对 SCRAN 历史档案的访问，这是一个共享的国家资源，为中小学和大学提供历史报纸和杂志文章的访问；
- 能够设置和访问电子邮件组；
- 将某些应用程序与 iLearn 认证服务集成的能力。

75   它还确认了对已经从产品愿景中确定的配置特征的需要。

特征识别应该是一个团队活动，当特征被识别时，团队应该讨论它们并产生相关特征的想法。Jack 的情况表明，有必要让小组成员一起写作。因此，你应该考虑适合年龄的方式来设计特征：

- 协同写作，几个人可以同时在同一份文档上工作；
- 使用博客和网页作为分享信息的一种方式。

你还可以考虑一般化场景所建议的特征。该场景确定了对外部存档的访问需求（SCRAN）。但是，你添加到软件中的特征可能支持访问任何外部存档，并允许学生将信息传输到 iLearn 系统。

你可以在开发的所有场景中使用类似的过程来突出显示短语，并识别和概括一组产品特征。如果你已经开发了用户故事来改进场景，那么这些故事可能会立即启发一些产品特征或功能特征。例如，下面这个故事来源于 Emma 场景（见表 3.6）：

> 作为一名教师和家长，我希望能够选择合适的 iLearn 账户，这样我就不必为每个账户分别设置证书。

这个故事说明 iLearn 系统的账户特征必须适应单个用户拥有多个账户的需要。每个账户都与用户在使用系统时可能采用的特定角色相关联。登录时，用户能够选择他们希望使用的账户。

3.4.2   特征列表

特征标识过程的输出应该是用于设计和实现产品的特征列表。在这个阶段，没有必要对特征做太多的详细说明。在实现特征时添加细节。

可以使用图 3.2 中所示的输入 / 操作 / 输出模型来描述列表中的特征。或者使
76 用一个标准模板，其中包括特征的描述、必须考虑的约束和其他相关的注释。

图 3.11 是用于描述 iLearn 系统中的系统认证特征的特征模板示例。

描述

身份验证用于识别系统用户，目前基于登录 ID/ 密码系统。用户可以使用他们的国家用户 ID 和个人密码进行身份验证，也可以使用他们的谷歌或 Facebook 凭证

约束

所有用户必须拥有用于初始系统身份验证的国家用户 ID 和系统密码。然后，他们可以将他们的账户与谷歌或 Facebook 账户用于未来的身份验证会话

注释

未来的认证机制可能会基于生物识别技术，这一点应该在系统的设计中加以考虑

图 3.11 iLearn 认证特征

与特征相关的描述有时可能非常简单。例如，可以使用我在本章开头介绍的简单特征模板来描述打印特征：

将文档打印到选定的打印机或 PDF 格式。

或者，你可以从一个或多个用户故事来描述一个特征。如果开发软件时采用敏捷开发和绘本规划，基于用户故事的描述尤其有用。

表 3.11 显示了如何使用图 3.11 所示的用户故事和特征模板描述 iLearn 系统的配置特征。本例使用了另一种基于文本的特征模板形式。当你有相对较长的特征描述时，这是很有用的。请注意，该表包含来自系统经理和老师的用户描述。

产品开发团队应该开会讨论场景和故事，在白板上列出最初的特征列表是有意义的。这可以通过网络讨论来实现，但这种方式不如面对面的会议有效。然后，特征列表应该记录在共享文档中，如 wiki、谷歌工作表或问题跟踪系统（如 JIRA）。然后，随着有关特征的新信息出现，可以更新和共享特征描述。

当你开发了一个初始的特征列表时，应该扩展现有的原型或者创建一个原型系统来演示这些特征。正如我在第 1 章中所说的，软件原型设计的目的是测试和阐明产品理念，并向管理层、资助者和潜在客户展示你的产品。你应该关注

77

系统的新颖之处和关键特征，不需要实现或演示诸如剪切、粘贴或打印之类的常规特征。

表 3.11　基于用户故事的特征描述

iLearn 系统配置
描述
作为一个系统管理员，我想通过在 iLearn 环境中的添加和删除服务来创建和配置 iLearn 环境，这样我就可以创建用于特定目的的环境
作为一个系统管理员，我希望设置包含另一个环境中包含的服务子集的子环境。
作为一个系统管理员，我希望将管理员分配给创建的环境。
作为一个系统管理员，我希望限制环境管理员的权限，这样他们就不会意外地或故意地执行破坏关键服务的操作。
作为一名教师，我希望能够添加没有集成 iLearn 认证系统的服务
约束
由于许可证的原因，某些工具的使用可能受到限制，因此在配置期间可能需要访问许可证管理工具
注释
根据 Elena 和 Jack 场景

当你有一个原型并对其进行试验时，将不可避免地在初始的特征列表中发现问题、遗漏和不一致之处。然后，在继续进行软件产品的开发之前，更新和更改此列表。

我认为场景和用户故事应该是确定产品特征的出发点。然而，基于用户建模和研究的产品设计的问题是，它锁定了现有的工作方式。场景告诉你当前用户的工作方式，没有展示如果有合适的软件支持，会如何改变工作方式。

用户研究本身很少能帮助你创新和发明新的工作方式。众所周知，诺基亚——曾经手机行业的领头羊，做了广泛的用户研究，并生产出越来越好的传统手机。后来，苹果在没有用户研究的情况下发明了智能手机，而诺基亚现在只是手机行业的一个小角色。

正如我所说，故事和场景是帮助思考的工具；使用它们最重要的好处是可以了解你的软件会被如何使用。从故事和场景中识别一个初始的特征集是有意义的。但是，你还应该创造性地考虑其他任何可选的或附加的特征，只要它们可以帮助用户更有效地工作，或者帮助用户以不同的方式工作。

要点

- 软件产品特征是实现用户在使用产品时可能需要或想要的功能片段。
- 产品开发的第一阶段是确定产品特征的列表，在列表中，你要命名每个特征，并对其功能进行简要描述。
- 角色是"想象中的用户"——你认为可能使用你产品的用户类型的人物画像。
- 角色描述应该描绘一个典型的产品用户。它应该描述用户的教育背景、技术经验，以及为什么他们可能想要使用你的产品。
- 场景是一种叙述，描述了用户访问产品特征来做他们想做的事情的情况。
- 场景应该始终从用户的角度来编写，并且应该基于确定的角色或真实用户。
- 用户故事是一种更精细的叙述，以结构化的方式阐述用户想从软件系统中得到的东西。
- 用户故事可用于扩展和添加场景的细节，或作为系统功能描述的一部分。
- 特征识别和设计的关键影响因素是用户研究、领域知识、产品知识和技术知识。
- 你可以通过在这些叙述中突出用户行为，并思考你需要支持这些行为的特征，来识别场景和故事中的特征。

推荐阅读

An Introduction to Feature-Driven Development (S. Palmer，2009)：该文介绍了敏捷方法，其中重点关注软件产品关键元素中的特征元素。

https://dzone.com/articles/introduction-feature-driven

A Closer Look at Personas: What they are and how they work (S. Golz，2014)：这是一篇关于人物角色的好文章，详细解释了如何在不同场景下利用人物角色。也有许多其他相关的文章讨论人物角色。

https://www.smashingmagazine.com/2014/08/a-closer-look-at-personas-part-1/

How User Scenarios Help to Improve Your UX (S. Idler，2011)：人们通常使用场景来帮助设计某个系统的用户体验。然而，这里的建议是，只有旨在发现系统特征的场景值得关注。

https://usabilla.com/blog/how-user-scenarios-help-to-improve-your-ux/

10 Tips for Writing Good User Stories (R. Pichler，2016)：某个作者提供了用户故事撰写的合理建议是，需要考虑用户故事的实际价值。

http://www.romanpichler.com/blog/10-tips-writing-good-user-stories/

What Is a Feature? A qualitative study of features in industrial software product lines (T. Berger et al.，2015)：这篇学术论文研究了四个不同系统的特征问题，希望能明确什么是好的特征。得出的结论是：好的特征应该准确描述了客户关注的功能。

https://people.csail.mit.edu/mjulia/publications/What_Is_A_Feature_2015.pdf

习题

1. 使用我在本章开头介绍的输入 / 操作 / 输出模板，描述你通常使用的软件的两个特征，例如编辑器或演示系统。
2. 在你开始编写系统如何使用的场景之前，解释一下为什么开发一些代表系统用户类型的角色是有帮助的。
3. 根据你自己的学校和老师的经验，为一个高中科学老师写一个角色，他对建立简单的电子系统和在课堂教学中使用它们感兴趣。
4. 扩展 Jack 的场景，如表 3.5 所示，包括一个部分，学生在其中记录来自年长朋友和亲戚的语音回忆，并将他们包括在 iLearn 系统中。
5. 作为一种设想用户如何与软件系统交互的方法，你认为场景的弱点是什么？
6. 从 Jack 的场景（表 3.5）开始，推导关于学生和教师使用 iLearn 系统的四个用户故事。
7. 当用户描述被用来识别系统特征时，你认为它有哪些弱点？它们是如何工作的？
8. 解释为什么领域知识在识别和设计产品特征时很重要。
9. 建议开发团队如何避免功能蔓延，当"它"与"一个团队"面对要添加到产品中的新功能的许多不同建议时保持一致。
10. 根据 Elena 的场景（如表 3.7 所示），使用在场景中突出短语的方法来识别 iLearn 系统中可能包含的四个特征。

软 件 架 构

本书的重点是软件产品——运行在服务器、个人电脑或移动设备上的个人应用程序。为了创建一个可靠、安全和高效的产品，你需要关注它整体的组织结构、软件如何分解为组件、服务器组织结构和用于构建软件的技术。简而言之，你需要设计软件架构。

软件产品的架构影响其性能、易用性、安全性、可靠性和可维护性。架构问题非常重要，本书有 3 章专门讨论这个问题。本章将讨论软件分解为组件、客户机 – 服务器架构和影响软件架构的技术问题。第 5 章将讨论在云上实现软件时必须解决的架构问题和选择。第 6 章将介绍微服务架构，这对基于云的产品尤其重要。

如果在网上搜索"软件架构定义"，你会发现这个术语有很多不同的解释。有些人把"架构"作为名词，即系统的结构；有些人认为"架构"是一个动词，即定义结构的过程。本书使用 IEEE 标准⊖中的软件架构定义，而不是试图发明另一个定义，如表 4.1 所示。

这个定义中的一个重要术语是"组件"。组件的概念应用非常普遍，一个组件可以是任何东西，从一个程序（大规模）到一个对象（小规模）。组件是实现一组一致功能或特征的元素。在设计软件架构时，你不必决定如何实现架构元素或组件。相反，你可以设计组件接口，并将接口的实现留到开发过程的后期阶段。

82

⊖ 即 IEEE 标准 1471。现在这个定义已经被后来的修订版本所取代。在我看来，修改后的定义并不是进步，反而变得更难理解。https://en.wikipedia.org/wiki/IEEE_1471。

表 4.1　软件架构的 IEEE 定义

软件架构

架构是软件系统的基本组织，体现在其组件、组件之间的关系和组件与环境的关系，以及指导其设计和发展的原则中

　　最好将软件组件当作一个或多个服务的集合，这些服务可能被其他组件使用（图 4.1）。服务是功能一致的片段。它的范围可以从大型服务（如数据库服务）到微服务（只做一件非常具体的事情）。例如，微服务可能只是检查 URL 的有效性。服务可以直接实现，这一点我将在第 6 章中讨论，第 6 章还将讨论微服务架构。除此之外，服务也可以是模块或对象的一部分，并通过定义的组件接口或应用程序编程接口（API）进行访问。

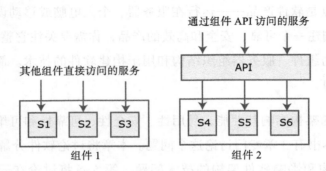

图 4.1　访问软件组件提供的服务

　　敏捷开发的最初狂热者发明了诸如"你不需要它（You Ain't Gonna Need It，YAGNI）"和"预先进行大设计（Big Design Up Front，BDUF）"这样的口号，他们认为 YAGNI 好，而 BDUF 不好。他们建议开发人员不要计划改变系统，因为更改无法预测，或者可能永远不会发生。许多人理解为敏捷开发者认为在实现之前没有必要设计软件系统的架构。相反，当开发过程中出现问题时，应该通过重构、更改和重新组织软件来简单地解决。

　　敏捷方法的发明者是优秀的工程师，我不认为他们打算不设计软件架构。敏捷方法的一个原则是最小化系统规划和文档，并不是不能计划和描述系统的整体结构。敏捷方法的使用者现在认识到了架构设计的重要性，并建议将其作为开发过程中的早期活动。你可以在敏捷开发的一次 Scrum 冲刺中进行，构建一个非正式的架构设计。

　　有些人认为最好有一个软件架构师：一个有经验的工程师，可以使用背景知

识和专业知识来创建一个连贯的架构。然而，这个"单一架构师"模型所带来的问题是团队可能不理解架构决策。为了确保整个团队都能理解架构，每个人都应该以某种方式参与架构设计过程。这有助于缺乏经验的团队成员学习和理解为什么要这样决策。此外，新的团队成员可能带来新技术的知识和见解，可用于软件设计和实现。

开发团队应该在开始实现最终产品之前设计并讨论软件产品架构。他们应该就优先级达成一致，并理解在架构决策中所做的权衡；创建产品架构的描述，描述软件的基本结构，并作为软件实现的参考。

4.1　为什么架构很重要

第 1 章中建议开发一个产品原型，目的是帮助开发者更多地了解正在开发的产品，因此应该尽可能快地开发产品原型。安全性、易用性和长期可维护性等问题在这个阶段并不重要。

然而，在开发最终产品时，非功能属性是非常重要的（表 4.2）。影响用户对 |84|
软件质量判断的是这些属性，而不是产品功能。如果开发的产品不可靠、不安全或难以使用，那么一定会失败。产品开发比原型化花费的时间要长得多，因为需要时间和精力来确保开发的产品是可靠的、可维护的、安全的等。

表 4.2　非功能性系统质量属性

属　　性	关键问题
响应性	系统是否在合理的时间内将结果返回给用户
可靠性	系统功能是否符合开发人员和用户的期望
可用性	当用户提出要求时，系统能否提供服务
安全性	系统是否能够保护自己和用户的数据不受未经授权的攻击和入侵
易用性	系统用户可以访问他们需要的功能并快速地使用它们而不会出错吗
可维护性	系统是否可以随时更新和添加新功能而不产生不必要的成本
弹性	当系统出现部分故障或受到外部攻击时，系统能否继续提供用户服务

架构非常重要，因为系统的架构对这些非功能属性具有根本性的影响。表 4.3 |85|
是架构选择如何影响系统属性的非计算示例。它取自电影《星球大战：侠盗一号》。

表 4.3   架构对系统安全的影响

集中式的安全架构

在《星球大战》前传《侠盗一号》（https://en.wikipedia.org/wiki/Rogue_One）中，邪恶帝国将所有设备的计划都储存在一个高度安全、戒备森严的偏远地点。这称为集中式安全架构。它基于这样的原则：如果你在一个地方维护所有信息，那么可以应用大量资源来保护这些信息，并确保入侵者无法获取这些信息。

不幸的是（对帝国来说），叛乱分子设法破坏了他们的安全防线。他们窃取了死星的计划，而死星是支撑整个星球大战传奇的事件。在试图阻止他们的过程中，帝国摧毁了他们所有的系统文档档案，谁知道最终的代价是什么。如果帝国选择了分布式的安全架构，将死星计划的不同部分存储在不同的地方，那么窃取计划就会更加困难。反叛者将不得不突破所有地点的安全防线来窃取整个死星的蓝图

《侠盗一号》是科幻小说，但它证明了架构决策具有根本性的后果。集中式安全架构的优点是易于设计和构建保护，并且可以有效地访问受保护的信息。然而，如果你的安全被破坏了，你就失去了一切。如果你分布存放这些信息，则需要更长的时间来访问所有信息，并且需要更多的成本来保护这些信息。但是，如果某处的安全被破坏，你只会丢失储存在那里的信息。

图 4.2 和图 4.3 说明了系统架构影响系统可维护性和性能的情况。图 4.2 显示了一个有两个组件（C1 和 C2）的系统，两个组件共享公共数据库。基于 Web 的系统通常都有这种架构。假设 C1 运行缓慢，因为在使用它之前必须重新组织数据库中的信息。若使 C1 更快的唯一方法是更改数据库，则这意味着 C2 也必须更改，因为这可能会影响它的响应时间。

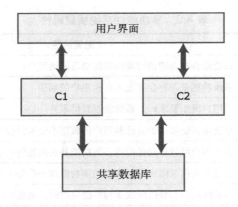

图 4.2   共享数据库架构

图 4.3 显示了一个不同的架构，其中每个组件都有自己需要的数据库部分的副本。因此，这些组件中的每一个都可以使用不同的数据库结构，从而有效地进行操作。如果一个组件需要更改数据库组织结构，则不会影响其他组件。此外，

在数据库出现故障时，系统可以继续提供部分服务。这在集中式数据库架构中是不可能的。

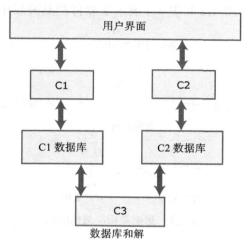

图 4.3 多数据库架构

然而，分布式数据库架构可能运行得更慢，实现和更改的成本也更高。需要有一种机制（这里显示为组件 C3）来确保 C1 和 C2 共享的数据在进行更改时保持一致。这需要时间，用户可能偶尔会看到不一致的信息。此外，分布式数据库结构需要额外的存储成本，如果新组件需要将自己的数据库添加到系统中，则更改的成本更高。

不可能同时优化一个系统中的所有非功能属性。优化其中某一个属性（如安全性）必然会影响其他属性（如系统易用性和效率）。在开始编程之前，你必须考虑这些问题和软件架构。否则，你的产品不可避免地会有不受欢迎的特性，而且很难改变。

架构之所以重要的另一个原因是，你选择的软件架构会影响产品的复杂性。系统越复杂，就越难理解和改变，成本也就越高。在修改或扩展复杂系统时，程序员更容易犯错，引入 bug 和安全漏洞。因此，最小化复杂度应该是架构设计的一个重要目标。

系统的组织对其复杂度有深刻的影响，在设计软件架构时注意这一点非常重要。4.3 节中将解释架构复杂度，第 8 章中将讨论程序复杂度的一般问题。

4.2 架构设计

架构设计包括理解影响特定产品架构的问题，并创建架构的描述，以显示关键组件及其一些关系。图 4.4 和表 4.4 展示了软件产品开发中最重要的架构问题。

图 4.4 影响架构决策的问题

表 4.4 架构设计问题的重要性

问　题	架构的重要性
非功能性产品特征	非功能性产品特征（如安全性和性能）会影响所有用户。如果你犯了这些错误，你的产品不太可能获得商业上的成功。然而，有些特征是相对立的，因此你只能优化最重要的特征
产品的生命周期	如果你预期产品的生命周期很长，那么你需要创建定期的产品修订。因此，你需要一个能够演进的架构，以便能够适应新的功能和技术
软件重用	如果可以重用来自其他产品或开源软件的大型组件，则可以节省大量时间和精力。然而，这限制了你的架构选择，因为你必须使设计围绕被重用的软件
用户数量	如果你正在开发通过因特网交付的消费类软件，用户数量可能变化非常快。这可能导致严重的性能下降，除非你设计的架构使系统能够快速伸缩
软件兼容性	对于某些产品，重要的是保持与其他软件的兼容性，以便用户可以采用你的产品并使用不同系统准备的数据。这可能会限制架构的选择，比如你可以使用的数据库软件

其他的人和组织因素也会影响架构设计决策，包括将产品推向市场的计划时间表、开发团队的能力，以及软件开发预算。如果选择的架构需要团队去学习不熟悉的技术，那么可能会导致系统的延迟交付。如果创建了一个"完美"的架构，但是交付得太晚，这意味着竞争产品可能占领了市场，那么这就没有意义了。

架构设计要考虑这些问题，并做出必要的妥协，从而允许创建一个"足够好"的系统，并且能够按时、按预算交付。因为不可能对所有东西都进行优化，所以在为系统选择架构时必须进行一系列的权衡，如下：

- 可维护性与性能；
- 安全性与易用性；
- 可用性与上市时间和成本。

88

系统可维护性是一个属性，它反映了在向客户发布系统之后对系统进行更改的难度和成本。通常，你可以通过使用小型的独立部件构建系统来提高可维护性，如果需要更改，可以更换或增强每个独立的部件。尽可能避免共享数据结构，并且应确保在处理数据时使用单独的组件来"生成"和"使用"数据。

在架构术语中，这意味着系统应该分解为细粒度的组件，每个组件只做一件事。通过创建这些组件的网络来通信和交换信息，可以实现更通用的功能。在第 6章中解释的微服务架构就是这种类型架构的一个例子。

但是，组件之间的通信需要一定的时间。因此，如果在实现产品功能时涉及许多组件，那么软件的速度将会变慢。避免共享数据结构也会影响性能。在将数据从一个组件传输到另一个组件，以及确保重复的数据保持一致的过程中可能会出现延迟。

89

网络犯罪的风险不断增加，这意味着所有产品开发人员都必须在其软件中进行安全性设计。安全性对于产品开发非常重要，因此我专门用了一章（第 7 章）来讨论这个主题。可以通过将系统保护设计为一系列的层来实现安全性（图 4.5）。攻击者必须在系统被破坏之前穿透所有层。层可能包括系统认证层、独立的关键功能认证层、加密层等。在架构上，你可以将这些层作为单独的组件实现，这样，即使攻击者破坏了其中一个组件，其他层也不会受到影响。

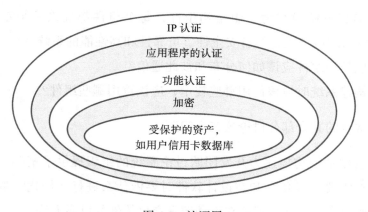

图 4.5　认证层

　　然而，使用多个认证层也有缺点。分层的安全性方法会影响软件的易用性。用户必须记住密码等信息，这些信息是渗透安全层所必需的。由于其安全特性，它们与系统的交互不可避免地会变慢。许多用户对此感到恼火，并经常寻找解决方案，这样他们就不必重新进行认证来访问系统功能或数据。

　　出现许多安全漏洞是因为用户的行为不安全，例如选择易于猜测的密码、共享密码以及保持系统登录状态。他们之所以这样做，是因为他们对难以使用的系统安全功能感到沮丧，或者因为那样降低了对系统及其数据的访问速度。为避免这种情况发生，你需要一种架构，该架构没有太多的安全层，不会强制执行不必要的安全性，并在可能的情况下提供有助于减少用户负担的辅助组件。

　　系统的可用性是对系统正常运行时间的度量。它通常表示为系统可用来交付用户服务的时间百分比。因此，在一个系统中 99.9% 的可用性意味着系统在一天中的可用时间应该是 86 313 秒，而不是 86 400 秒。可用性在企业产品中尤其重要，例如金融行业的产品，在那里需要 24/7 的操作。

　　在架构上，通过在系统中使用冗余组件可以提高可用性。为了利用冗余，需要包括检测故障的传感器组件和在检测到故障时将操作切换到冗余组件的切换组件。这里的问题是实现这些额外的组件需要时间，并且增加了系统开发的成本。它增加了系统的复杂度，因此增加了引入 bug 和漏洞的机会。因此，大多数产品软件在系统出现故障时不使用组件切换。正如我在第 8 章中所解释的，你可以使用可靠的编程技术来减少系统故障的变化。

　　一旦决定了软件最重要的质量属性，就必须考虑关于产品架构设计的三个问题：

　　（1）如何将系统组织为一组架构组件，每个组件都提供一个系统功能的子集？软件开发组织应该交付具备安全性、可靠性和高性能的系统。

　　（2）这些架构组件应该如何分布和彼此通信？

　　（3）在构建系统时应该使用哪些技术，应该重用哪些组件？

　　我将在本章的其余部分讨论这三个问题。

　　产品开发中的架构描述为开发团队讨论系统的组织提供了基础。另外一个重要的作用是对需要开发什么和在设计软件时要做什么进行文档化。最终的系统可能与初始的架构模型不同，因此它不是记录交付软件的可靠方法。

我认为，基于表示实体的图标、表示关系的线条和文本的非正式图表是描述和共享软件产品架构信息的最佳方式。每个人都可以参与设计过程。你可以快速地绘制和更改非正式的图表，而不需要使用特殊的软件工具。非正式的表示法很灵活，可以轻松地应对未预料到的更改。新加入团队的人不需要专业知识就可以理解它们。

非正式模型的主要问题是它们含糊不清、不能自动检查是否有遗漏和不一致之处。如果使用更正式的方法，比如基于架构描述语言（ADL）或统一建模语言（UML），则可以减少歧义，也有检查工具支持。然而，正式的表示法会阻碍创造性的设计。它们限制了表达能力，要求每个人都先要理解它们，然后才能参与设计过程。

4.3　系统分解

抽象的思想是所有软件设计的基础。软件设计中的抽象意味着你关注系统或软件组件的基本元素，而不关心其细节。在架构级别，你应该关注大规模的架构组件。分解是指分析这些大规模组件并将其表示为一组更细粒度的组件。

例如，图 4.6 是几年前我参与的一个产品的架构图。该系统设计用于图书馆，并允许用户付费访问存储在私人数据库（如法律和专利数据库）中的文档。系统必须管理对这些文档的权限，收取访问费用并对其进行核算。

在此图中，系统中的每一层都包括许多逻辑上相关的组件。非正式分层模型（图 4.6）被广泛用于展示系统如何分解为组件，每个组件都提供重要的系统功能。

基于 Web 和移动系统都是基于事件的系统。用户界面中的事件（如鼠标单击）触发操作以实现用户的选择。分层系统中的控制流是自上而下的，较高层中的用户事件触发该层中的操作，而这些操作又触发较低层中的事件。相比之下，系统中的大多数信息流都是自下而上的。信息在较低层创建，在中间层进行转换，最后传递给顶层的用户。

有些架构术语经常容易混淆，比如"服务""组件"和"模块"。这些术语没有标准的、被广泛接受的定义，但本书试图给它们统一的含义：

（1）**服务**是功能的连贯单元。在系统的不同层次上这可能意味着不同的事情。例如，系统可以提供电子邮件服务，并且该电子邮件服务本身包括用于创建、发送、读取和存储电子邮件的服务。

（2）**组件**是一种命名的软件单元，可以为其他软件组件或软件的最终用户提供一项或多项服务。当其他组件使用这些服务时，可以通过 API 访问这些服务。组件可以使用其他几个组件来实现其服务。

（3）**模块**是一组命名的组件。模块中的组件应该有一些共同点。例如，提供一组相关的服务。

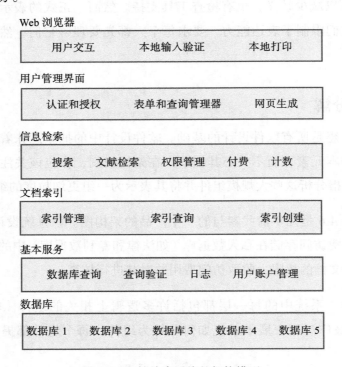

图 4.6   文档检索系统的架构模型

系统架构的复杂度是由系统组件之间关系的数量和性质产生的。我将在第 8 章中更详细地讨论这一点。当更改程序时，必须了解这些关系，以了解对一个组件的更改如何影响其他组件。将系统分解为组件时，尽量避免将不必要的复杂度引入软件中。

组件与其他组件具有不同类型的关系（图 4.7）。由于这些关系，当你对一个组件进行更改时，通常需要对其他几个组件进行更改。

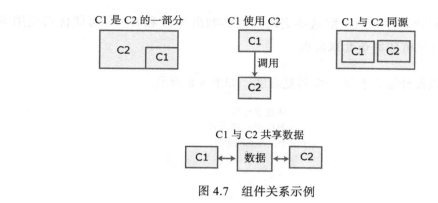

图 4.7 组件关系示例

图 4.7 显示了四种类型的组件关系：

1. 部分关系

一个组件是另一个组件的一部分。例如，函数或方法可以是对象的一部分。

2. 使用关系

一个组件使用另一个组件提供的功能。

3. 同源关系

一个组件与另一个组件定义在相同的模块或对象中。

4. 数据共享

组件与另一个组件共享数据。

随着组件数量的增加，关系的数量往往以更快的速度增加。这就是大系统比小系统更复杂的原因。随着软件的扩大复杂度不可避免地增大，但可以通过执行以下两项操作来控制架构的复杂度。 94

1. 关系本地化

如果组件 A 和 B 之间存在关系，说组件 A 和 B 定义在同一模块中，则更容易理解。应该确定一个逻辑组件组（例如分层架构中的层）内元素的关系主要就在组件组中。

2. 减少共享依赖性

在组件 A 和 B 依赖于其他组件或数据的情况下，复杂度会增加，因为对共享组件的更改意味着你必须了解这些更改如何影响组件 A 和 B。尽可能优选使用本地数据，并且尽可能避免共享数据。

三个通用设计准则有助于控制复杂度，如图 4.8 所示。

图 4.8　架构设计指南

关注点分离准则建议在相关功能的分组中识别相关的架构关注点。架构关注点包括用户交互、认证、系统监控和数据库管理。理想情况下，应该能够识别架构中与每个关注点相关的组件或组件分组。在较低的层次上，关注点的分离意味着组件在理想情况下应该只做一件事。我将在第 8 章中更详细地讨论关注点的分离。

一次实现准则建议不要在软件架构中复制功能。因为在进行更改时，复制可能会导致问题。如果发现不止一个架构组件需要或提供相同或相似的服务，则应该重新组织架构以避免重复。

不要在知道某组件需要依赖其他组件的实现的情况下设计和实现该组件。实现依赖性意味着如果一个组件被更改，那么依赖于它的实现的组件也必须被更改。实现细节应该隐藏在组件接口（API）后面。

稳定接口准则根据此准则使用接口的组件不必因为接口已更改而更改。

分层架构（如图 4.6 所示的文档检索系统架构）基于以下设计准则：

（1）每一层都是关注的领域，并与其他层分开考虑。顶层与用户交互相关，下一层与用户界面管理相关，第三层与信息检索相关等。

（2）在每一层内，组件是独立的，并且在功能上不重叠。较低的层包括提供一般功能的组件，因此不需要在较高级别的组件中复制此功能。

（3）架构模型是不包含实现信息的高级模型。理想情况下，级别 X 的组件应该只与级别 X-1 中的组件的 API 交互；也就是说，交互应该是相邻层之间的，而不是跨层的。然而在实践中，如果没有代码复制，这通常是不可能的。较低级别的层可能会提供一些基本服务，这些服务会被并非其相邻上层的更高层需要。然而，在这些非相邻层添加访问较低级别的组件却没有任何意义。

分层模型是非正式的，易于绘制和理解。可以将它们绘制在白板上，以便整个团队可以看到系统是如何分解的。在分层模型中，较低层中的组件永远不应依赖于较高级别的组件。所有依赖都应该由高层次组件指向低层次组件。即如果在层次堆栈中更改 X 级别的组件，则不必更改堆栈中低于 X 级别的组件，而只需考虑这些更改对比 X 级更高级别的组件的影响。

96

架构模型中的层不是组件或模块，而只是组件的逻辑分组。它们在设计系统时很重要，但是通常不能在系统实现中识别这些层。

通过将关注点本地化在架构的单个层中来控制复杂度的总体思想是令人信服的。如果可以这样做，则在修改任何一个层中的组件时，不必更改其他层中的组件。然而，有两个原因导致本地化问题不一定总是可行：

（1）出于易用性和效率的实际原因，可能需要划分功能，以便在不同的层中实现。

（2）有些关注点是交叉关注点，必须在堆栈的每一层进行考虑。

图 4.6 为实际关注点分离问题的示例。顶层包括"本地输入验证"，堆栈中的第五层包括"查询验证"。"验证关注点"不是在单个较低级别的服务器组件中实现的，因为这可能会生成太多的网络流量。

如果用户数据验证是服务器而不是浏览器操作，则需要对表单中的每个字段进行网络事务处理。显然，这会减慢系统的运行速度。因此，有必要在用户的浏览器或移动应用中实施一些本地输入检查，例如日期检查。然而，有些检查可能需要数据库结构或用户权限，并且只有在完成所有表单后才能执行。正如第 7 章中解释的那样，安全关键字段的检查也应该是服务器端操作。

交叉关注点是系统关注点，它们影响整个系统。在分层架构中，交叉关注点影响系统中的所有层以及用户使用系统的方式。图 4.9 显示了对软件产品非常重要的三个交叉关注点：安全性、性能和可靠性。

97

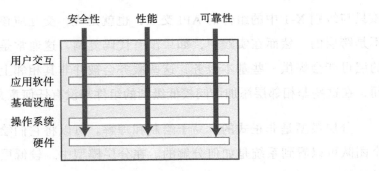

图 4.9　交叉关注点

　　交叉关注点与软件架构中各层所表示的功能关注点完全不同。每一层都必须考虑到这些问题，由于这些问题，各层之间不可避免地会有交互。这些交叉关注点使得在设计之后很难提高系统安全性。表 4.5 解释了为什么安全性不能本地化在单个组件或层中。

表 4.5　交叉关注点：安全性

安全架构

　　不同的技术在不同的层中使用，例如 SQL 数据库或 Firefox 浏览器。攻击者可以尝试使用这些技术中的漏洞来获得访问权限。因此，你需要针对每一层的攻击提供保护，并在系统中的较低层提供保护，防止在较高级别层发生的成功攻击。

　　如果系统中只有一个安全组件，则表示严重的系统漏洞。如果所有安全检查都通过该组件，并且它停止正常工作或在攻击中受到危害，则你的系统中没有可靠的安全性。通过跨层分布安全性，你的系统对攻击和软件故障具有更强的弹性（请记住本章前面的一个示例 Rogue）

　　假设你是一名软件架构师，并且希望将系统组织为一系列层次以帮助控制复杂度。然后，你将面临一个普遍的问题："我从哪里开始？"幸运的是，许多通过Web 交付的软件产品都具有通用的分层结构，你可以将其用作设计的起点。这种常见的结构如图 4.10 所示。表 4.6 解释了这种通用分层架构中各层的功能。

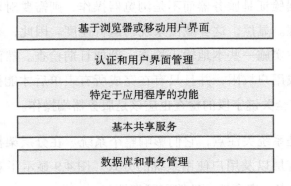

图 4.10　用于基于 Web 的应用程序的通用分层架构

表 4.6　基于 Web 的应用程序中的图层功能

层	解　释
基于浏览器或移动用户界面	一种 Web 浏览器系统界面，其中经常使用 HTML 表单来收集用户输入。本地操作的 JavaScript 组件（例如输入验证）也应该包含在此级别。或者，可以将移动接口实现为应用程序
认证和用户界面管理	用户界面管理层，其可以包括用于用户认证和网页生成的组件
特定于应用程序的功能	提供应用程序功能的"应用程序"层。有时，这可能会扩展到多个层
基本共享服务	共享服务层，包括提供由应用层组件使用的服务组件
数据库和事务管理	提供事务管理和恢复等服务的数据库层。如果你的应用程序不使用数据库，则可能不需要这样做

对于基于 Web 的应用程序，图 4.10 中显示的层可以是分解过程的起点。第一个阶段考虑这个五层模型是否正确，是否需要更多或更少的层。你的目标应该是使层在逻辑上一致，以便层中的所有组件都有共同之处，这需要一个或多个附加层来实现特定于应用程序的功能。有时你可能希望在单独的层中进行认证，有时将共享服务与数据库管理层集成是有意义的。 98

一旦确定了系统中要包含多少层，就可以开始填充这些层。做到这一点的最好方法是让整个团队参与进来，并尝试各种分解方法以帮助理解它们的优缺点。这是一个反复试验的过程，当你拥有一个似乎可行的分解架构时，就可以停止了。 99

关于系统分解的讨论可能受到应用程序系统设计的基本原则的驱动。列出你希望实现的目标，然后根据这些目标来评估架构设计决策。例如，表 4.7 显示了在设计 iLearn 系统架构时的原则。

表 4.7　iLearn 架构设计原则

原　则	解　释
可替换性	用户应该可以用替代方案替换系统中的应用程序，并添加新的应用程序。因此，包含的应用程序列表不应硬连线到系统中
延展性	用户或系统管理员应该可以创建自己的系统版本，这可能会扩展或限制"标准"系统
适龄	应该支持替代用户界面，以便可以为不同级别的学生创建适合年龄的界面
可编程性	用户应该很容易通过链接系统中的现有应用程序来创建自己的应用程序
最小工作量	不希望更改系统的用户不应该做额外的工作，以便其他用户可以进行更改

我们设计 iLearn 系统的目标是创建一个高适应性的通用系统，随着新学习工具的出现，可以轻松地对其进行更新。这意味着必须能够更改和替换系统中的组件和服务（原则 1 和 2）。因为潜在的系统用户年龄在 3 到 18 岁之间，所以我们需

要提供与年龄相适应的用户界面，并使选择界面变得容易（原则 3）。原则 4 也有助于系统适应性，其中包括原则 5 以确保该适应性不会对不需要它的用户产生不利影响。

然而，原则 1 有时可能与原则 4 冲突。如果允许用户通过组合应用程序来创建新功能，若此时替换了一个或多个组成应用程序，则这些组合应用程序可能无法工作。在建筑设计中，你经常要解决这种冲突。

这些原则引导我们做出了一个架构设计决策，即 iLearn 系统应该是面向服务的。系统中的每个组件都是一个服务。任何服务都可能是可替换的，并且可以通过组合现有服务来创建新服务。可以为不同年龄的学生提供类似功能的不同服务。

使用服务使得我们可以避免上述潜在冲突。可以通过使用现有服务创建新服务，当其他用户想要引入替代方案时也可以这样做。因为原有服务仍保留在系统中，所以该服务的用户并不会因为引入新服务而做更多的工作。

我们假设只有一小部分用户愿意自己编写自己的系统。因此，我们提供一套标准的应用程序服务，该服务与其他服务具有某种程度的集成。我们预计大多数用户将依赖这些工具，并且不希望替换它们。可以将集成应用程序服务（例如博客和 wiki 服务）设计为共享信息，并使用常见的共享服务。一些用户可能希望将其他服务引入到他们的环境中，因此我们也允许出现不与其他系统服务紧密集成的服务。

我们支持三种类型的应用程序服务集成：

1. 完全集成

此类服务知道有其他服务并可以通过 API 与其进行通信。此类服务可以和一个或多个数据库共享系统服务。完全集成服务的一个示例是专门编写的，用以检查系统用户凭据的认证服务。

2. 部分集成

此类服务可以共享服务组件和数据库，但它们不知道并且不能直接与其他应用程序服务通信。部分集成服务的示例是 Wordpress 服务，其中 Wordpress 系统被更改为使用系统中的标准认证和存储服务。Office 365 可以与本地认证系统集成，是包含在 iLearn 系统中的部分集成服务的另一个示例。

3. 独立

此类服务不使用任何共享系统服务或数据库,并且它们不知道系统中的任何其他服务。它们可以被任何其他类似的服务所取代。独立服务的一个示例是维护其数据的照片管理系统。

iLearn 系统的分层架构模型如图 4.11 所示。为了支持应用程序的"可替换性",我们没有将系统建立在共享数据库的基础上。但是,我们假设完全集成的应用程序将使用共享服务,例如存储和认证。

101

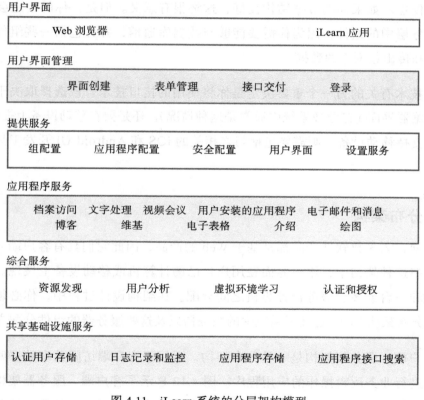

图 4.11　iLearn 系统的分层架构模型

为了支持用户能够配置自己版本的 iLearn 系统的要求,我们在系统中引入了一个附加层,位于应用层之上。这一层包括几个组件,这些组件结合了已安装应用程序的知识,并为最终用户提供配置功能。

系统具有一组预先安装的应用程序服务。可以使用应用程序配置工具添加其他应用程序服务或替换现有服务。这些应用程序服务中的大多数都是独立的,并且管理它们自己的数据。但是,有些服务是部分集成的,这简化了信息共享并允许收集更详细的用户信息。

102   完全集成的服务必须是专门编写或改编自开源软件的。它们需要了解如何使用系统以及如何访问存储系统中的用户数据。他们可以使用同一级别的其他服务。例如，用户分析服务提供有关个别学生如何使用系统的信息，并可以向教师指出问题。它需要能够从虚拟学习环境访问日志信息和学生记录。

系统分解的同时，你必须为你的系统选择开发技术（参见 4.5 节）。因为在特定层中所选的技术会影响其上层中的组件。例如，使用关系数据库技术作为系统中的最低层。如果你的数据结构良好，这将很有意义。但是，你的决定会影响包含在服务层中的组件，因为你需要能够与数据库通信，并且包括一些组件，以适应传入和传出数据库的数据。

与技术有关的另一个重要决定是你将使用的接口技术。该选择取决于你是仅支持浏览器界面（在业务系统中通常是这种情况），还是要在移动设备上提供界面。如果要支持移动设备，则需要包括与之相关的 iOS 和 Android UI 开发工具包交互的组件。

4.4 分布架构

目前，大多数软件产品都是基于 Web 的产品，因此它们具有客户端－服务器架构。在这种架构中，用户界面在用户自己的计算机或移动设备上展现。功能在客户端和一台或多台服务器计算机之间分配。在架构设计过程中，你必须决定系统的"分布架构"。这定义了系统中的服务器以及这些服务器的组件分配方式。

客户端－服务器架构是一种分布架构，适用于客户端访问共享数据库并对这些数据进行业务逻辑操作的应用程序。图 4.12 显示了客户端－服务器架构的逻辑视图，该架构在基于 Web 的产品和移动软件产品中得到了广泛使用。这些应用程序包括多个服务器，例如 Web 服务器和数据库服务器。对服务器集的访问通常由负载平衡器来介导，该负载平衡器将请求分发给服务器。它旨在确保服务器组平

103 均分担计算负载。

客户端负责根据与服务器之间传递的数据进行用户交互。最初设计此架构时，客户端是几乎没有本地处理能力的角色终端，该服务器是一台大型计算机，所有处理都在服务器上执行，而客户端仅处理用户交互。现在，客户端是具有强大处

理能力的计算机或移动设备，因此大多数应用程序被设计为包含重要的客户端处理程序。

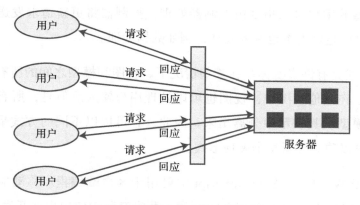

图 4.12 客户端 – 服务器架构

客户端与服务器之间的交互通常使用所谓的模型 – 视图 – 控制器（MVC）模式进行组织。使用此架构模式，以便在服务器上更改数据时可以更新客户端接口（图 4.13）。

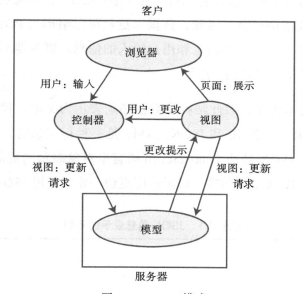

图 4.13 MVC 模式

术语"模型"用于表示系统数据和相关的业务逻辑。该模型始终在服务器上共享和维护。每个客户端都有自己的数据视图，这些视图负责 HTML 页面生成和表单管理。在每个客户端上可能有多个视图，以不同的方式呈现数据。每个视图都向模型注册，以便在模型更改时更新所有视图。在一个视图中更改信息会导致同一信息的所有其他视图被更新。

更改模型的用户输入指令由控制器处理，控制器将更新请求发送到服务器的模型上，它也可能负责本地输入处理，例如数据验证。

MVC 模式具有许多变体。在某些情况下，视图和模型之间的所有通信都通过控制器进行。在其他视图中，视图也可以处理用户输入。但是，所有这些变体的本质都是将模型从其表示中分离出来。因此，它可以以不同的方式呈现，并且在更改数据时可以独立更新每个展现形式。

对于基于 Web 的产品，JavaScript 主要用于客户端编程。移动应用程序主要使用 Java（Android）和 Swift（iOS）开发。我没有移动应用程序开发方面的经验，因此在这里重点介绍基于 Web 的产品。但是，交互的基本原理是相同的。

客户端与服务器之间的通信通常使用 HTTP 协议，该协议是基于文本的请求 / 响应协议。客户端向服务器发送一条消息，其中包含诸如 GET 或 POST 之类的指令，以及该指令运行所需的资源标识符（通常是 URL）。该消息还可以包括其他信息，例如从表单收集的信息。因此，数据库更新可以编码为 POST 指令，即要更新的信息标识符加上已更改的信息和用户输入的信息。服务器不向客户端发送请求，客户端始终等待服务器的响应⊖。

HTTP 仅是文本协议，因此结构化数据必须表示为文本。代表这些数据的两种方式被广泛使用，即 XML 和 JSON。XML 是一种标记语言，带有用于标识每个数据项的标签。JSON 是基于 JavaScript 语言中对象表示的更简单的表示形式。通常，JSON 比 XML 文本更紧凑，解析速度更快。建议使用 JSON 进行数据表示。

程序 4.1　JSON 信息表示的示例

```
{
"book": [
{
"title":    "Software Engineering",
"author": "Ian Sommerville",
"publisher": "Pearson Higher Education",
```

⊖　如果使用诸如 Node.js 之类的技术来构建服务器端应用程序，则并非完全正确。这类技术允许客户端和服务器都可以生成请求和响应。但是，一般的客户端 – 服务器模型仍然适用。

```
"place": "Hoboken, NJ",
"year": "2015",
"edition": "10th",
"ISBN": "978-0-13-394303-0"
},
 ]
 }
```

JSON 比 XML 处理得更快，因此人们更容易阅读。程序 4.1 显示了有关软件工程教科书的分类信息的 JSON 表示形式。

网络上有很多不错的 JSON 教程，因此，我不再详细介绍。

许多基于 Web 的应用程序使用具有多个服务器的多层架构，每个服务器都有自己的职责。图 4.14 说明了基于 Web 的多层系统架构中的分布式组件。为简单起见，假设每个服务器只有一个实例，因此不需要负载平衡器。基于 Web 的应用程序通常包括三种类型的服务器：

（1）Web 服务器使用 HTTP 协议与客户端进行通信。它将网页发送到浏览器以进行渲染，并处理来自客户端 HTTP 请求。

（2）应用程序服务器负责对特定应用操作做出响应。例如，在剧院的预订系统中，应用服务器提供有关演出的信息和为剧院观众预订演出座位的基本功能。

（3）一个数据库服务器，用于管理系统数据并将这些数据与系统数据库进行传输。

106

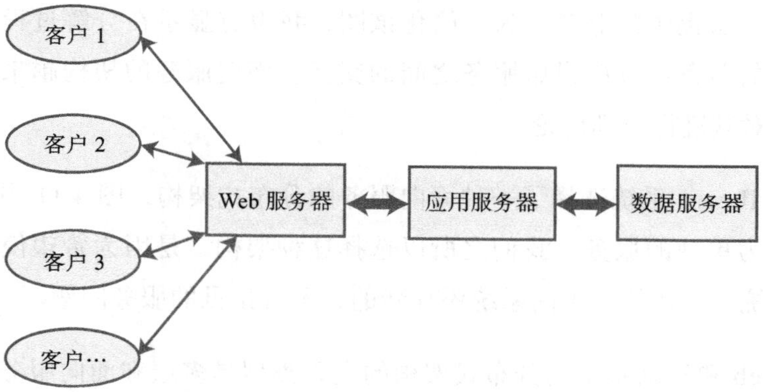

图 4.14　多层客户端－服务器架构

有时，多层架构可能会使用其他专用服务器。例如，在剧院预订系统中，用户的付款可以由专门从事信用卡付款的公司提供的信用卡付款服务器处理。对于大多数电子商务应用来说，这很有意义，因为开发用户信任的支付系统会代价高昂。常用的另一种专用服务器是认证服务器。这将在用户登录系统时检查用户的凭据。

面向服务的架构（图 4.15）可以替代多层客户端 – 服务器架构，许多服务器可能参与提供服务。面向服务的架构中的服务是无状态组件，这意味着可以复制它们并从一台计算机迁移到另一台计算机。面向服务的架构通常会随着需求的增加而更易于扩展，并且能够抵抗故障。

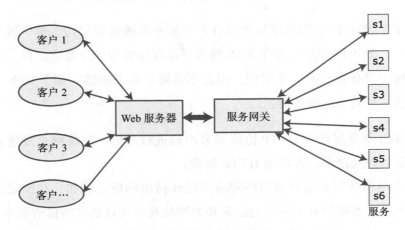

图 4.15   面向服务的架构

图 4.15 中显示的服务是支持系统功能的服务。这些是由应用程序层以及在分解堆栈中其上层提供的服务。为了简化该图，我没有显示在分解过程中从较低级别提供功能的服务或基础设施服务之间的交互。面向服务的架构越来越多，我将在第 6 章中对其进行详细讨论。

我们为 iLearn 系统选择了一种面向服务的分布式架构，图 4.11 中所示的每个组件都实现为单独的服务。我们之所以选择这种架构，是因为希望使用新功能轻松地更新系统。它还简化了向系统添加新的、不可预见的服务问题。

基于 Web 和移动系统的分布式架构的主要类型是多层和面向服务的架构。你必须决定为软件产品选择哪一种。要考虑的问题如下：

1. 数据类型和数据更新

如果你会通过不同的系统功能对主要使用的结构化数据进行更新，通常最好使用一种提供锁定和事务管理的共享数据库。如果数据跨服务分布，则需要一种使它们保持一致的方法，这会增加系统的开销。

2. 更改频率

如果你预计将定期更改或更换系统组件，则需将这些组件隔离开来，因为单独的服务更容易变更。

3. 系统执行平台

如果你计划在云上运行系统，用户通过网络进行访问，通常最好将其实现为面向服务的架构，因为系统更容易扩展。但是，如果你的产品是在本地服务器上运行的业务系统，则可能多层架构更合适。

当我在撰写本书时，大多数企业软件产品的分布式架构都是多层客户端－服务器架构，其中用户交互是使用 MVC 模式实现的。但是，这些产品越来越多地转变为在公共云平台上运行的面向服务的架构。随着时间的流逝，这种类型的架构将成为基于 Web 的软件产品的规范。

4.5　技术议题

对产品中将使用的技术进行决策是设计软件架构过程中的重要环节。你选择的技术会影响并限制系统的整体架构。在开发过程中更改这些代码既困难又昂贵，因此，请务必仔细考虑技术选择，这一点很重要。

与企业系统开发相比，产品开发的优点是你受遗留技术问题的影响较小。传统技术是已在旧系统中使用并且仍在运行的技术。例如，某些老的企业系统仍然依靠 70 年代的数据库技术。现代系统可能必须与它们交互，这限制了它们的设计。

除非你必须与公司出售的其他软件产品进行互操作，否则选择产品开发的技术是相当灵活的。表 4.8 显示了在产品开发的早期阶段可能必须做出的一些重要技术选择。

108

表 4.8　技术选择

技　术	设计决策
数据库	你应该使用关系 SQL 数据库还是非结构化 NoSQL 数据库
平台	你是否应该在移动应用程序 / 网络平台上交付产品
服务器	你应该使用专用的内部服务器还是将系统设计为在公共云上运行？如果是公共云，你应该使用 Amazon、Google、Microsoft 还是其他某种选择
开源	是否可以将合适的开源组件集成到产品中
开发工具	你的开发工具是否嵌入了有关正在开发的软件的体系架构假设，从而限制了你的体系架构选择

4.5.1　数据库

大多数软件产品都依赖某种数据库系统。现在通常使用两种数据库：关系数据库和 NoSQL 数据库。在关系数据库中，数据被组织为结构化表；在 NoSQL 数据库中，数据具有更灵活的用户定义的组织。数据库对系统的实现方式有很大的影响，因此使用哪种类型的数据库是重要的技术选择。

关系数据库（例如 MySQL）特别适合需要事务管理、数据结构可预测且非常简单的情况。关系数据库支持 ACID 事务。事务保证即使事务失败数据库也将始终保持一致，更新将被序列化，并且始终可以恢复到一致状态。对于不一致情况无法接受的财务信息，这确实很重要。因此，如果你的产品处理财务信息或一致性至关重要的任何信息，则应选择一个关系数据库。

但是，在许多情况下，数据的结构不完善，并且大多数数据库操作都与读取和分析数据有关，而不是与写入数据库有关。对于此类应用程序，NoSQL 数据库（例如 MongoDB）比关系数据库更灵活，并且可能更高效。NoSQL 数据库允许对数据进行分层组织，而不是将其组织为平面表，从而可以更有效地并发处理"大数据"。

一些应用程序需要事务和大数据处理的混合，将来可能会开发更多此类应用程序。数据库供应商现在开始集成这些方法。用不了几年，可能会有有效的集成数据库系统提供给大家。

4.5.2　传播平台

在全球范围内，越来越多的人使用智能手机和平板电脑而不是笔记本电脑或台式机上的浏览器访问网络。大多数业务系统仍基于浏览器，但是随着员工流动性的提高，对移动访问业务系统的需求也越来越大。

除了屏幕大小和键盘可用性方面的明显差异外，在开发移动设备上运行的软件与在计算机客户端上运行的软件之间还有其他重要区别。在手机或平板电脑上，必须考虑以下几个因素：

1. 间歇性连接

能够在没有网络连接的情况下提供有限的服务。

2. 处理器性能

移动设备的处理器性能较弱，因此需要最大限度地减少计算密集型操作。 110

3. 电源管理

移动电池的寿命有限，因此尽量减少应用程序使用的电源。

4. 屏幕键盘

屏幕键盘运行缓慢且容易出错，因此尽量减少屏幕键盘的输入，以减少用户的挫败感。

为了解决这些差异，通常需要产品前端的基于浏览器和移动版本的单独版本。这些不同版本中可能会使用完全不同的架构以确保性能和其他特征。

作为产品开发人员，必须很早就决定要专注于软件的移动版还是台式机版。对于消费类产品，你可能会决定专注于移动交付，但对于业务系统，则必须做出选择，将其作为优先事项。尝试同时开发产品的移动版本和基于浏览器的版本成本非常高。

4.5.3　服务器

云计算现在无处不在，因此必须决定将系统设计为在单个服务器上还是在云上运行。当然，可以从 Amazon 或其他提供商那里租用服务器，但这并不能真正利用云。要为云开发，需要将架构设计为面向服务的系统，并使用云供应商提供的平台 API 来实现软件。这些能够允许系统自动扩展和系统弹性。

不仅仅是对于移动应用程序的消费产品，我认为云开发几乎总是有意义的。对于企业产品而言，决策更加困难。一些企业担心云的安全性，宁愿在内部服务器上运行其系统。它们可能具有可预测的系统使用模式，因此较少需要设计软件来应对需求的巨大变化。

如果决定选择云开发，那么下一个决定就是选择云提供商。主要提供商是 Amazon、Google 和 Microsoft，然而，它们的 API 不兼容，无法轻松地将产品从一个转移到另一个。大多数消费类产品可能都在 Amazon 或 Google 的云上运行，但是企业通常更喜欢 Microsoft 的 Azure 系统，因为它与现有的 .NET 软件兼容。另外，还有其他云提供商，例如 IBM，专门从事业务服务。

4.5.4　开源

开源软件是免费提供的软件，可以根据需要进行变更和修改。开源软件的明显优势是你可以重复使用软件而不是实现新软件，从而减少了开发成本并缩短上市时间；其缺点是你受该软件的束缚，无法控制其发展。可能无法更改该软件以使你的产品相对于使用同一软件的竞争对手具有"竞争优势"。还有许可证问题也必须考虑。它们可能会限制你自由地将开源软件集成到产品中。

是否使用开源软件还取决于开源组件的可用性、成熟度和持续支持。使用开源数据库系统（例如 MySQL 或 MongoDB）比使用专有数据库（例如 Oracle 的数据库系统）便宜。专有数据库是一些成熟的系统，具有大量的人员支持。通常，只有当使用你的产品的企业已使用专有数据库时，才选择专有数据库。在更高级别的架构层面上，根据所开发产品的类型，可用的开源组件可能更少，它们可能有故障，并且它们的持续开发可能只有很少的支持。

对开源软件的选择应取决于你正在开发的产品类型，目标市场以及开发团队的专业知识。"理想的"开源软件与你所拥有的专业知识之间常常会出现不匹配的情况。从长远来看，理想的软件可能会更好，但是随着你的团队逐渐去熟悉它，可能会延迟产品的发布。你必须确定长期利益是否可以证明这一延迟是合理的。如果你的公司在交付该系统之前没钱了，那就没有必要构建一个更好的系统。

4.5.5 开发技术

开发技术（例如移动开发工具包或 Web 应用程序框架）会影响软件的架构。这些技术具有关于系统架构的内置假设，并且你必须遵守这些假设才能使用开发系统。例如，许多 Web 开发框架都旨在创建使用 MVC 架构模式的应用程序。

你使用的开发技术也可能对系统架构产生间接影响。开发人员通常倾向于选择他们熟悉技术的架构。例如，如果你的团队在关系数据库方面具有丰富的经验，那么他们可能会为此辩护，而不是使用 NoSQL 数据库。这很有意义，因为这意味着团队不必花时间学习新系统。但是，如果熟悉的技术不适合你的软件，则可能带来长期的负面影响。

要点

- 软件架构是体现在其组件中的系统的基本组织、组件之间的关系、组件与环境的关系以及指导其设计和演进的原理。

- 软件系统的架构对非功能系统属性（例如可靠性、效率和安全性）具有重大影响。

- 架构设计包括了解对你的产品至关重要的问题，并创建显示组件及其关系的系统描述。

- 架构描述的主要作用是为开发团队讨论系统组织提供基础。非正式的架构图在架构描述中很有效，因为它们快速且易于绘制和共享。

- 系统分解涉及分析架构组件并将其表示为一组更细粒度的组件。

- 为了最大限度地减少复杂度，你应该分开关注点，避免功能重复，并专注于组件接口。

- 基于 Web 的系统通常具有公共的分层结构，包括用户界面层，特定于应用程序的层和数据库层。

- 系统中的分布架构定义了该系统中服务器的组织以及这些服务器的组件分配。

- 多层客户端服务器和面向服务的架构是基于 Web 的系统最常用的架构。

- 关于数据库和云技术等技术的决策是架构设计过程的重要组成部分。

113

推荐阅读

Software Architecture and Design（Microsoft，2010）：该系列文章就软件架构和设计的一般原则提供了合理、实用的建议，其包括在第 3 章的架构模式和风格下对分层架构的讨论。

https://docs.microsoft.com/en-us/previous-versions/msp-n-p/ee658093（v%3dpandp.10）

Five Things Every Developer Should Know about Software Architecture（S. Brown，2018）：该文很好地解释了设计软件架构与敏捷软件开发的一致性。

https://www.infoq.com/articles/architecture-five-things

Software Architecture Patterns（M. Richards，2015，login required）：该文是对分层架构的很好的总体介绍，尽管我不同意文中的分层体系难以更改的观点。

https://www.oreilly.com/ideas/software-architecture-patterns/page/2/layered-architecture

What is the 3-Tier Architecture?（T. Marston，2012）：该文是对使用三层架构的好处的非常全面的讨论。文中认为在任何系统中使用三层以上是没有必要的。

http://www.tonymarston.net/php-mysql/3-tier-architecture.html

Five Reasons Developers Don't Use UML and Six Reasons to Use It（B. Pollack，2010）：该文阐述了在设计软件架构时是否使用 UML 的几个论点。

https://saturnnetwork.wordpress.com/2010/10/22/five-reasons-developers-dont-use-uml-and-six-reasons-to-use-it/

Mobile vs. Desktop：10 key differences（S. Hart，2014）：该篇博客总结了在设计移动和桌面产品时要考虑的问题。

https://www.paradoxlabs.com/blog/mobile-vs-desktop-10-key-differences/

To SQL or NoSQL? That's the Database Question（L. Vaas，2016）：该文很好地介绍了关系数据库和 NoSQL 数据库的优缺点。

https://arstechnica.com/information-technology/2016/03/ to-sql-or-nosql-thats-the-database-question/

[114]　　推荐第 5 章和第 6 章中关于云计算和面向服务架构的文章。

习题

1. 扩展 IEEE 对软件架构的定义，以包括对架构设计中涉及的活动的定义。

2. 设计用于支持安全性的架构可以基于将所有敏感信息存储在一个安全位置的集中式模型，也可以基于将信息分散并存储在许多不同位置的分布式模型。建议每种方法的优点和缺点。

3. 为什么尽量减少软件系统的复杂度很重要？

4. 你正在开发一种产品以出售给金融公司。给出答案的原因，请考虑影响架构决策的问题（图 4.4），并提出可能最重要的两个因素。

5. 简要说明将软件架构构造为功能层的堆栈如何有助于最大限度地降低软件产品的总体复杂度。

6. 想象一下，你的经理问过你，你的公司是否应该从基于 UML 的非正式架构描述转向更正式的描述。写简短的报告，向你的经理提供建议。如果你不知道 UML 是什么，那么你应该做一些阅读来理解它。Pollack 在《推荐读物》中的文章可能是你的起点。

7. 使用图表说明如何使用多层客户端 – 服务器架构来实现基于 Web 的应用程序的通用架构。

8. 在什么情况下，你会在客户端 – 服务器架构中将尽可能多的本地处理推送到客户端上？

9. 解释为什么对 iLearn 系统使用多层客户端 – 服务器架构不合适。

10. 做一些背景阅读，并描述关系数据库和 NoSQL 数据库之间的三个基本区别。建议使用 NoSQL 数据库可能会受益的三种类型的软件产品，并说明为什么使用 NoSQL 方法是合适的。

基于云的软件

强大的多核计算机硬件和高速网络的融合促使了"云"的发展。简单来说，云是大量的远程服务器，拥有这些服务器的公司可以租用这些服务器。你可以根据需要租用任意数量的服务器，在这些服务器上运行软件，并将其提供给客户。客户可以从自己的计算机或其他联网设备（例如平板电脑或电视）访问这些服务器。你可以租用服务器并安装自己的软件，也可以付费访问云上可用的软件产品。

远程服务器是"虚拟服务器"，它们通过软件而非硬件来实现。使用虚拟硬件内置的虚拟化支持，每个云硬件节点上可以同时运行多个虚拟服务器。运行多个服务器对服务器性能几乎没有影响。硬件功能强大到可以轻松地同时运行多个虚拟服务器。

Amazon 和 **Google** 等云计算公司提供了云管理软件，可轻松地按需获取和发布服务器。你可以自动升级正在运行的服务器，并且云管理软件提供在服务器发生故障时的恢复能力。你可以按约定的时间租用服务器，也可以按需租用并付费。因此，如果你仅需要短时间的资源，那么你可以只为你需要的时间付费。

你租用的云服务器可以随着需求的变化而启动和关闭。这意味着在云上运行的软件是可扩展、弹性和可恢复的（图 5.1）。我认为可扩展性、弹性和可恢复性是基于云的系统与在专用服务器上托管的系统之间根本的区别。

可扩展性反映了软件应对越来越多用户的能力。随着软件负载的增加，软件会自动进行调整以维持系统性能和响应时间。可以通过添加新服务器或迁移到功能更强大的服务器来扩展系统。如果使用功能更强大的服务器，则称为纵向扩展。

116

如果添加了相同类型的新服务器，则称为横向扩展。如果横向扩展软件，则会在其他服务器上创建并执行软件的副本。

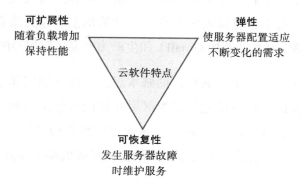

图 5.1 可扩展性、弹性和可恢复性

弹性与可扩展性有关，但可以按比例缩小和放大。也就是说，你可以监视应用程序的需求，并随着用户数量的变化动态地添加或删除服务器。这意味着你仅在需要时为所需的服务器付费。

可恢复性可以通过设计软件体系架构来应对服务器故障。你可以同时提供软件的多个副本。如果其中一个失效了，其他的副本可以继续提供服务。你可以通过在不同位置定位冗余服务器来处理云数据中心的故障。

如果你正在建立一个新的软件产品公司或开发项目，购买服务器硬件来支持软件开发是不划算的。相反，你应该使用开发设备访问云服务器。采用这种方法替代购买自己的服务器的好处如表 5.1 所示。

表 5.1 使用云开发软件的好处

因　素	好　处
成本	避免硬件采购的初期资本成本
启动时间	无须等待硬件交付即可开始工作。使用云可以在几分钟之内启动并运行服务器
服务器选择	如果发现租用的服务器功能不足，可以升级到功能更强大的系统。可以添加服务器以满足短期需求，例如负载测试
分布式开发	如果是一个在不同地方工作的分布式开发团队，所有成员都具有同样的开发环境，并且可以无缝共享所有信息

建议将云作为一种云服务，同时用于开发和产品交付，成为新软件产品开发的默认选择。除非交付的产品是专门的硬件平台，或者客户有安全要求，禁止使

[117] 用外部系统。

现在，所有主流的软件供应商都提供云服务。客户通过浏览器或移动应用程序远程访问服务，而不是将其安装在自己的计算机上。作为服务交付的软件比较出名的示例包括邮件系统（例如 Gmail）和生产力产品（例如 Office 365）。

本章介绍一些有关基于云的软件的基本思想，你在制定体系架构决策时必须考虑这些思想。我将容器的概念解释为部署软件的轻量级机制。我将解释如何把软件作为服务交付，并且将介绍基于云的软件体系架构设计中的一般问题。第 6 章重点介绍了基于云的系统，尤其是相关的面向服务的架构模式，即微服务架构。

5.1 虚拟化和容器

所有云服务器都是虚拟服务器。虚拟服务器在底层物理计算机上运行，由操作系统以及一组提供所需服务器功能的软件包组成。一般来说，虚拟服务器是一个独立的系统，可以在云中的任何硬件上运行。

[118] 这个"在任何地方运行"的特性是可能的，因为虚拟服务器没有外部依赖项。外部依赖意味着你需要一些软件，例如数据库管理系统，而这些软件不是你自己开发的。例如，如果使用 Python 进行开发，则需要 Python 编译器、Python 解释器、各种 Python 库等。

当你在其他计算机上运行软件时，若所依赖的某些外部软件不可用或与你使用的版本有所不同，则经常会遇到问题。如果使用虚拟服务器，就可以避免这些问题。你加载了所需的所有软件，因此你不依赖其他人提供的软件。

运行在物理服务器硬件上的虚拟机（VM）可用于实现虚拟服务器（图 5.2）。细节很复杂，但是可以将管理程序视为提供了一个模拟底层硬件操作的硬件仿真。其中一些硬件仿真器共享物理硬件且并行运行。你可以运行操作系统，然后在每个硬件仿真器上安装服务器软件。

使用 VM 实现虚拟服务器的优点是你拥有与物理服务器完全相同的硬件平台。因此，可以在同一台计算机托管的 VM 上运行不同的操作系统。例如，图 5.2 显示 Linux 和 Windows 可以在不同的 VM 上同时运行。你可能需要这样做，以便可[119] 以运行仅适用于一个特定操作系统的软件。

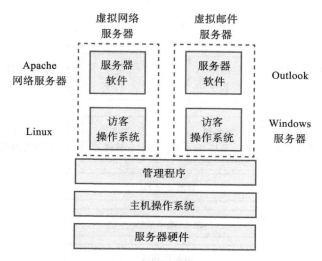

图 5.2 将虚拟服务器实现为一个 VM

在 VM 上实现虚拟服务器的问题是，创建 VM 需要加载和启动一个大型复杂的操作系统（OS）。在 VM 上安装操作系统和安装其他软件所需的时间，在 AWS 等公共云供应商上通常需要 2～5 分钟。这意味着你不能立即通过启动和关闭 VM 来响应不断变化的需求。

在许多情况下，你并不真正需要通用的 VM。如果运行的是一个基于云的系统，其中包含许多应用程序或服务实例，则这些实例都使用相同的操作系统。为了适应这种情况，可以使用一种更简单、轻量级的虚拟化技术，称为"容器"。

使用容器大大加快了在云上部署虚拟服务器的过程。容器的大小通常是兆字节，而 VM 是千兆字节。容器可以在几秒钟内启动和关闭，而不是 VM 所需的几分钟。许多提供基于云的软件公司现在已经从 VM 转向容器，因为容器加载速度更快，对机器资源的要求也更低。

容器是一种操作系统虚拟化技术，允许独立服务器共享单个操作系统。它们对于提供独立的应用程序服务特别有用，每个用户都可以看到自己的应用程序版本。我在图 5.3 中展示了这一点，其中图形设计系统产品使用基本图形库和照片管理系统。包含图形支持软件和应用程序的容器是为软件的每个用户创建的。

创建和使用一个容器，可以使用客户端软件来创建容器并加载软件到该容器中。然后，将创建的容器部署到 Linux 服务器上。使用基本的 OS 功能，容器管理系统可确保在容器中执行的进程与所有其他进程完全隔离。

120

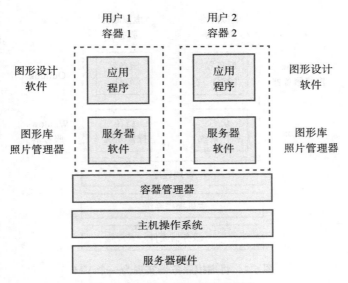

图 5.3　使用容器提供隔离服务

　　容器是一种用于在云中运行应用程序的轻量级机制，对于运行诸如独立服务之类的小型应用程序特别有效。在撰写本书时，容器并不是运行大型共享数据库的最佳机制。如果应用程序依赖于提供连续服务的大型共享数据库，那么在 VM上运行该数据库仍然是最佳选择。VM 和容器可以共存于同一物理系统上，因此在容器中运行的应用程序可以有效地访问数据库。

　　容器最早是在 2005 年左右引入的，随着 Linux 操作系统的发展而出现。数家公司（例如 Google 和 Amazon）开发并使用自己的容器版本来管理大型服务器集群。但是，容器在 2015 年左右才真正成为主流技术。一个名为 Docker 的开源项目提供了一种快速且易于使用的标准容器管理方法。Docker 是目前使用最广泛的容器技术，因此在这里讨论容器的 Docker 模型。

　　Docker 是一个容器管理系统，允许用户将包含在容器中的软件定义为 Docker映像。它还包括一个运行时系统，该系统可以使用这些 Docker 映像创建和管理容器。图 5.4 显示了 Docker 容器系统的不同元素及其相互作用，表 5.2 解释了Docker 容器系统中每个元素的功能。

　　Docker 映像是可以在不同 Docker 主机上存档、共享和运行的目录。运行软件系统所需的所有内容——二进制文件、库、系统工具等都包含在目录中。因此，映像可以充当虚拟服务器的独立文件系统。由于 Docker 实现其文件系统的方式，映像只包含与标准操作系统文件不同的文件。它不包括所有其他未更改的操作系

统文件。因此，图像通常是紧凑的，所以加载速度快。 [121]

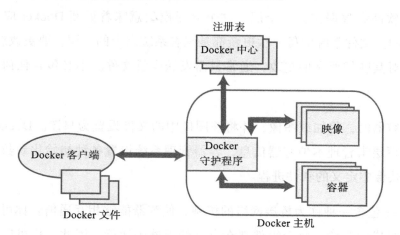

图 5.4　Docker 容器系统

表 5.2　Docker 容器系统的元素

元　素	功　能
Docker 守护程序	这是一个在主机服务器上运行的过程，用于设置、启动、停止和监视容器，以及构建和管理本地映像
Docker 客户端	开发人员和系统管理员使用此软件来定义和控制容器
Docker 文件	Docker 文件将可运行的应用程序（映像）定义为一系列设置命令，这些命令指定要包含在容器中的软件。每个容器必须由关联的 Docker 文件定义
映像	Docker 文件被解释为创建 Docker 映像，该映像是一组在正确的位置安装了指定的软件和数据的目录。映像设置为可运行的 Docker 应用程序
Docker 中心	这是已创建映像的注册表。这些可以重新使用以设置容器或作为定义新映像的起点
容器	容器正在执行映像。将映像加载到容器中，然后由该映像定义的应用程序开始执行。容器可以在服务器之间移动而无须修改，并且可以在许多服务器之间复制。你可以对 Docker 容器进行更改（例如通过修改文件），但随后必须提交这些更改以创建新映像并重新启动容器

[122]

Docker 映像中使用的文件系统称为联合文件系统，在此不作详细介绍，但它有点像增量备份，你只需将更改的文件添加到备份中，备份软件允许你将它们与以前的备份合并以恢复整个文件系统。在联合文件系统中，首先从一个基本文件系统开始，该文件系统具有特定于该基本文件系统之上的映像的更新。每个更新都作为新图层添加。文件系统软件集成了这些层，这样你就有了一个完整的、独立的文件系统。

Docker 映像是一个基本层，通常是从 Docker 注册表中获取的，上面添加了你自己的软件和数据作为一个层。这个分层模型意味着更新 Docker 应用程序是快速高效的。文件系统的每一次更新都是现有系统之上的一层。要更改应用程序，只需发送对其映像所做的更改，通常只需发送少量文件。不必包含任何未更改的文件。

创建容器时，将加载图像，并将该图像中的文件设置为只读。Docker 守护进程添加读写层来管理本地容器信息，容器管理系统设置各种初始化参数。然后初始化运行映像中定义的软件进程。

Docker 包含一种称为桥接网络的机制，使容器能够相互通信。你可以创建由通信组件组成的系统，每个组件都在自己的容器中运行。因此，你可以快速部署大量通信容器来实现复杂的分布式系统。使用管理系统（如 Kubernates）来管理已部署的容器集。

你不需要理解 Docker 的通信机制就可以理解容器的原理，所以不再赘述了。推荐阅读部分提供了容器通信信息的链接。

从云软件工程的角度来看，容器提供了四个重要的好处：

（1）解决了软件依赖性问题。你不必担心应用程序服务器上的库和其他软件与开发服务器上的不同。你可以寄送包含产品所需的所有支持软件的容器，而不需要将产品作为独立软件发送。

（2）提供了一种跨不同云的软件可移植性机制。Docker 容器可以在 Docker 守护进程可用的任何系统或云提供程序上运行。

（3）为实现软件服务提供了一种有效的机制，因此支持面向服务体系架构的开发，将在第 6 章中介绍这一点。

（4）简化了 DevOps 的采用。这是一种软件支持方法，同一团队负责开发和支持操作软件。将在第 10 章中介绍 DevOps。

5.2　一切即服务

我们很少有人雇佣私人的全职理发师。相反，当我们需要理发时，我们会"租借"一名理发师，然后支付理发的费用。理发师提供理发服务，我们需要支付使用该服务的时间所产生的费用。可以在软件产品中应用类似的方法。我们可以在需要的时候租用软件产品，而不是购买它。

这种出租服务的思想是云计算的基础。你可以从云服务供应商那里租用需要的硬件，而不必拥有硬件。如果你有软件产品，你能使用租用的硬件将产品交付给用户。在云计算中，这已发展为"一切即服务"的思想。

对于软件产品开发者们，当前存在三个与一切即服务最相关的级别。在图 5.5 中展示了这些级别，其中还包括每个等级可能提供的服务示例。

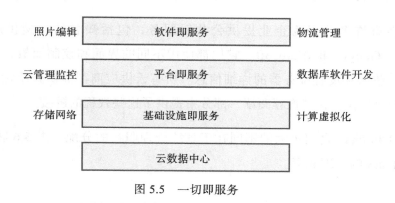

图 5.5 一切即服务 124

1. 基础设施即服务（IaaS）

这是所有主要云服务供应商提供的基本服务级别。它们提供了不同种类的基础设施服务，例如计算服务、网络服务和存储服务。这些基础设施服务可用于实现基于云的虚拟服务器。使用 IaaS 的好处是，你无须承担购买硬件的资金成本，并且可以轻松地将软件迁移到功能更强大的服务器上。你只需负责在服务器上安装软件，并且有许多预配置的软件包能够帮你完成此操作。使用云提供商的控制面板，当系统负载增加时，如果需要，可以轻松地添加更多服务器。

2. 平台即服务（PaaS）

这是一个中间级别，你可以使用云服务供应商提供的库和框架来实现你的软件。它们提供对一系列功能的访问，包括访问 SQL 和 NoSQL 数据库。使用 PaaS 可以轻松地开发可扩展软件。随着负载增加，你实现的产品可以自动添加额外的计算和存储资源。

3. 软件即服务（SaaS）

你的软件产品运行在云端，并且用户可以通过 Web 浏览器或者移动应用程序访问。我们都知道并使用这种类型的云服务：邮件服务（例如 Gmail）、存储服务（例如 Dropbox）、社交媒体服务（例如 Twitter）等。我将在本章后面详细讨论 SaaS。

如果你在经营一家中小型产品开发公司，那么购买服务器硬件并不划算。如果你需要开发和测试服务器，使用基础设施服务来实现这些服务器。你可以使用信用卡设置云账户，并在几分钟内启动运行。你无须筹集资金来购买硬件，并且很容易通过在云端上增加和减少系统的规模来应对不断变化的需求。你可以使用 PaaS 在云上实现你的产品，并将产品作为软件服务交付。

现在有许多公司为企业提供公共云服务，包括知名的大型供应商，例如 Amazon、Google 和 Microsoft。它们都使用不同的界面和控制面板，因此不再解释在云上获取和设置服务器的详细信息。所有云供应商都提供介绍性教程，说明如何执行此操作。在"推荐阅读"部分中提供了这些教程的链接。

IaaS 和 PaaS 之间重大的不同在于系统管理职责的分配。图 5.6 展示了 Saas、IaaS 和 PaaS 的管理职责。

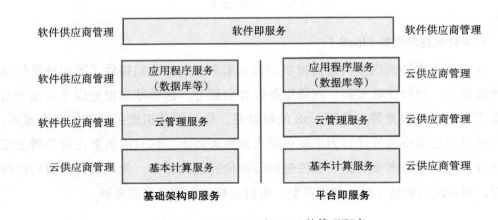

图 5.6　SaaS、IaaS 和 PaaS 的管理职责

如果你在使用 IaaS，就有责任安装和管理数据库、系统安全和应用程序。如果使用 PaaS，你可以将管理数据库和安全的职责移交给云服务供应商。在 SaaS 中，假设软件供应商正在云上运行系统，则软件供应商负责管理应用程序。其他一切都是云服务供应商的职责。

当云被引入时（大约在 2010 年），IaaS 和 PaaS 之间有明显的区别。Amazon 将 Amazon Web Services（AWS）表示为 IaaS。另一方面，Google 提出其云平台

为 PaaS 环境，你可以在其中使用 Google 的云单元来创建自动扩展环境和其他功能。在当前实践中，这些级别之间几乎没有真正的区别，所有云供应商都支持某种形式的 PaaS。

你可能还会想到功能即服务（FaaS）的概念，该功能由 Amazon 的 Lambda 服务支持。在这种相对较新的开发中，可以实现云服务，并在每次使用时启动和关闭它。你需要做的就是将实现服务的软件上传到云供应商，然后他们会自动创建服务。成功访问该服务器后，将自动启动运行该服务的服务器。

FaaS 有两点主要优势：

（1）不需要管理服务器即可运行服务。云供应商对此负全部责任。

（2）只需为功能执行的时间付费，而不是租用运行该功能的基础服务器。这样可以节省大量服务资源，例如恢复服务，这些服务必须按需提供且不能连续运行。

|126|

功能即服务是一个发展中的领域，将被越来越广泛地使用。但是在撰写本文时，该技术还不够成熟，所以无法在入门级教科书中介绍。

5.3　软件即服务

当引入软件产品时，它们需要被安装在客户自己的计算机上。有时软件的购买者不得不根据自己的操作环境来配置软件，并处理软件更新。更新的软件并不总是与公司的其他软件兼容，所以软件用户通常会运行该产品的旧版本以避免这些兼容性问题。这意味着软件产品公司有时必须同时维护几个不同版本的产品。

许多软件产品仍然以这种方式交付，但是，越来越多的软件产品被作为服务交付。如果将软件产品作为服务交付，那么你将在你的服务器上运行软件，可以从云服务供应商那里租用这些服务器。客户不需要安装软件，他们通过 Web 浏览器或专用的移动应用程序访问远程系统（图 5.7）。SaaS 的支付模式通常是订阅。用户按月付费使用软件，而不是直接购买。

许多软件供应商将他们的软件作为云服务交付，但也允许用户下载软件的一个版本，这样就可以在没有网络连接的情况下工作。例如，Adobe 将 Lightroom 照片管理软件作为云服务提供，也允许用户在自己的计算机上下载运行。这就解决了由于网络连接速度慢而导致性能下降的问题。

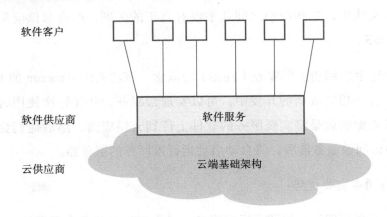

图 5.7   软件即服务

对于大多数基于 Web 的软件产品，产品开发人员将它们作为服务交付是有意义的。表 5.3 显示了这种方法对产品提供者的优势。

表 5.3   SaaS 对软件产品供应商的优势

优　势	解释说明
资金流动	用户可以定期付费，也可以按使用软件的方式付费。这意味着你有一个固定的现金流，全年都有支付。你不会遇到这样的情况：当产品被购买时，有大量的现金注入，但在产品发布之间的收入非常少
更新管理	可以控制产品的更新，并且所有客户都可以同时收到更新。避免同时使用和维护多个版本的问题，降低了成本，并使得维护软件代码库的一致性更加容易
持续部署	一旦进行了更改和测试，就可以部署软件的新版本。这意味着你可以快速修复 bug，从而使软件可靠性不断提高
支付灵活	可以设置几种不同的付款方式，吸引更多的用户。小公司或个人不需要承担大量的前期软件成本
先试后买	可以快速地提供该软件早期免费或低成本的版本，以获得客户关于软件 bug 和产品如何被认可的反馈
数据收集	可以很容易地收集关于产品如何使用的数据，从而确定需要改进的地方。还可以收集用户数据，以便向这些客户销售其他产品

客户从 SaaS 中受益，不必为软件预先支付大笔费用，而且总是可以访问最新的版本。然而，这种交付模型的缺点使许多人不再使用以这种方式交付的软件。其优点和缺点如图 5.8 所示。

127
~
128

使用 SaaS 最重要的业务优势之一，是客户无须承担购买服务器或软件本身的高昂成本。由于软件是每月的运营成本，而不是大量的资本支出，客户的现金流得到了改善。然而，为了维护对基于服务的软件产品的访问，即使客户很少使用该软件，也必须继续付款。这与一次性付款就能买到的软件形成了对比。一旦买了这个软件，就可以一直使用，无须进一步付款。

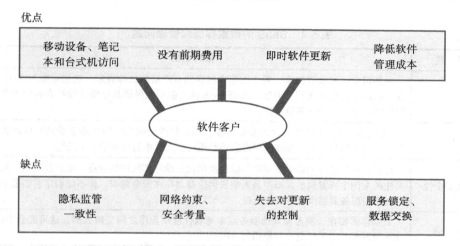

图 5.8　SaaS 对客户的优缺点

移动设备的普遍使用意味着客户希望能像台式机和笔记本电脑一样从这些设备访问软件。交付 SaaS 意味着客户可以随时从任何平台访问该软件。人们可以从多个设备上使用该软件，而不必事先安装。然而，这可能意味着软件开发人员必须为各种平台开发移动应用程序，才能满足客户的基本需求。

SaaS 对客户的另一个优势，是无须雇用人员来安装和更新系统。这将确保将服务的可靠性和一致性问题转移给 SaaS 提供商，而不是本地系统管理员。然而，这可能会导致本地专家的流失。缺乏专业知识可能会使客户在需要时更难以恢复到自托管软件。

SaaS 的一个优势是可以快速交付更新。所有客户都可以立即使用新功能。正如在第 10 章中解释的那样，许多公司现在都在进行连续部署，每天都在交付新版本的软件。但是，客户无法控制何时进行软件升级。如果在更新中引入了与客户的工作方式不兼容的问题，则他们必须立即更改工作方式以继续使用该软件。

SaaS 的其他缺点与数据存储和管理问题有关（表 5.4）。这些对于某些客户，尤其是大型跨国公司而言很重要。这是一些公司仍然不愿意使用基于云的软件，而宁愿在自己的服务器上运行软件的根本原因。

129

如果你要开发的系统不涉及个人和财务信息，那么 SaaS 通常是交付软件产品的最佳方法。然而，在适用国家或国际数据保护法规时，选择就比较困难。你必须使用将数据存储在允许位置的云供应商。如果不能实现，则必须给客户提供可安装的软件，其中的数据存储在客户自己的服务器上。

表 5.4　SaaS 的数据存储和管理问题

问　题	解释说明
规则	一些国家，如欧盟国家，对个人信息的存储有严格的法律规定。这些可能与 SaaS 供应商所在国家的法律法规不兼容。如果 SaaS 供应商不能保证其存储位置符合客户所在国家的法律，企业可能不愿使用其产品
数据传输	如果软件的使用涉及大量的数据传输，那么软件的响应时间可能会受到网络速度的限制。这对于那些负担不起高速网络连接费用的个人和小公司来说是个问题
数据安全性	处理敏感信息的公司可能不愿将数据控制权交给外部软件供应商。正如我们从一些备受关注的案例中所看到的，即使是大型云供应商也存在安全漏洞。你不能假定它们总是比客户自己的服务器提供更好的安全性
数据交换	如果你需要在云服务和其他服务或本地软件应用程序之间交换数据，这可能会很困难，除非云服务提供了可供外部使用的 API

在某些方面，作为服务开发的软件与开发在组织服务器上运行的具有浏览器界面的软件没有什么不同。但是，在这些情况下，你可以假定可用的网络速度和带宽，可用的电功率以及系统用户。对于 SaaS，由于客户来自不同的组织，他们在未知设备上访问系统，因此你需要在软件设计中考虑到这一点。你需要考虑的问题如图 5.9 所示。

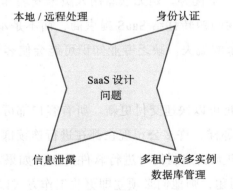

图 5.9　SaaS 设计问题

一个软件产品可能被设计成某些功能在用户的浏览器或移动应用程序中本地执行，而另一些功能则在远程服务器上执行。本地执行减少了网络流量，因此提高了用户响应速度。当用户的网络连接速度较慢时，这是很有用的。然而，本地处理增加了系统运行所需的电力。如果连接到电网或电源，这不是问题，但当使用电池供电的移动设备访问应用程序时，这是一个问题。分发本地和远程处理的最佳方式取决于应用程序的类型和系统的预期使用情况。因此，除了"实验和准备改变"之外，很难就这个问题给出一般性的建议。

在所有共享系统上，用户必须对自己进行认证，以表明他们已被授权使用系统。用户可以设置自己的认证系统，但必须记住另一组认证凭据。所以对于个人用户，许多系统允许使用用户的 Google、Facebook 或 LinkedIn 凭证进行认证。但是，对于希望用户使用业务凭证进行认证的企业来说，这通常是不可接受的。你可能需要设置一个联合认证系统，将认证委托给用户工作的业务。我会在第 7 章中解释联合认证。

对于基于云的软件来说，信息泄露是一个特别的风险。如果你有来自多个组织的多个用户，则可能会遭遇信息从一个组织泄露到另一个组织的安全风险。这种情况可能以多种不同的方式发生，因此在设计安全系统时，需要非常小心地避免这种情况。 |131|

多租户意味着系统在一个存储库中维护来自不同组织的信息，而不是维护系统和数据库的单独副本。这可以引起更有效的操作。但是，开发人员必须设计软件，使每个组织都能看到一个包含自己的配置和数据的虚拟系统。在多实例系统中，每个客户都有自己的软件实例和数据库。

5.4　多租户系统和多实例系统

许多基于云的系统都是多租户系统，所有客户都由一个系统实例和一个多租户数据库提供服务。业务用户与他们公司的专用系统进行交互。数据库是分区的，以便客户公司有自己的空间，可以存储和访问自己的数据。

另一种 SaaS 实现是为每个用户提供单独的系统和数据库副本。这些系统称为多实例系统。我将在 5.4.2 节中讨论这些内容。

5.4.1　多租户系统

在多租户数据库中，SaaS 供应方定义的单个数据库模式由系统的所有用户共享。数据库中的项用一个租户标识符来标记，表示某个公司在系统中存储了数据。数据库访问软件使用这个租户标识符来提供"逻辑隔离"，这意味着用户似乎在使用自己的数据库。图 5.10 使用一个简化的库存管理数据库表说明了这种情况。租户标识符（列 1）用于标识数据库中专属于该租户的行。

库存管理					
租户	关键字	条目	库存	供应商	日期
T516	100	Widg 1	27	S13	2017/2/12
T632	100	Obj 1	5	S13	2017/1/11
T973	100	Thing 1	241	S13	2017/2/7
T516	110	Widg 2	14	S13	2017/2/2
T516	120	Widg 3	17	S13	2017/1/24
T973	100	Thing 2	132	S26	2017/2/12

图 5.10　多租户数据库的一个实例

表 5.5 显示了使用多租户数据库的优点和缺点。

表 5.5　多租户数据库的优缺点

优　点	缺　点
资源利用 SaaS 供应商控制软件使用的所有资源，并可以优化软件以有效利用这些资源	**缺乏弹性** 客户都必须使用相同的数据库模式，但将该模式调整到满足个人需求的范围有限。我将在本节后面解释可能的数据库调整
安全性 因为所有客户的数据都保存在同一个数据库中，为了安全起见必须设计多租户数据库。因此，它们可能比标准数据库产品具有更少的安全漏洞。安全管理也简化了，因为如果发现安全漏洞，只需要修复数据库软件的一个副本即可	**安全性** 由于所有客户的数据都保存在同一个数据库中，因此理论上存在数据从一个客户泄露到另一个客户的可能性。事实上，这种情况很少发生。更严重的是，如果数据库安全被破坏，那么所有客户都会受到影响
更新管理 更新单个软件实例比更新多个软件实例更容易。更新同时交付给所有客户，因此所有客户都能使用最新版本的软件	**复杂度** 多租户系统通常比多实例系统更复杂，因为需要管理许多用户。因此，数据库软件中出现 bug 的可能性增加了

购买软件作为服务的大中型企业很少希望使用通用的多租户软件。他们希望软件的版本能够适应他们自己的需求，并向他们的员工提供定制版本的软件。表 5.6 总结了 SaaS 定制的一些业务需求。

132

表 5.6 SaaS 的定制

定 制	业务需求
鉴定	企业可能希望用户使用他们的业务凭证进行认证，而不是使用软件供应商设置的账户凭证。第 7 章解释了联合认证是如何实现这一点的
品牌化	企业可能希望用户界面是品牌化的，以反映自己的组织
业务规则	企业可能希望能够定义自己的业务规则和适用于自己数据的工作流
数据模式	业务可能希望能够扩展系统数据库中使用的标准数据模型，以满足自己的业务需求
访问控制	企业可能希望能够定义自己的访问控制模型，该模型设置特定用户或用户组可以访问的数据以及对该数据的允许操作

在多租户系统中，所有用户共享系统的单一副本，提供这些特性意味着软件的用户界面和访问控制系统必须是可配置的，并且能够为每个业务客户创建虚拟数据库。

通过为每个客户使用用户配置文件，用户界面可配置性相对容易实现（图 5.11）。此用户配置文件包含系统应如何看待用户以及定义了组织和个人用户的访问权限的安全配置文件。图 5.11 显示了所有公司的概况，但 co2 和 co5 没有任何登录用户。

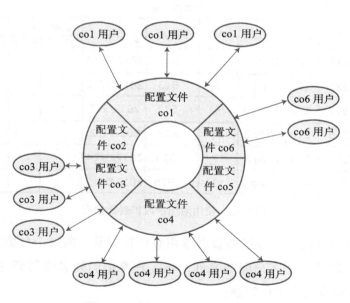

图 5.11 访问 SaaS 用户配置文件

当 SaaS 产品检测到用户来自特定组织时，它将查找该组织的用户配置文件。该软件使用配置文件信息创建一个个性化版本的界面呈现给用户。要检测用户，你可以要求他们选择组织或提供业务电子邮件地址。除了业务配置文件之外，每个用户还可能有一个单独的配置文件，用于定义允许访问哪些功能和系统数据。

用户界面使用通用元素设计，如公司名称和 logo。在运行时，通过使用取自于每个用户关联的配置文件的公司名称和 logo，替换这些通用元素来生成 Web 页面。菜单也可以进行调整，如果用户的业务中不需要某些功能，则禁用它们。

单个用户通常乐于接受多租户数据库中的共享固定模式，并调整他们的工作以适应该模式。但是，企业用户可能希望扩展或调整模式以满足他们的特定业务需求。如果使用关系数据库系统，有两种方法可以做到这一点如图 5.12 和图 5.13 所示。

（1）为每个表添加一些额外的字段，并允许客户按照自己的意愿使用这些字段。

（2）为每个表添加一个字段来标识一个单独的扩展表，并允许客户创建这些扩展表来反映他们的需求。

库存管理								
租户	关键字	条目	库存	供应商	日期	扩展字段 1	扩展字段 2	扩展字段 3
T516	100	Widg 1	27	S13	2017/2/12			
T632	100	Obj 1	5	S13	2017/1/11			
T973	100	Thing 1	241	S13	2017/2/7			
T516	110	Widg 2	14	S13	2017/2/2			
T516	120	Widg 3	17	S13	2017/1/24			
T973	100	Thing 2	132	S26	2017/2/12			

图 5.12　使用附加字段扩展数据库

[135]　　　通过提供额外的字段来扩展数据库相对比较容易。向每个数据库表添加一些额外的列，并定义一个客户配置文件，将客户希望的列名映射到这些额外的列。然而，这种方法有两个主要问题：

（1）很难知道应该包含多少额外的列。如果你的产品太少，客户就会发现他们需要的东西不够用。然而，如果你迎合了需要大量额外列的客户，你会发现大[136]多数客户并不使用它们，因此你的数据库中会有大量的空间浪费。

（2）不同的客户可能需要不同类型的列。例如，一些客户可能希望列的项是字符串类型；其他人可能希望列是整数类型。你可以通过将所有内容都维护为字符串来解决这个问题。但是，这意味着你或你的客户必须提供转换软件来创建正确类型的项。

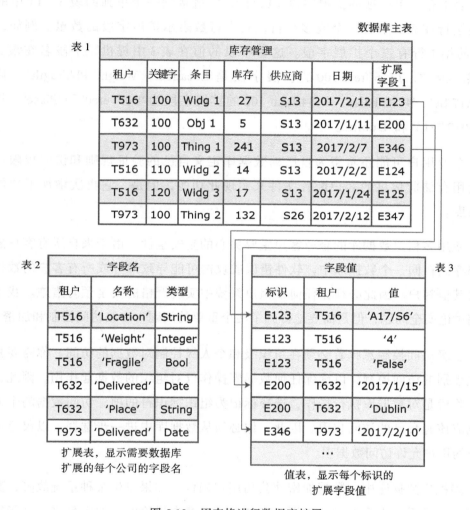

图 5.13　用表格进行数据库扩展

数据库可扩展性的另一种方法是添加任意数量的其他字段，并定义这些字段的名称、类型和值。这些值的名称和类型保存在一个单独的表中，使用租户标识符进行访问。然而，以这种方式使用表增加了数据库管理软件的复杂度。必须管理额外的表，并将其中的信息集成到数据库中。

图 5.13 说明了数据库中的扩展列包含一个用于添加字段值的标识符的情况。

这些字段的名称和类型保存在一个单独的表中。它们使用租户标识符链接到这些值。表 1 是主要的数据库表，它维护关于不同产品库存的信息。在本例中，有三个租户：T516、T632 和 T973。

表 1 有一个单独的扩展字段（Ext1），它链接到一个单独的表 3。T1 中的每个链接行在表 3 中有一个或多个行，其中行数表示扩展字段的数量。例如，表 1 中的第 1 行有三个扩展字段。这些字段的值在表 3 中提供，字段名在表 2 中提供。因此，T516/Item 100 的扩展字段是 'Location'、'Weight' 和 'Fragile'，其值为 'A17/S6'、'4' 和 'False'。T634/Item 100 的扩展字段为 'Delivered' 和 'Place'，其值为 '2017/1/15' 和 'Dublin'。

企业用户可能还希望为自己的数据库定义自己的验证规则和访问权限。可以使用存储此信息的客户配置文件来实现此功能，但是，它再次增加了软件的复杂度。

使用多租户数据库的企业客户主要关心的是安全性。由于来自所有客户的信息都存储在同一个数据库中，软件错误或攻击可能导致部分或所有客户的数据暴露给其他客户。因此必须在任何多租户系统中实现严格的安全预防措施。我没有详细讨论安全问题，但是简要地提到了两个重要的问题：多级访问控制和加密。

多级访问控制意味着必须在组织级和个人级控制对数据的访问。你需要具有组织级别的访问控制，以确保任何数据库操作仅对组织的数据起作用。因此，第一个阶段是对数据库执行操作，选择标记为组织标识符的项。访问数据的个人用户也应该有自己的访问权限。因此，你必须从数据库中进一步选择，以仅显示被标识的用户允许访问数据项。

多租户数据库中的数据加密使公司用户确信，如果发生某种系统故障，其他公司的人员无法查看他们的数据。正如在第 7 章中讨论的，加密是将一个函数应用于数据以模糊其值的过程。只有在使用适当的密钥访问时，才会存储和解密加密的数据。然而，加密和解密是计算密集型操作，因此会降低数据库操作的速度。所以，使用加密的多租户数据库通常只加密敏感数据。

5.4.2　多实例系统

多实例系统是 SaaS 系统，其中每个客户都有自己的适应其需求的系统，包括其自己的数据库和安全性空间。多实例的基于云的系统在概念上比多租户系统更简单，并且避免了安全隐患例，如数据从一个组织泄漏到另一个组织。

多实例系统有两种类型：

1. 基于 VM 的多实例系统

在这些系统中，每个客户的软件实例和数据库运行在其自己的 VM 中。这似乎是一个昂贵的选择，但是当你的产品面向需要 24/7 全天候访问其软件和数据的公司客户时，这就是有意义的。来自同一客户的所有用户都可以访问共享系统数据库。

2. 基于容器的多实例系统

在这些系统中，每一个用户都有在一组容器中运行的软件和数据库的隔离版本。通常，该软件使用微服务架构，每个服务都在容器中运行并管理自己的数据库。这个方法适用于用户大多独立工作，数据共享相对较少的产品。因此最适合为个人而非企业客户服务的产品或者非数据密集型企业产品。

可以在 VM 上运行容器，因此也可以创建混合系统，使企业拥有自己的基于 VM 的系统，然后在此之上为单个用户运行容器。随着容器技术的发展，这种类型的系统将会变得越来越普遍。

表 5.7 显示了使用多实例系统数据库的优缺点。

表 5.7　多实例系统的优点和缺点

优　点	缺　点
灵活性 　每个实例都可以根据用户的需求进行定制和调整。客户可能使用完全不同的数据库模式，将数据从客户数据库传输到产品数据库	**成本** 　使用多实例系统的成本更高，因为要租用云中的多个 VM 和管理多个系统。由于启动时间较慢，VM 可能需要租用并持续运行，即使对服务的需求很少
安全性 　每个客户有自己的数据库，所以不存在从一个客户到另一个客户的数据泄露的可能	**更新管理** 　许多实例必须进行更新，因此更新会更加复杂，特别是针对特定客户需求定制实例的情况
可扩展性 　系统实例可以根据单个客户的需求进行扩展。例如一些客户可能需要更强大的服务器	
弹性 　如果发生软件故障，这可能只影响单个客户，其他客户可以继续正常工作	

138

SaaS 的早期供应商（如 Salesforce.com）将其系统开发为多租户系统，因为这是为用户提供响应系统的最经济有效的方法。共享数据库能够运行在功能强大的数据库上，用户登录系统之后所有的数据都将立即可用。当时的替代方案是基于 VM 的多实例系统，而这些系统的成本明显更高。

然而基于容器的多实例系统不一定比多租户系统更加昂贵。这不需要保持 VM 一直可用，因为容器可以根据用户需求快速启动容器。正如在第 6 章讨论的那样，基于容器的数据库不适用于必须始终保持数据库一致性的基于事务的应用程序。

5.5　云软件架构

在软件的体系架构设计过程中，需要确定最重要的软件属性、交付平台和使用的技术。如果决定使用云作为交付平台，则必须做出许多特定于云的体系架构决策。这些问题如图 5.14 所示。

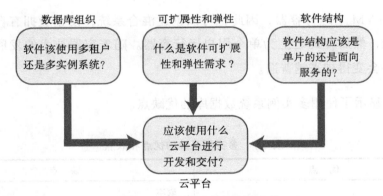

图 5.14　云软件工程的架构决策

选择适当的云平台进行开发和交付很重要。如图 5.14 所示，数据库组织、可扩展性和弹性以及软件结构是决策的关键因素。

5.5.1　数据库组织

在基于云的系统中可以提供三种可能的方式来提供客户数据库：

（1）作为多租户系统，所有客户都可以共享你的产品。可以使用强大的服务器将其托管在云中。

（2）作为多实例系统，每一个客户数据库都运行在他们自己的 VM 中。

（3）作为多实例系统，每一个数据库运行在其自己的容器中。客户数据库可以分布在多个容器中。

选择哪种方法是架构决策的关键。做决策时需考虑的因素如表 5.8 所示。

表 5.8　选择数据库组织时需考虑的因素

因　素	关键因素
目标客户	客户需要不同的数据库模式和数据库个性化吗？客户是否担心数据库共享的安全性？如果是，则使用多实例数据库
事务需求	在保证数据始终一致的情况下，产品是否必须支持 ACID 事务？如果是，请使用多租户数据库或基于 VM 的多实例数据库
数据库大小和连接	客户使用的典型数据库有多大？数据库项之间有多少关系？多租户模型通常适合非常大的数据库，因为你可以集中精力优化性能
数据库互操作	客户是否希望从现有数据库传输信息？这些模式与可能的多租户数据库之间有什么区别？他们希望进行数据传输的软件支持是什么？如果客户有许多不同的模式，那么应该使用多实例数据库
系统结构	你的系统是否使用面向服务的体系架构？客户数据库可以分成一组单独的服务数据库吗？如果是，那么使用容器化的多实例数据库

正如以上讨论的，不同类型的客户对软件产品有不同的期望。如果以消费者或小型企业为目标，则不需要拥有品牌和个性化，使用本地认证系统或更改个人权限。可以将多租户数据库与单个模式一起使用。

大型公司需要使用适合其需求的数据库，正如 5.4 节所讨论的，多租户系统在某种程度上是可行的。但如果使用多实例数据库，提供定制产品更加容易。

如果产品用于财务等数据必须始终保持一致的领域，那么需要一个基于事务的系统。使用多租户数据库或在 VM 上运行的每个客户使用的数据库，每个客户的所有用户共享基于 VM 的数据库。

如果客户需要具有多个链接表的单个大型关系数据库，则多租户方法通常是最佳的设计选择。如果数据库大小有限且没有很多链接表，则可以将数据库拆分为较小的独立数据库。然后，每个数据库都可以实现为在其自己的容器中运行的单独实例。

如果以业务客户为目标，则他们可能希望在使用产品时在其本地数据库和基于云的数据库之间传输信息。由于这些客户不会全部使用相同的数据库技术和架构，因此为每个客户使用单独的数据库要容易得多。然后，可以在客户实例中复制其数据组织。在多租户系统中，使数据适应多租户模式所需的时间减慢了系统的响应速度。

如果要将系统构建为面向服务的系统，则每个服务都应具有自己的独立数据库。在这种情况下，应该使用多实例数据库，需要将数据库设计为单独的分布式系统。当然，这会增加复杂度，并且可能是决定使用面向服务的方法还是面向对象的方法进行设计的一个因素。

5.5.2　可扩展性和可恢复性

系统的可扩展性反映了其自动适应该系统负载变化的能力。系统的可恢复性反映了在系统故障或被恶意系统利用时，其继续提供关键服务的能力。

通过添加新的虚拟服务器（向外扩展）或增加系统服务器的功能（向上扩展），以响应不断增加的负载来实现系统的可扩展性。在基于云的系统中，向外扩展（而不是向上扩展）是常用的方法。这意味着软件必须进行组织，以便各个软件组件可以复制且并行运行。负载平衡硬件或软件用于将请求定向到这些组件的不同实例。如果使用云供应商对 PaaS 的支持来开发软件，则可以随着需求的增长自动扩展软件。

[142]

为了获得可恢复性，需要能够在硬件或软件出现故障后迅速重新启动软件。图 5.15 显示了如何实现。

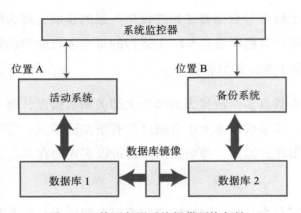

图 5.15　使用备用系统提供可恢复性

如图 5.15 所示的系统组织，其几种变体都使用相同的基本方法：

（1）软件和数据的副本保存在不同的位置。

（2）数据库更新已镜像备份，因此备用数据库是操作数据库的工作副本。

（3）系统监视器不断地检查系统状态。如果操作系统出现故障，可以自动切换到备用系统。

为了防止硬件故障或云管理软件故障，需要将主系统和备份系统部署到不同的物理位置，使用不在同一台物理计算机上托管的虚拟服务器。理想情况下，这些服务器应该位于不同的数据中心。如果物理服务器出现故障，或者数据中心出现更广泛的故障，那么操作可以自动切换到其他地方的软件副本。

如果并行运行软件副本，则切换可能是完全透明的，对用户没有影响。 图 5.15 显示了一个"热备用"系统，其中同步了不同位置的数据，因此在启动新系统时只有很小的延迟。成本较低的替代方法是使用"冷备用"方法。在冷备用系统中，将从备份中还原数据，并重播事务以将备份更新为即将发生故障之前的系统状态。如果使用冷备用方法，则在备份还原完成之前，系统将不可用。

系统监视的范围从定期检查系统是否正常运行和提供服务到更全面地监视软件的负载和响应时间。来自监视器的数据可以用来决定是否需要将系统放大或缩小。系统监视器还可以提供关于软件或服务器问题的早期警告。它们可能能够检测到外部攻击，并将这些攻击报告给云供应商。

5.5.3　软件结构

自 20 世纪 90 年代中期以来，面向对象的软件工程方法一直是开发的主要模式。这种方法适用于围绕共享数据库构建的客户机 – 服务器系统的开发。从逻辑上讲，系统本身是一个独立的系统，分布在多个运行大型软件组件的服务器上。第 4 章讨论的传统多层客户机 – 服务器体系架构是基于这个分布式系统模型的。所有业务逻辑和处理都在一个系统中实现。

面向软件组织的整体方法的替代方法是面向服务的方法，该方法将系统分解为细粒度的无状态服务。因为它是无状态的，所以每个服务都是独立的，可以从一台服务器复制、分发和迁移到另外的服务器。面向服务的方法特别适用于将服务部署在容器中的基于云的软件。

143

建议使用整体方法来构建原型，并构建软件产品的第一版。开发框架通常包括对基于模型视图控制器模型的系统实施的支持。因此，可以快速地构建整体式 MVC 系统。当你尝试使用一个系统时，使用单个程序通常更容易，因为不必标识服务、管理大量分布式服务、支持多个数据库等。

软件产品通常在移动设备以及基于浏览器的系统上交付。可能必须在不同的时间更新不同的部分，并且你可能需要快速响应基础设施的更改，例如移动操作系统的升级。有时，即使其他部分不受影响，你也必须扩展系统的各个部分以应对不断增加的负载。在这种情况下，建议使用基于微服务的面向服务的体系架构。

144

5.5.4 云平台

现在有许多不同的云平台。这些可能是通用云（例如 Amazon Web Services）或鲜为人知的针对特定应用程序的平台（例如 SAP Cloud Platform）。也有较小的国有供应商，提供的服务有限，但可能更愿意根据不同客户的需求调整其服务。没有"最佳"平台，你应该根据背景和经验、正在开发的产品类型以及客户的期望来选择云供应商。

为产品选择云平台时，你需要同时考虑技术问题和业务问题。云平台选择中的主要技术问题，如图 5.16 所示。

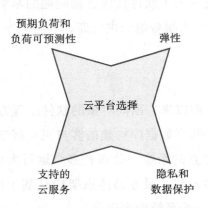

图 5.16　云平台选择中的技术问题

除了基本的 IaaS 服务，云供应商通常还提供其他服务，例如数据库服务、"大数据"服务等。使用这些服务可以减少开发成本并缩短产品上市时间，因此你应该选择一个供应商，其服务最能支持你的应用领域。你可能还需要考虑软件兼容性。例如，如果为 .NET 环境开发了业务产品，可以很容易地将它们转移到 Microsoft Azure 云中。

　　某些系统具有可预测的使用模式，因此无须针对使用中的意外峰值进行设计。但是，如果系统遇到大量的需求高峰，则应选择提供 PaaS 库的供应商，以便更轻松地编写可恢复性软件。可恢复性依赖于复制，因此使用一个供应商，其数据中心位于不同的位置，并支持跨这些位置的复制。

145

　　隐私和数据保护是技术和业务问题。某些国家和地区（例如欧盟）对数据保护和数据存储位置有严格的要求。从技术角度来看，如果你在不同国家 / 地区拥有客户，则需要使用具有国际数据中心并可以提供存储位置保证的云供应商。

　　选择云供应商时必须考虑的业务问题如图 5.17 所示。

图 5.17　云平台选择中的业务问题

　　成本显然是选择云平台的关键因素，特别是对于小型产品公司而言。来自不同供应商的云服务的成本差异很大，尤其是对于具有不同使用模式的软件而言。但是，很难计算出实际成本、直接成本和间接成本（例如云管理）之间的权衡。尽管选择提供最低成本的供应商可能很诱人，但为什么该供应商更便宜，以及为此做出了哪些妥协？

　　如果开发团队有使用特定云平台的经验，则尽可能使用该平台。开发团队将不必花费时间来学习新系统，因此可减少总体产品开发时间。如果要提供业务产品，则需要仔细考虑客户的期望。允许开发的软件与客户使用的其他软件进行互操作可能会有商业上的优势。许多企业在 Salesforce 和 Microsoft Azure 的平台上运行其软件，因此可将其作为产品的部署平台。一些公司更喜欢与受信任的供应

[146] 商（例如 IBM）合作，因此更喜欢在该供应商的云上运行的软件。当然，如果针对特定市场（例如 SAP 软件的用户），则应选择该软件使用的云平台。

服务等级协议（SLA）定义了交付给客户的服务的性能和可用性。你的客户期望获得一定水平的服务，而要交付此服务，则需要云供应商提供相应的服务水平。SLA 列出了云供应商保证提供的服务，以及未能提供服务的罚款。如果你有特定的要求并且是一个大客户，则应选择一个可以协商 SLA 的供应商。诸如 Amazon 和 Google 之类的大型供应商，只是向大多数客户提供"接受或放弃"SLA，而没有任何谈判余地。

可移植性和云迁移都是技术和业务问题。在选择供应商时，需要考虑将来将软件移至其他供应商的可能性。你可能对所提供的服务不满意，或者需要当前供应商无法提供的服务。容器简化了云迁移的问题，因为它们是所有云供应商所支持的独立实体。你可以从其他供应商轻松地在容器中重新启动软件。

但是，如果在软件实施中使用云供应商平台服务，则必须在其他系统上重新实现这些服务。并非所有 Amazon 的服务都可以在 Google 上使用，反之亦然。因此，如果迁移，则必须重写该软件。

要点

- 云由大量虚拟服务器组成，你可以租用这些虚拟服务器以供自己使用。你和你的客户可以通过 Internet 远程访问这些服务器，并对所用的服务器时间付费。
- 虚拟化是一项允许在同一台物理计算机上运行多个服务器实例的技术。这意味着你可以创建软件的隔离实例以在云上进行部署。
- VM 是你在其上运行自己的操作系统、技术堆栈和应用程序的物理服务器副本。
- 容器是一种轻量级的虚拟化技术，可以快速复制和部署虚拟服务器。所有容器都运行相同的操作系统。Docker 是目前使用最广泛的容器技术。
- 云的基本特征是"一切"都可以作为服务交付并可以通过 Internet 访问。服务是租用的，而不是拥有的，并与其他用户共享。
[147]
- 基础设施即服务（IaaS）意味着云中可以使用计算、存储和其他服务。无须运行你自己的物理服务器。

- 平台即服务（PaaS）意味着使用云平台供应商提供的服务，可以根据需求自动扩展软件。
- 软件即服务（SaaS）意味着将应用程序软件作为服务交付给用户。这给用户带来了重要的好处，例如降低了资本成本，也给软件供应商带来了重要好处，例如简化了新软件版本的部署。
- 多租户系统是 SaaS 系统，其中所有用户共享同一数据库，并且可以在运行时适应其各自的需求。多实例系统是 SaaS 应用程序，其中每个用户都有自己的单独数据库。
- 基于云的软件的关键体系架构问题是要使用的云平台，是否使用多租户或多实例数据库，可扩展性和可恢复性要求，以及是否将对象或服务用作系统中的基本组件。

推荐阅读

SaaS vs. PaaS vs. IaaS—An Ultimate Guide on When to Use What（S.Patel，2015）：该文对一切即服务的简要介绍不仅讨论了术语的含义，而且还讨论了何时使用这些服务。

https://www.linkedin.com/pulse/saas-vs-paas-iaas-ultimate-guide-when-use-what-sonia-patel

Cloud vendor tutorials：说明了如何设置和开始使用其服务，以下是由主要的公共云供应商（Amazon、Google 和 Microsoft）提供的教程链接。

https://aws.amazon.com/getting-started/

https://cloud.google.com/docs/tutorials#getting_started

https://docs.microsoft.com/en-us/azure/

A Beginner-Friendly Introduction to Containers，*VMs and Docker*（P. Kasireddy，2016）：该篇文章介绍了 VM 和容器技术，以及使用最广泛的容器系统 Docker。

https://medium.freecodecamp.com/a-beginner-friendly-introduction-to-containers-vms-anddocker-79a9e3e119b

The Docker Ecosystem：*Networking and Communications*（J.Ellingwood，2015）：关于容器通信的大多数文章都很快涉及技术问题，而没有对问题进行全面

[148] 介绍。该文是一个例外，建议在学习更详细的技术教程前阅读。

https://www.digitalocean.com/community/tutorials/the-docker-ecosystem-networking-andcommunication

Multi tenancy vs. Multi instance in CCaaS/UCaaS Clouds（A. Gangwani，2014）：关于该主题的大多数文章都主张一种解决方案，但该文是一篇平衡的文章，着眼于每种方法的优缺点。

http://www.contactcenterarchitects.com/wp-content/uploads/2014/12/Who-Leads-Whom-CCaaS_UCaaS_Whitepaper3.76-by-Ankush-Gangwani.pdf

习题

1. 为什么正在开发软件产品的公司应使用云服务器来支持其开发过程？

2. 解释使用 VM 进行虚拟化和使用容器进行虚拟化之间的根本区别。

3. 解释为什么在新服务器上部署容器的副本既简单又快速。

4. 说明 IaaS 和 PaaS 的含义。解释为什么这些服务类别之间的区别变得越来越模糊，以及为什么它们可能在不久的将来合并。

5. 向软件产品供应商交付软件即服务有什么好处？在什么情况下，你可能决定不以这种方式交付软件？

6. 通过一个示例，说明为什么欧盟数据保护规则会对提供软件即服务的公司造成困难。

7. 多租户 SaaS 系统和多实例 SaaS 系统之间的根本区别是什么？

8. 在决定将软件作为服务交付时是实施多租户数据库还是多实例数据库，必须考虑哪些关键问题？

9. 在选择用于开发和软件交付的云平台时，为什么成本不是最重要的考虑因素？

[149] 10. 你需要怎么做才能交付可提供软件即服务的基于云的可恢复性系统？

微服务架构

软件架构师必须做出的最重要的决定之一就是如何将系统分解为组件。组件分解至关重要，因为组件可以由不同的人员或团队并行开发。如果它们的底层技术发生变化，则可以重复使用和替换它们，并且可以将它们分布在多台计算机上。

要利用基于云的软件的优势——可扩展性、可靠性和弹性，你需要使用易于复制、并行运行以及可以在虚拟服务器之间迁移的组件。对于维护本地状态的组件（例如对象）而言，这很困难，因为你需要找到一种维护组件之间状态一致性的方法。因此，最好使用无状态软件服务在本地数据库中维护持久性信息。

软件服务是可以从网络上的远程计算机访问的软件组件。给定输入，服务将产生相应的输出，不会产生副作用。可通过其发布的接口访问该服务，并且隐藏该服务实现的所有详细信息。服务的管理者称为服务提供者，服务的用户称为服务请求者。

服务不维护任何内部状态。状态信息或者存储在数据库中，或者由服务请求者维护。当做出服务请求时，状态信息可以作为请求的一部分，并且更新后的状态信息作为服务结果的一部分被返回。由于没有本地状态，因此可以将服务从一台虚拟服务器动态地重新分配到另一台虚拟服务器。可以复制它们以应对提出的服务请求数量的增加，从而使创建可根据负载扩展的应用程序变得更加简单。

150

软件服务不是一个新概念，"面向服务的体系架构"的概念是在 20 世纪 90 年代后期提出的。它引入了以下原则：服务应独立且自主，应该具有定义好的且可公开访问的接口，并且可以使用不同的技术来实现同一系统中的服务。

为了有效运行，服务必须使用标准的通信协议和标准的接口描述格式。在 20 世纪 90 年代针对面向服务的计算进行了各种实验之后，Web 服务的思想在 21 世纪初出现了。Web 服务以基于 XML 的协议和标准为基础，例如用于服务交互的 SOAP 和用于接口描述的 WSDL。它们补充了一系列其他基于 XML 的标准，这些标准涵盖服务编排（如何组合服务以创建新功能）、可靠的消息传递、服务质量等。

Web 服务标准和协议涉及交换大型和复杂 XML 文本的服务。分析 XML 消息并提取编码的数据需要花费大量时间，这会减慢使用这些 Web 服务构建的系统的速度。即使是小型的单一功能的 Web 服务，也具有大量的消息管理开销。

但是，大多数软件服务都很简单。他们不需要网络服务协议设计中固有的通用性。因此，现代的面向服务的系统使用更简单、"轻量级"的服务交互协议，这些协议的开销较低，因此执行速度更快。它们具有简单的界面，通常使用更有效的格式来编码消息数据。

随着面向服务思想的发展，Amazon 等公司正在重新考虑服务的概念。Web 服务通常被认为是可以通过网络分发的传统软件组件的实现。因此，可能会有业务服务、用户界面（UI）服务、日志记录服务等。这些服务通常共享一个数据库，并提供系统的用户界面模块所使用的 API。实际上，在不影响系统其他部分的情况下扩展或移动单个服务并不容易。

Amazon 的方法是重新考虑服务应该是什么，得出的结论是服务应与单个业务功能相关。服务不应依赖于共享数据库和系统中的其他服务，而应完全独立，并拥有自己的数据库。他们还应该管理自己的用户界面。因此，也应该无须更改系统中的任何其他服务，就可以替换或复制服务。这种服务被称为"微服务"。微服务是具有单一责任的小型无状态服务。使用微服务的软件产品被称为具有微服务架构。如果你需要创建具有适应性、可扩展性和弹性的基于云的软件产品，那么建议使用微服务架构。

微服务架构基于具有单一责任的细粒度组件的服务。例如，粗粒度认证组件或服务可能会管理用户名、检查密码、处理忘记的密码以及发送用于双重认证的文本。在基于微服务的系统中，你可能为这些服务设置单独的微服务，例如获取用户名、检查密码等。

151

在继续详细讨论微服务之前，我将通过一个简短的示例介绍微服务。考虑使用提供以下功能的认证模块的系统：

- 用户注册，用户在其中提供有关其身份、安全信息、移动（手机）电话号码和电子邮件地址的信息；
- 使用用户 ID（UID）/ 密码进行认证；
- 使用发送到手机的代码进行双因素认证；
- 用户信息管理，例如更改密码或手机号码；
- 重置密码。

原则上，这些功能中的每一个都可以实现为单独的服务，该服务使用中央共享数据库来保存认证信息。然后，用户界面服务可以管理用户通信的所有方面。

但是，在微服务架构中，这些功能太大而无法成为微服务。为了识别认证系统中可能使用的微服务，需要将粗粒度功能分解为更详细的功能。用户注册和 UID/ 密码认证时涉及的功能，如图 6.1 所示。

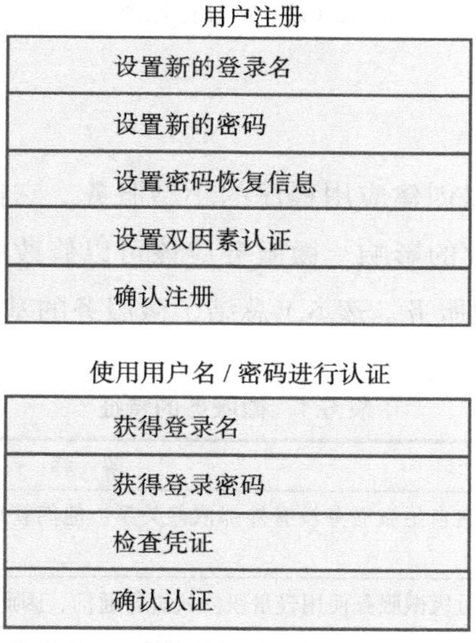

用户注册

设置新的登录名
设置新的密码
设置密码恢复信息
设置双因素认证
确认注册

使用用户名 / 密码进行认证

获得登录名
获得登录密码
检查凭证
确认认证

图 6.1 认证功能的功能分类

在这个阶段，你可能认为已经确定了所需的微服务。图 6.1 所示的每个功能都可以实现为单个微服务。但请记住，每个微服务都必须管理自己的数据。如果你有非常特定的服务，则通常必须跨多个服务复制数据。有多种方法可以使数据保持一致，但是它们都有可能减慢系统速度。本章稍后将解释如何协调复制数据。

或者，你可以查看用于认证的数据，并为每个需要管理的逻辑数据项标识微
服务。这样可以最大限度地减少所需复制的数据管理量。因此，你可能具有 UID
管理服务、密码管理服务等。这些服务支持的操作允许创建、读取和修改信息。

正如我稍后讨论的那样，这些操作映射到可用于 RESTful 服务的操作。可用
于实现用户认证的微服务如图 6.2 所示。当然，注册需要其他服务。本章图中使
用的约定是：圆角矩形代表微服务，椭圆代表服务数据。

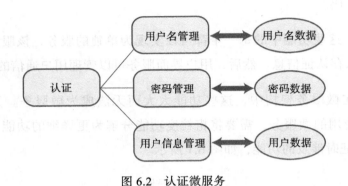

图 6.2　认证微服务

6.1　微服务

微服务是可以组合以创建应用程序的小型服务。它们应该是独立的，以便服
务接口不受其他服务更改的影响。微服务应该可以修改服务并重新部署，而无须
更改或停止系统中的其他服务。表 6.1 总结了微服务的基本特征。

表 6.1　微服务的特征

特　征	解　释
自给自足微服务	自给自足微服务没有外部依赖关系。他们管理自己的数据并实现自己的用户界面
轻量级微服务	轻量级微服务使用轻量级协议进行通信，因此服务通信开销较低
实现独立微服务	实现独立微服务可以使用不同的编程语言来实现，并且可以在其实现中使用不同的技术（例如不同类型的数据库）
可独立部署微服务	可独立部署微服务都以自己的流程运行，并且可以使用自动化系统独立部署
面向业务微服务	面向业务微服务应该实现业务功能和需求，而不是简单地提供技术服务

微服务通过交换消息进行通信。服务之间发送的消息包括一些管理信息、服
务请求以及传递所请求的服务所需的数据。例如，认证服务可以将包括用户输入

名称的消息发送到登录服务。服务返回对服务请求消息的响应。该响应包括表示对服务请求的答复数据。来自登录服务的回复可能是与有效用户名关联的令牌，或者可能是错误消息，表明没有注册用户。

设计微服务的目的应该是创建具有高内聚和低耦合的服务。内聚和耦合是 20 世纪 70 年代提出的概念，可以反映软件系统中组件相互依赖关系。简要地说明如下：

- 耦合用来衡量一个组件与系统中其他组件之间关系的数量。低耦合意味着组件与其他组件之间关联较少。
- 内聚性是指对组件内各部分之间相互关系数量的度量。高内聚意味着待交付组件所需的所有部分都包含在组件当中。

低耦合在微服务中很重要，因为它可以使服务独立。只要维持其接口不变，就可以在不更改系统中其他服务的情况下更新服务。高内聚也很重要，因为这意味着该服务在执行期间不必调用许多其他服务。调用其他服务会涉及通信开销，这可能会降低系统速度。

以开发具有高内聚的服务为目标决定了微服务设计基础的基本原则：单一职责原则。系统中的每个元素都只做一件事，并且应该做得很好。但这样做的问题在于，很难以适用于所有服务的方式定义"仅一件事"。

如果从字面上遵循单一职责原则，则创建密码、更改密码以及检查密码是否正确都作为单独服务来实现。但是，这些简单的服务必须使用共享的密码数据库，因此不可将它们分别实现为单独服务，因为这样会增加这些服务之间的耦合。因此，责任并不总是意味着单一的功能性活动。在这种情况下，我会将单一职责解释为维护存储的密码的责任，并且我将设计一个单一的微服务来做到这一点。

"微服务"一词意味着服务是小型组件，因此开发人员经常会问"微服务应该有多大？"然而，没法简单地回答这个问题。我认为使用诸如代码行之类的定义是不明智的，因为服务可以用不同的编程语言编写。相反，当你考虑微服务的规模时，"二元规则"可能是最有用的：

- 服务开发团队应在两周或更短的时间内开发、测试和部署微服务。
- 团队规模应确保整个团队上限为 8 ~ 10 人。

你可能会认为，微服务只需要做一件事，实际上并不需要很多代码，不就像程序中的函数或类吗？为什么需要一个 8 ~ 10 人的开发团队？从本质上讲，可能需要这么多人，因为团队不仅负责实现服务功能，还必须开发确保微服务完全独立所需的所有代码，例如 UI 代码、安全代码等。

此外，服务团队的成员通常负责测试服务、维护团队的软件开发环境以及在服务部署后提供支持。测试不仅是服务功能的单元测试，而且包括与整个系统中其他服务交互的测试。测试过程通常是自动化的，并且需要大量时间和精力来编写全面的服务测试。

尽管微服务应该只关注某单一职责，但并不意味着它们就像功能似的只做一件事情。职责是比功能更广泛的概念，服务开发团队必须实现履行服务职责的所有功能。为了说明这一点，密码管理微服务中可能包含的所有功能如图 6.3 所示。

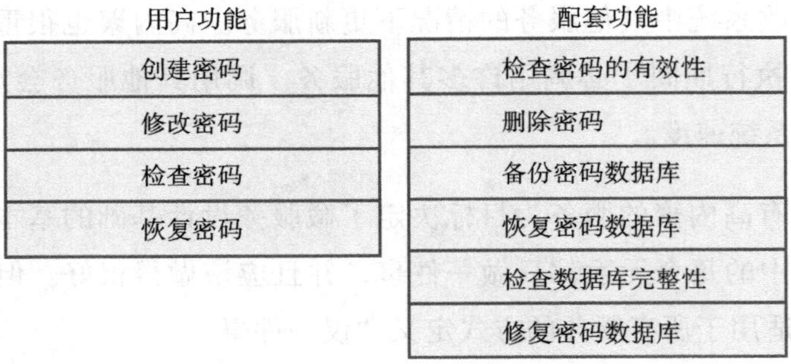

用户功能	配套功能
创建密码	检查密码的有效性
修改密码	删除密码
检查密码	备份密码数据库
恢复密码	恢复密码数据库
	检查数据库完整性
	修复密码数据库

图 6.3　密码管理功能

除了此功能之外，微服务的独立性意味着每个服务都必须包括可以在整体系统中共享的支持代码。所有微服务中所需的支持代码如图 6.4 所示。对于许多服务，你需要实现的支持代码甚至比提供服务功能的代码还多。

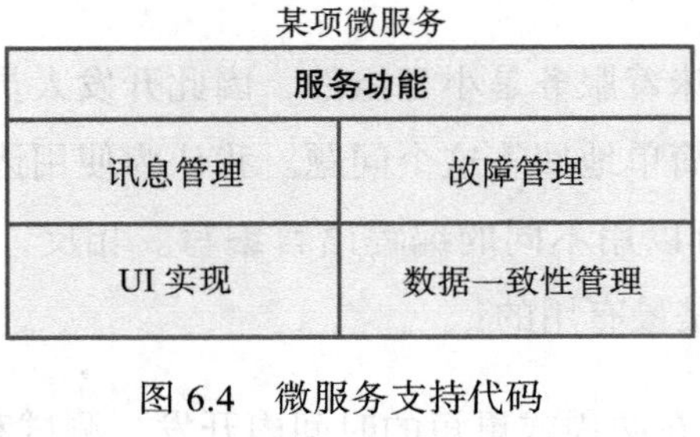

某项微服务

服务功能	
讯息管理	故障管理
UI 实现	数据一致性管理

图 6.4　微服务支持代码

微服务中的消息管理代码负责处理传入和传出消息。必须检查传入消息的有效性，并使用从消息格式中提取的数据。外发消息必须打包成正确的格式以进行服务通信。

156

微服务中的故障管理代码只关心两件事：一是必须处理微服务无法正确完成请求操作的情况；二是如果需要外部交互，例如对另一个服务的调用，则它必须处理由于外部服务返回错误或不答复而导致交互不成功的情况。

当微服务中使用的数据也被其他服务使用时，需要进行数据一致性管理。在这些情况下，需要在服务之间传递数据更新并确保在一项服务中进行的更改反映在所有使用该数据的服务中。我将在本章稍后解释一致性管理和故障管理。

为了完全独立，每个微服务都应维护自己的用户界面。微服务支持团队必须就此界面达成一致约定。各微服务按这些约定来提供根据职责量身定制的用户界面。

6.2　微服务架构

微服务架构与分层应用程序架构不同，后者定义了在特定类型的应用程序中使用的通用组件集，而微服务体系架构是一种体系架构风格，是一种久经考验的实现逻辑软件体系架构的方式。对于基于 Web 的应用程序，此体系架构风格用于实现逻辑客户端 – 服务器体系架构，其中服务器被实现为一组交互的微服务。

微服务体系架构风格旨在解决分布式系统的多层软件体系架构中的两个基本问题，我在第 4 章中进行了介绍：

157

（1）当使用整体式体系架构时，在进行任何更改时必须重新构建、重新测试和重新部署整个系统。这可能很缓慢，因为对系统某一部分的更改可能会对其他组件产生不利影响。因此无法频繁地进行应用程序更新。

（2）随着对系统需求的增加，即使需求局限于实现最流行系统功能的少量系统组件，也必须扩展整个系统。必须使用更大的服务器，这大大增加了租用云服务器来运行软件的成本。根据虚拟化的管理方式，启动大型服务器可能需要几分钟，系统服务会降级，直到新服务器启动并运行。

微服务是独立的，并在单独的进程中运行。在基于云的系统中，每个微服务都可以部署在其自己的容器中。这意味着可以停止和重新启动微服务，而不会影响系统的其他部分。如果需增加对服务的需求，则可以通过快速创建和部署服务副本来实现。这样就不需要功能更强大的服务器，横向扩展通常比纵向扩展便宜得多。

让我们通过一个案例来看看微服务架构的系统是什么样的。表 6.2 是一个照片打印系统的简要说明。

表 6.2　用于移动设备的照片打印系统

> 假设你正在开发一个用于移动设备的照片打印服务。用户可以通过手机将照片上传到服务器，也可以从 Instagram 账户中指定要打印的照片。可以在不同的尺寸和不同的介质上进行打印。
>
> 用户可以选择打印尺寸和打印介质。例如，他们可以选择将图片打印到杯子或 T 恤上。印刷品或其他材料准备好后，可以直接送到用户家中。他们可以使用 Android 或 ApplePay 之类服务来付款，或通过在打印服务提供商那里注册信用卡来支付打印费用

在一般的客户机服务器（C/S）系统中，照片打印功能将在业务逻辑层中实现，所有信息都保存在一个公共数据库中。相比之下，微服务架构针对每个功能区域都提供单独的服务。图 6.5 是照片打印系统可能的高级系统架构图。所示的某些服务可能会分解为更专业的微服务，但在此不做说明。

图 6.5 中显示的 API 网关是重要的组件，可将用户应用程序与系统的微服务隔离开。网关是单点联系，将来自应用程序的服务请求转换为对系统中使用的微服务的调用。这意味着该应用程序无须知道正在使用哪种服务通信协议。使用网关还意味着可以通过拆分或合并服务来更改服务分解，而不会影响客户端应用程序。

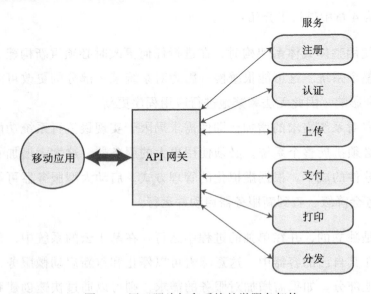

图 6.5　用于照片打印系统的微服务架构

6.2.1　架构设计决策

在基于微服务的系统中，每个服务的开发团队都是自治的，他们自己决定如何提供服务。系统架构师不应为单个服务做出技术决策，应该交给服务实现团队。但是出于实际的原因，团队不应使用太多不同的技术。配套所使用的每种技术都会产生成本，例如购买和维护开发环境。当开发人员从一个团队转移到另一个团队时，也需要花费时间和精力来学习新技术。

尽管各个微服务是独立的，但它们必须进行协调和通信才能提供整体系统服务。因此，要设计微服务架构，必须考虑如图 6.6 所示的关键设计问题。159

图 6.6　微服务架构的关键设计问题

对于系统架构师而言，最重要的工作之一就是确定如何将整个系统分解为一组微服务。正如我在引言中解释的那样，这不仅是把系统功能都包装成微服务的问题。系统中的微服务太多，意味着将有许多服务通信，而通信过程所需的时间会使系统变慢。微服务太少意味着每个服务必须具备更多功能。这些服务将变得更大，存在更多依赖，因此更改它们可能会更加困难。

然而没有什么简便的方法来把系统分解为微服务。但是，一些常规设计准则可能会有所帮助：

1. 平衡细粒度功能和系统性能

在某功能服务中，仅允许少量服务更改。但是，如果每个服务仅提供一项非常特定的服务，那么不可避免地将需要更多的服务通信来实现用户功能。这会减慢系统速度，因为每个服务都必须绑定和解绑其他服务的消息。

2. 遵循"共同封闭原则"

系统中要同时更改的元素应位于同一服务内。因此，大多数新需求和变更的需求应仅影响单个服务。

160

3. 将服务与业务能力相关联

业务能力是业务功能的独立领域，由个人或团体负责。例如，照片打印系统的提供者将有一个负责向用户发送照片的组（发送功能）、一个打印机组（打印功能）、一个负责财务的组（付款服务）等。需要明确各业务功能所需的服务。

4. 设计服务以便它们只能访问所需的数据

在不同服务使用的数据之间存在重叠的情况下，需要一种机制确保能够将一个服务中的数据更改传播到使用相同数据的其他服务。

标识微服务可以从关注服务的数据开始。通常，围绕着逻辑上一致的数据（例如密码、用户标识符等）开发微服务是有意义的。这避免了必须协调不同服务的动作以确保共享数据一致的问题。

经验丰富的微服务开发人员认为，标识系统中微服务的最佳方法是从第 4 章中描述的传统多层客户端 – 服务器模型的架构开始。一旦有了对系统及其数据使用的了解之后，就更容易识别出哪些功能应该封装在微服务中。然后，将整体软件重构为微服务架构。

6.2.2   服务通信

服务通过交换消息进行通信。这些消息包括有关消息发送者的信息以及作为输入或输出请求的数据。交换的消息结构遵循消息协议。消息协议是每个消息中必须包括的内容，以及消息的每个组成部分如何定义。

在设计微服务架构时，必须建立所有微服务都应遵循的通信标准。你必须做出的如下关键决定：

- 服务交互应该是同步还是异步？
- 服务应该直接通信还是通过消息代理中间件间接通信？

● 服务之间交换的消息应使用什么协议？ 161

图 6.7 说明了同步和异步交互之间的区别。

在同步交互中，服务 A 向服务 B 发出请求。然后，服务 A 在服务 B 处理请求时暂停处理。它一直要等到服务 B 返回了所需的信息，然后再继续执行。

在异步交互中，服务 A 发出要排队等待服务 B 处理的请求。然后，服务 A 继续处理，而无须等待服务 B 完成其计算。稍后的某个时候，服务 B 完成先前来自服务 A 的请求，并将要由服务 A 检索的结果排队。服务 A 因此必须定期检查其队列以查看结果是否可用。

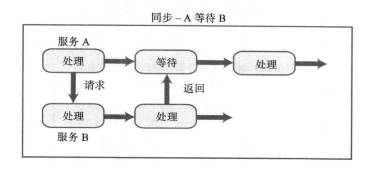

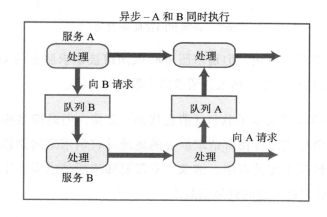

图 6.7　同步和异步微服务交互

同步交互没有异步交互复杂。因此，同步程序更易编写和理解，找 bug 也相 162 对容易。另一方面，异步交互通常比同步交互更有效，因为服务在等待响应时不会空闲。异步交互的服务是松耦合的，因此对这些服务进行更改应该更容易。但是，如果服务开发人员在并发编程方面没有太多经验，那么开发可靠的异步系统通常需要更长的时间。

建议从最简单的方法开始，即同步交互。但是，如果发现同步系统的性能不够好，你应该准备重写一些服务以异步交互。

直接服务通信要求交互服务知道彼此的地址，这些服务通过直接向对方地址发送请求进行交互；间接服务通信包括命名所需的服务并将该请求发送到消息代理（有时称为消息总线），然后消息代理负责查找能够满足请求的服务，如图 6.8 所示。

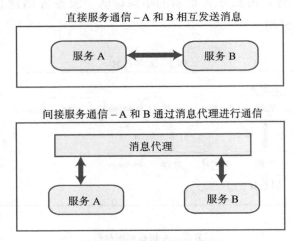

图 6.8　直接和间接服务通信

直接服务通信通常更快，但请求服务必须知道被请求服务的 URI（统一资源标识符）。如果该 URI 更改，则服务请求将失败。

间接服务通信需要其他的软件（消息代理）支持，但是按名称而不是按 URI 来请求服务的。消息代理查找所请求服务的地址并将请求定向到该地址。这在服务有多个版本的情况下尤其有用，请求者不需要知道所请求服务正在使用哪个版本，消息代理默认将请求定向到最新版本。

如图 6.5 所示的 API 网关那样的消息代理可以将服务请求导向正确的服务。消息代理还可以将消息从一种格式转换成另一种格式。通过消息代理访问另一个服务时，不需要知道该服务的位置或其消息格式的详细信息。如 RabbitMQ 就是一个被广泛使用的消息代理。

消息代理可以支持同步和异步交互。请求服务时将服务请求发送到消息代理，然后等待响应或继续处理。当服务请求完成时，消息代理负责确保响应的格式正确，并通知原始服务它是可用的。

若使用消息代理，则在不影响使用这些服务的客户机的情况下修改和替换服务更容易。然而，这种灵活性意味着整个系统将变得更加复杂。直接服务通信则简单易懂，使用直接服务通信开发产品通常更快。

消息协议是服务之间的协议，规定了这些服务之间的消息应如何构造。协议可以严格定义，如 RabbitMQ 和其他消息代理所支持的高级消息队列协议（AMQP）。协议定义规定了消息中必须包含哪些数据以及如何组织这些数据，消息代理会拒绝不遵循定义的消息。

然而，最广泛使用的直接服务通信方法则没有正式的定义。RESTful 服务遵循 REST 架构风格，消息数据使用 JSON 表示。这些服务提供的操作可以使用 HTTP 网络协议中的动词来表示：GET、PUT、POST 和 DELETE。服务被表示为拥有自己 URI 的资源。

由于 RESTful 服务的普遍性，我将会更关注使用这种方法，而不是基于消息代理和 AMQP 的更复杂的方法。6.3 节将解释 RESTful 服务的基本原理，并展示如何组织它们。

6.2.3　数据分发与共享

微服务开发的一般规则是，每个微服务都应该管理自己的数据。在理想情况下，每个服务管理的数据都是完全独立的，不需要将一个服务中所做的数据更改传播到其他服务。

然而，在现实世界中数据不可能完全独立。在不同的服务中使用的数据总会有重叠。因此，架构师需要仔细考虑共享数据和管理数据的一致性。需要将微服务看作一个交互系统，而不是单独的单元。这意味着：

（1）应该用尽可能少的数据共享隔离每个系统服务中的数据。

（2）如果无法避免数据共享，则应设计微服务，以便大多数共享是只读的，而把负责数据更新的服务数量降到最少。

（3）如果系统中要复制服务，则必须包含一种机制，以保持副本服务所使用的数据库副本的一致性。

多层客户机 – 服务器系统使用共享数据库体系架构，所有系统数据都保存在共享数据库中。对这些数据的访问由数据库管理系统（DBMS）管理。数据库管理系统可以确保数据总是一致的，并且并发的数据更新不会相互干扰。系统中的服务失败和共享数据的并发更新有可能导致数据库不一致。如果服务 A 和服务 B 没有控制地更新相同的数据，则该数据的值取决于更新的时间。但是，DBMS 可通过使用 ACID 事务序列化更新，以避免不一致。

ACID 事务会将一组数据更新捆绑到一个单元中，要么就完成所有更新，要么就不做任何更新。因为在发生故障时，不会对数据进行部分更新，所以数据库始终是一致的。有些系统需要这样的处理，例如，如果你把钱从同一家银行的 A 账户转到 B 账户，那么在没有记入 B 账户相同金额的情况下，在 A 账户借记是不可接受的。

使用微服务体系架构时，除非可以将业务数据限制在单个微服务中，否则这种业务很难有效实现。然而，这必须打破微服务承担单一职责的规则。因此，如果正在实现一个系统，例如银行系统，该系统任何时候数据都要绝对一致是一个关键需求，那么应该采用共享数据库体系架构。

在任何分布式系统中，数据一致性和性能之间都存在权衡。对数据一致性的要求越严格，就需要越多的计算来确保数据一致性。此外，可能还需要锁定数据，以确保更新不会相互影响。这意味着服务可能会很慢，因为它们需要的数据被锁定。使用数据的服务必须完成其操作并解除对数据的锁定。

使用微服务的系统必须能够容忍一定程度的数据不一致。不同服务或服务副本使用的数据库不需要始终完全一致。当然，你需要一种方法来确保公共数据最终保持一致。当系统上的负载相对较轻，从而不影响整个系统性能时，可能会执行此操作。

必须管理以下两种类型的不一致：

1. 相关数据不一致
一个服务的操作或失败可能导致另一个服务管理的数据不一致。

2. 副本不一致

同一服务的多个副本可能同时执行。它们都有自己的数据库副本，每个都更新自己的服务数据副本。你需要一种使这些数据库"最终一致"的方法，以便所有副本都在同一数据上工作。

为了说明这些不一致的问题，考虑一个简单的例子——在线订购书籍的用户。这会触发许多服务，包括如下：

- 库存管理服务，将库存图书数量减少 1 本，将"待售"图书数量增加 1 本；
- 一种订单服务，将订单放入要完成的订单队列中。

这些服务是相互依赖的，因为订购服务失败意味着订购图书的库存水平不正确。要管理这种情况，需要能够检测到服务故障。当检测到故障时，启动操作来更正账簿的库存水平。管理这种不一致性的一种方法是使用"补偿事务"，这是一个反转先前操作的事务。在这种情况下，当检测到订购服务的故障时，可以创建补偿交易。这是由库存管理服务处理的，它增加了未实际订购图书的库存水平，因此它仍然可用。

然而，补偿交易并不能保证问题不会出现。例如，在订单服务失败和发出补偿事务之间的时间间隔内，另一个订单可能被添加。如果失败的订单将库存数量减少到零，那么新订单将不会成功。

为了说明副本不一致的问题，请考虑使用两个相同的库存管理服务实例（A 和 B）的情况。每个公司都有自己的股票数据库。想象一下下面的场景：

- 服务 A 更新第 X 册的库存图书数量。
- 服务 B 更新第 Y 册的库存图书数量。

每个服务中使用的股票数据库现在不一致。服务 A 没有正确的账簿 Y 的库存水平，而服务 B 没有正确的账簿 X 的库存水平。服务的每个实例都需要一种方法来更新其数据库，以便所有数据库副本变得一致。为此使用"最终一致性"方法。

最终一致性意味着系统保证数据库最终将变得一致。可以通过维护事务日志来实现最终的一致性，如图 6.9 所示。当数据库更新时，它会记录在"挂起的更新"日志中。其他服务实例查看此日志，更新自己的数据库，并指示已经进行了的更新。在所有服务都更新了自己的数据库之后，事务将从日志中删除。

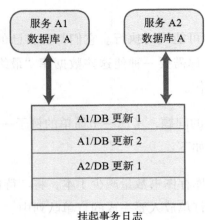

图 6.9   使用挂起事务日志服务

当服务开始处理服务请求时，处理该请求的服务副本将检查日志，以查看该请求中所需的数据是否已更新。如果是，它会从日志中更新自己的数据，然后启动自己的操作。否则，只要服务的负载相对较轻，就可以从日志中更新数据库。

在实践中，有时需要比简单事务日志更复杂的方法，来处理并发数据库更新时可能出现的计时问题。这里不涉及最终一致性的更复杂的方面。

6.2.4   服务协调

大多数用户会话涉及一系列交互，其中操作必须按特定顺序执行，称为工作流。图 6.10 为允许认证尝试次数有限的 UID/ 密码认证工作流。由于简单性，忽略了用户忘记密码或 UID 的情况。操作显示在圆边矩形中，相关状态值显示在矩形中，选择由菱形符号表示。

在图 6.10 所示的工作流中，允许用户在系统指示登录失败之前进行三次登录尝试。即使用户名无效，用户也必须同时输入用户名和密码。这样实现认证，恶意用户就不知道是登录名还是密码错误导致了失败。

实现此工作流的一种方法是显式定义工作流（以工作流语言或代码形式），并通过依次调用组件服务来拥有执行工作流的单独服务。这被称为"编曲"，反映了管弦乐队指挥指导音乐家演奏的部分。在编曲系统中有一个整体控制器。图 6.10 所示的工作流就会由认证控制器组件管理。

微服务通常推荐的另一种方法叫作"编舞"。这个术语来源于舞蹈,而不是音乐,因为舞蹈演员没有"指挥"。更确切地说,舞蹈是随着舞者互相观察而进行的。他们决定跳下一段舞取决于其他舞者在做什么。

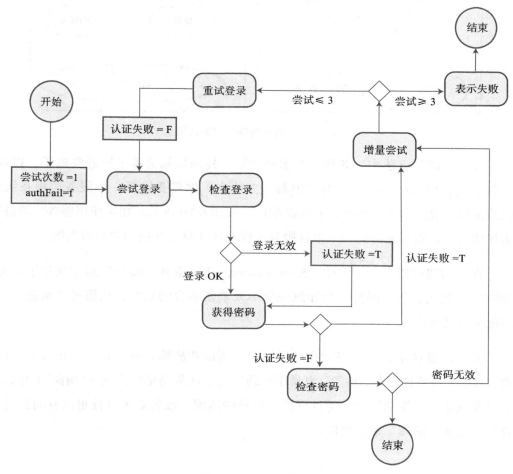

图 6.10 认证工作流

在微服务体系架构中,编舞依赖于每个发出事件的服务,以指示它已完成其处理。其他服务监视事件,并在观察到事件时做出相应的反应。没有显式的服务控制器。要实现服务,你需要额外的软件,比如支持发布和订阅机制的消息代理。发布和订阅意味服务将事件"发布"到其他服务,并"订阅"它们可以处理的事件。图 6.11 显示了"编曲"和"编舞"之间的区别。

服务"编舞"的一个问题是工作流和实际发生的处理之间没有简单的对应关系。这使得"编舞"的工作流更难调试。如果在工作流处理过程中发生故障,则

168

无法立即查看哪些服务发生了故障。此外，在"编舞"的系统中，从服务故障中
恢复有时很难实现。

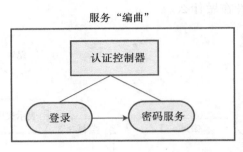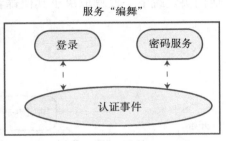

图 6.11　两种编排之间的区别

在"编曲"方法中，如果一个服务失败，控制器知道哪个服务失败了，以及
在整个过程中失败的位置。在"编舞"方法中，你需要设置一个服务监视系统，
以检测服务故障和不可用性，并作出响应。如图 6.10 所示，如果使用服务"编舞"
实现此功能，则可能需要一个报告服务来检查认证事件并向用户报告失败。

在《构建微服务》一书中，Sam Newman 建议服务"编舞"通常优先于服务
"编曲"，使用服务"编舞"会导致一个不太紧密耦合的系统，比服务"编曲"的
系统更容易更改。

我不同意这个建议，因为我已经解释了调试和故障管理问题。使用服务"编
曲"的服务协调比服务"编舞"更易于实现，建议从最简单的方法（"编曲"）开始。
只有发现服务"编曲"的灵活性降低了软件的速度，或者如果软件更改有问题时，
再使用服务"编舞"来重软件。

6.2.5　故障管理

现实中任何大规模系统都会出问题。即使在某些类型的故障概率很低的情况
下，如果一个基于云的系统中有数千个服务实例，也不可避免地会发生故障。因
此，必须设计服务应对故障。

微服务系统中，必须处理的三种故障如表 6.3 所示。

最简单的报告微服务故障的方法是使用 HTTP 状态代码，该代码指示请求是否
成功。服务响应服务请求成功与否的状态。状态代码 200 表示请求已成功，状态代
码 300 ～ 500 表示服务失败。服务已成功处理的请求应始终返回状态代码 200。

表 6.3　微服务系统中的故障类型

故障类型	解　释
内部服务故障	服务检测到的条件，可以在错误消息中报告给服务请求者。此类故障的一个例子是以 URL 为输入，并发现这是无效链接的服务
外部服务失败	这些故障具有影响服务可用性的外部原因。失败可能导致服务无响应，必须采取措施重新启动服务
服务性能故障	服务的性能下降到不可接受的水平。这可能是由于负载过重或服务存在内部问题。外部服务监视可用于检测性能故障和无响应服务

想象一下这样一种情况：一个调用服务给一个服务一个 URI，但是由于某种原因，这个 URI 不可访问。对无法访问的 URI 发出的 HTTP Get 请求返回状态代码 404，然后请求的服务必须通知服务请求者操作未成功完成。最后将状态代码 404 返回给调用服务，以指示服务请求因无法访问资源而失败。

系统架构师必须确保对 HTTP 状态代码的实际含义有一个约定的标准，以便所有服务都为相同类型的故障返回相同的状态代码。HTTP 状态代码是为 Web 交互设计的，但服务若有其他类型的故障，应该使用状态代码报告。

例如，如果服务在接受一个表示订单的输入结构时，发现它某种程度上是错误的，那么就可以使用状态代码 422，意为 "不可处理的实体"。如果所有服务都明白此代码意味着一个服务接收到了错误的输入，那么就可以相互合作向客户提供有用的故障信息。

可以通过对请求设置超时来查看请求的服务是否不可用或运行缓慢。超时是与服务请求相关联的计数器，在发出请求时开始运行。一旦计数器达到某个预定义值（如 10 秒），调用服务将假定服务请求失败并相应地采取行动。

Martin Fowler⊖解释说，超时方法的问题在于，每个调用了 "故障的服务" 的服务都会被延迟超时预定值的时长，因此整个系统都会变慢。他建议使用断路器，而不是在服务呼叫时直接使用超时。与电路断路器一样，它会立即拒绝访问故障服务，而不会造成与超时相关的延迟。

断路器的概念如图 6.12 所示，服务 S1 向服务 S2 发出请求。服务呼叫不是直接调用服务，而是通过断路器路由。

⊖　https://martinfowler.com/bliki/CircuitBreaker.html

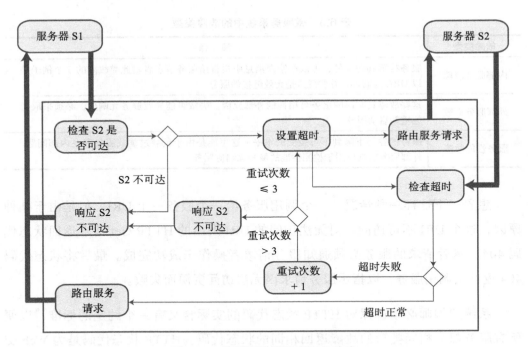

图 6.12   使用断路器处理服务故障

断路器包括当服务 S1 向服务 S2 发送请求时启动的服务超时机制。如果服务 S2 快速响应，则响应返回到调用服务。但如果服务 S2 在几次重试后没有响应，则断路器假设服务 S2 已故障。当再次呼叫超时服务时，断路器立即以故障状态代码响应。在检测到问题之前，请求服务不需要等待请求的服务超时。

如果使用断路器，则可以在断路器中嵌入代码，用于测试故障服务是否已恢复。断路器定期向故障服务发送请求。如果被呼叫的服务快速响应，断路器将"重置"电路，以便将来的外部服务呼叫路由到现在可用的服务。不过，为了保持图表的简单，图 6.12 没有显示这一点。

断路器是服务监控系统的一个例子。在生产型微服务系统中，详细监控服务的性能非常重要。除了总体服务响应时间之外，还需监视每个服务操作的响应时间，这有助于确定系统中可能存在的瓶颈。还应该监视服务检测到的故障，以便获知改进服务的方法。通常，服务监控器会生成详细的日志，并且使用"监控仪表板"来分析这些日志，将其呈现给系统管理员。

172

6.3　RESTful 服务

微服务可以使用不同的消息组织和通信协议，进行同步或异步的通信。这里不讨论所有的协议，只重点介绍服务交互中最常用的 RESTful 协议。

严格来讲，由于这种方法尚未被标准化，因此没有 RESTful 协议。它只是基于 HTTP 网络协议和资源的分层表示的用于服务通信的约定集合。RESTful 服务遵循 REST（表示状态传输）架构样式，并使用 HTTP 协议进行通信。

REST 架构样式基于从服务器到客户端传输数字资源表示的思想。这是在网络中使用的基本方法，这里"资源"表示要在用户的浏览器中显示的页面。服务器响应一个 HTTP GET 请求，生成 HTML 表示，然后将其传输到客户端，并用浏览器或者专用程序显示。 |173|

资源可以用不同的方式表示。例如，如果你认为这本书是一个资源，那么它至少有四种电子表示形式：

（1）一种被称为 Markdown 表示形式，用来写这本书的编辑器 Ulysses 就使用这种文本格式。

（2）Microsoft Word 表示形式，这是本书交付给出版商进行排版和编辑的表示形式。

（3）Adobe InDesign 表示形式，这是本书在印刷时的排版表示形式。

（4）PDF 表示形式，这是本书电子版本的交付表示形式。

管理资源的服务器负责以客户端请求的表示形式交付该资源。对于 RESTful 微服务，JSON 是数字资源最常用的表示形式，也可使用 XML。XML 是一种类似 HTML 的标记语言，每个元素都有开始和结束标签。这些都是基于纯文本的结构化表示方法，可用于表示结构化数据（例如数据库中的记录）。在表 6.7 中展示了一些表示形式的例子。

RESTful 架构样式假定使用客户端 – 服务器交互，由许多 RESTful 原则定义，如表 6.4 所示。 |174|

通过其唯一的 URI 来访问资源，RESTful 服务可以对这些资源进行操作。可以将资源看作任何数据块，例如信用卡详细信息、个人病例、杂志或报纸、图书馆目录等。

表 6.4　RESTful 服务原则

原　则	解　释
使用 HTTP 动词	访问服务提供的操作时，必须使用 HTTP 协议中定义的基本方法（GET、PUT、POST、DELETE）
无状态服务	服务器不能维持内部状态。正如我已经解释的那样，微服务是无状态的，因此符合此原则
URI 可寻址	所有资源必须有一个具有层次结构的用于访问子资源的 URI
使用 XML 或者 JSON	资源通常使用 JSON 或者 XML，也可同时使用两者表示。在合适的情况下，也会用到音频或视频等其他的表示方法

四项基本操作作用于资源，如表 6.5 所示，并解释了如何映射到标准 HTTP 动词。

表 6.5　RESTful 服务操作

行　为	实　现
创建	使用 HTTP POST 实现，该操作用给定的 URI 创建资源。如果资源先前已经被创建，则返回错误
读取	使用 HTTP GET 实现，该操作读取资源并返回值。GET 操作不应该更新资源，因此若没有介入 PUT 操作，连续的 GET 操作将返回相同的值
更新	使用 HTTP PUT 实现，该操作修改一个已存在的资源。PUT 操作不能用于资源创建
删除	使用 HTTP DELETE 实现，该操作使用指定的 URI 将资源设置为不可访问。资源可能会被物理删除

为了说明工作原理，可以想象一个维护关于事故信息的系统，例如交通延误、道路施工和国道公路网事故。这个系统可以通过浏览器用以下 URL 访问：

https://trafficinfo.net/incidents/

用户可以查询这个系统，以查看他们计划行驶道路上的事故。

使用 RESTful Web 服务，需要设计资源的结构，以便按层次结构组织事故。例如，可以根据道路标识（例如"A90"）、位置（例如"Stonehaven"）、行车道方向（例如"北"）和事故编号（例如"1"）来记录事故。因此，每个事故都可以用它的 URI 访问：

https://trafficinfo.net/incidents/A90/stonehaven/north/1

访问此 URI 将返回事故描述，包括报告的时间、事故的状态（如轻微、重大或严重）和叙述性解释，如表 6.6 所示。

表 6.6　事故描述

事故 ID：A90N17061714391
日期：2017 年 06 月 17 日
报告时间：1439
严重程度：重要
描述：往北行驶的车道上公交车故障，车道关闭，预计最多延迟 30 分钟

此信息服务支持四项操作：

（1）取回。返回关于报告的事故信息，使用 GET 动词访问。

（2）增加。增加关于一个新发生的事故信息，使用 POST 动词访问。

（3）更新。更新关于一个已报告的事故信息，使用 PUT 动词访问。

（4）删除。删除一个事故被清除了的事故信息，使用 DELETE 动词。

RESTful 微服务根据 RESTful 样式接收 HTTP 请求，处理这些请求，并创建 HTTP 响应，如图 6.13 所示。

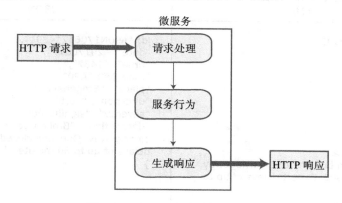

图 6.13　HTTP 请求和响应处理

176

图 6.14 显示了对 RESTful 服务的请求，以及该服务的响应是如何结构化和组织成 HTTP 消息的。

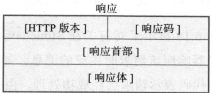

图 6.14　HTTP 请求和响应消息的组织

请求和响应消息的首部内容包括有关消息正文的元数据、有关服务器的其他信息、消息的长度等。这些细节大多数都不重要，并且某些元素通常是由 Web 开发环境自动创建的。对于微服务，关键要素如下：

（1）接收。指定可以由请求服务处理，并在服务响应中可以接收的内容类型。常用的类型有 text/plain 和 text/json。这些指定的响应可以是纯文本或 JSON。

（2）内容类型。指定请求或响应正文的内容类型。例如，text/json 指定了请求正文中包括结构化的 JSON 文本。

（3）内容长度。指定响应正文中的文本长度。如果为零，则表示请求 / 响应正文中没有文本。

请求或响应的正文包括服务参数，通常以 JSON 或 XML 的形式表示。表 6.7 显示了如何用 XML 和 JSON 构造消息正文。

表 6.7　XML 和 JSON 事故描述

XML	JSON

`<id>`
A90N17061714391
`</id>`
`<date>`
20170617
`</date>`
`<time>`
1437
`</time>`
. . .
`<description>`
Broken-down bus on north carriageway. One lane closed. Expect delays of up to 30 minutes.
`</description>`
	{
	id: "A90N17061714391",
	"date": "20170617",
	"time": "1437",
	"road_id": "A90",
	"place": "Stonehaven",
	"direction": "north",
	"severity": "significant",
	"description": "Broken-down bus on north carriageway. One lane closed. Expect delays of up to 30 minutes."
	}

XML 是一种灵活的表示方法，但是在解析和构造 XML 消息时会引入很多额外开销。如在第 4 章中解释的那样，JSON 是一种更简单的结构化表示方法，易于读取和处理，因此比 XML 应用得更广泛。

图 6.15 显示了对有关在 Stonehaven 发生的事故消息的 GET 请求结构，以及由服务器响应该请求时生成的消息。如果没有事故，服务器将返回状态代码 204，该状态代码表示请求已经成功处理，但没有相关的内容。

图 6.15 的关键点如下所示：

（1）GET 请求没有消息正文，对应的内容长度字段为 0。如果必须指定某种选择器应用于要返回的信息，GET 请求仅需要一个消息正文。

（2）GET 请求中指定的 URI 不包含主机服务器的名称。主机服务器的名称是单独指定的，必须在请求首部中提供主机名。

（3）该响应包括响应代码 200，表示该请求已被成功处理。

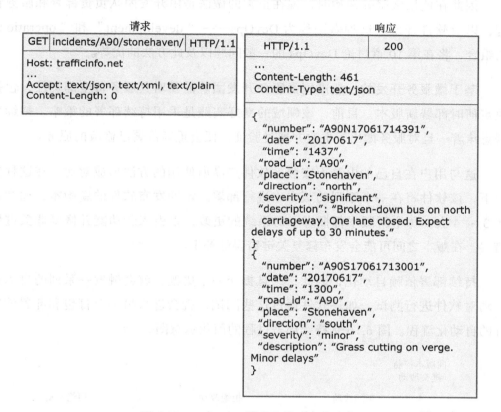

图 6.15　一个 GET 请求和其对应的响应

由于大多数 RESTful 服务使用的 HTML 传输协议是请求/响应协议，因此 RESTful 服务通常是同步服务。

6.4　服务部署

开发并交付系统后，还必须将系统部署到服务器上，在监控到有新版本可用时进行更新。通常是将管理与开发系统的任务分离，系统管理团队与系统开发团队有不同的技能。

当一个系统是由几十甚至几百个微服务组成时，系统的部署要比单体系统复杂得多。服务开发团队决定用哪种编程语言、数据库、库和其他支持软件来实现服务，所以没有适用于所有服务的"标准"部署配置。此外，如果一个单独的系统管理团队同时面临更新多个服务的问题，则服务可能会很快发生变化，并出现"部署瓶颈"。

因此在使用微服务架构时，现在正常的做法是由开发团队负责部署和服务管理，以及软件开发。这种做法称为 DevOps——"development"和"operation"的组合，将在第 10 章讨论 DevOps 的一般问题以及此方法的优势。

基于微服务开发的一般准则是服务开发团队需要对其服务负全部责任，包括决定何时部署新版本。目前，该领域的良好实践是采用持续部署的策略。持续部署意味着一旦对服务做出了更改并通过验证，便会重新部署已修改的服务。

这与用户在自己的电脑上安装的软件产品所使用的方法形成对比。在这种情况下，该软件将在一个系列的版本中进行部署。定期发布软件的新版本，通常每年 3 ~ 4 次。每个新版本都捆绑了对系统的更改，以引入新功能并修复非关键性错误。在版本之间可能会发布修复关键错误的补丁。

持续部署依赖自动化，因此，一旦提交一个更改，就会触发一系列的自动化活动对软件进行测试。如果软件通过这些测试，就会进入另一个打包和部署该软件的自动化流程。图 6.16 是持续部署过程的简化示意图。

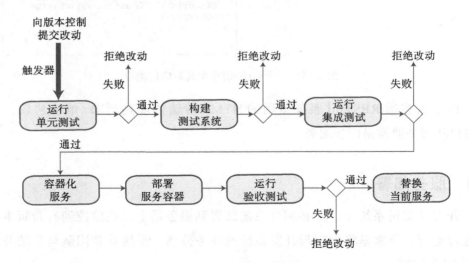

图 6.16   持续部署流程图

新服务版本的部署开始于程序员将代码更改提交给代码管理系统，例如 Git（将在第 10 章中介绍）。这将自动触发一组自动化测试，在更改后的服务上运行。如果所有服务测试都运行成功，则会创建包含更改后的服务的系统新版本。然后执行另一组自动化系统测试。如果这些测试运行成功，则该服务就能够进行部署了。

部署过程包括将新服务添加到容器中，并将该容器安装到服务器上。然后，执行对"整个系统"的自动化测试。如果这些系统测试都运行成功，则将服务的新版本投入生产环境。

通常，打包用于部署的云服务器的最佳方法是使用容器（在第 5 章中已介绍）。回想一下，容器是一个包含服务需要的所有软件的虚拟环境。容器是可以在不同服务器上执行的部署单元，因此服务开发团队不必考虑服务器配置问题。由于可以预定义服务依赖关系并创建服务容器，部署微服务仅需要将可执行代码加载到容器中，然后将容器部署到一个或多个服务器上。

一个大规模的微服务系统可能涉及管理部署在云服务器上的几十或几百个容器。管理大量的通信容器是一个重大问题，因此诸如 Kubernetes 之类的容器管理系统可以自动化执行容器部署和管理。Kubernetes 提供在集群上的 Docker 容器调度、服务发现、负载均衡以及服务器资源管理。对本书来说，容器管理太过于专业，因此不再赘述。但是，本章的"推荐阅读"部分中提供了有关 Kubernetes 信息的链接。

部署新的软件服务的一般风险是新版本的服务与现有服务之间的交互，可能会导致无法预料的问题。测试无法完全消除这种风险。因此，在微服务架构中，需要通过监控已部署的服务来监测问题。如果服务失败，回滚到该服务的旧版本上。

如果使用如图 6.5 所示的 API 网关，可以通过"当前版本"的链接访问服务实现回滚。引入新版本的服务时，仍需要继续维护旧版本，但更改当前版本链接，使其指向新的服务。如果监控系统检测到问题，则将链接切换回旧的服务。图 6.17 对此进行了说明。

在图 6.17 中，一个包含在道路事故信息系统中的对相机服务的请求被路由到该服务的 002 号版本。通过服务监控器返回对应的响应。如果监控器检测到 002 号版本有问题，它会把"当前版本链接"切换回相机服务的 001 号版本。

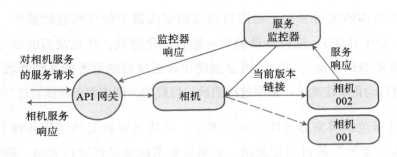

图 6.17　版本服务

大多数服务改动对其他服务是透明的。它们不会更改服务的 API，因此相关的服务应该不受该服务改动的影响。但是，有时必须修改服务的 API。如果有些服务使用了改动的服务，此时也必须修改这些服务，但是需要保证它们能用旧版的 API 访问该服务，直到完成这些改动。

可以通过确保每个服务的标识符都包含服务版本号来实现。例如，如果使用 RESTful 服务，可以将此版本号作为资源 URI 的一部分包括在内：https://trafficinfo.net/incidents/cameras/001/A90/stonehaven/north/1。

在这个例子中，版本号为 001。引入服务的新版本时，需要更新版本号。使用编号约定很有意义，可以确定新版本是否引入了 API 的改动。例如，可以通过更改版本号的第一位（如版本 001 变为版本 101）来表明 API 有改动：https://trafficinfo.net/incidents/cameras/101/A90/stonehaven/north/1。

用户服务可以从中得知 API 有改动，并及时使用改动后的 API 的新服务版本。

182

要点

- 微服务是一个独立且自包含的软件组件，它以自己的进程运行，并通过轻量级的协议与其他微服务进行通信。
- 可以使用不同的编程语言和数据库技术实现一个系统中的微服务。
- 微服务具有单一责任，应该对其进行设计，以便可以轻松地在不改动系统中的其他微服务的情况下更改该微服务。
- 微服务架构是一种架构风格，在这种架构中系统是由通信微服务构建而成。它非常适用于每个微服务都运行在各自的容器中的云系统。
- 微服务系统架构师的两个最重要的职责是：决定如何将系统构建为微服务，

决定微服务之间如何通信和协调。

- 通信和协调的决策涉及微服务通信协议、数据共享、是否应该集中协调服务以及故障管理。

- RESTful 架构样式已经广泛用在基于微服务的系统。对服务进行设计，以便于将 HTTP 动词（GET、POST、PUT 和 DELETE）映射到服务操作上。

- RESTful 架构样式基于数字资源，在微服务架构中，可以使用 XML 或者更常见的 JSON 表示这些资源。

- 持续部署的过程中，一旦有服务改动，就将新的服务版本加进产品。这是一个完全自动化的过程，使用自动化的测试检查新版本是否具备生产质量。

- 如果使用持续部署，可能需要维护多个已部署的服务版本，以便当新部署的服务存在问题时，可以切换到旧的版本。

推荐阅读

Building Microservices（S.Newman，O'Reilly，2015）：该书是对微服务和构建微服务体系架构时，要考虑问题的一个极好且易读的概述。

Microservices（J.Lewis and M.Fowler，2014）：该文是对微服务最易读的介绍。强烈推荐。

https://martinfowler.com/articles/microservices.html

RESTful Web Services: A Tutorial（M.Vaqqas，2014）：关于 RESTful Web 服务的可用的教程，从本质上非常相似。该教程对 RESTful Web 服务实现方法进行了全面而清晰的介绍。

http://www.drdobbs.com/web-development/restful-web-services-a-tutorial/240169069

Is REST Best in a Microservices Architecture?（C.Williams，2015）：该文讨论了 RESTful 方法是否是用在微服务体系架构中的最佳方法。它表明在多种情况下，更好的方法是使用消息代理实现的异步消息传递。

https://capgemini.github.io/architecture/is-rest-best-microservices/

Kubernetes Primer（CoreOS，2017）：该文对 Kubernetes 容器管理系统做了很好的介绍。

https://coreos.com/resources/index.html#ufh-i-339012759-kubernetes-primer

Continuous Delivery（J.Humble，2015）：持续交付是持续部署的别名。该博客包含了关于此话题的一系列文章，是对本章内容的扩展。

https://continuousdelivery.com/

习题

1. 在分布式软件系统中使用服务作为基本组件的优势是什么？

2. 根据图 6.1 中所示的认证功能的功能分类，为双因素认证和密码恢复创建相应的分类。

3. 解释为什么微服务应该具有低耦合性和高内聚性。

4. 多层软件体系结构的主要问题是什么？微服务架构是如何解决这些问题的？

5. 解释同步和异步微服务交互之间的区别。

6. 解释为什么每个微服务应该维护自己的数据，解释服务的各副本中的数据如何保持一致？

7. 什么是超时？如何在服务故障管理系统中使用超时？解释为什么在处理外部服务故障时，断路器是一种比超时更有效的机制。

8. 解释"资源"的含义。RESTful 服务如何处理资源并对其进行操作？

9. 考虑图 6.5 所示的待打印照片的上传服务。给出实现此服务的建议，并为其设计一个 RESTful 接口，并解释每个 HTTP 动词的功能。对于每个操作，请确定它的输入和输出。

10. 为什么要在微服务架构中使用持续部署？简要说明持续部署流程中的每个阶段。

184

安全和隐私

对于产品开发人员和用户来说，软件安全性始终是重中之重。如果不优先考虑安全性，那么开发人员和客户将不可避免地遭受恶意攻击造成的损失。攻击可能是出于某种犯罪目的窃取数据或劫持计算机。某些攻击试图通过加密数据并收取解密密钥费用，或以对其服务器拒绝服务来威胁用户并勒索用户资金。

在最坏的情况下，这些攻击可能会使产品提供商破产。如果提供商将产品作为服务交付，但该产品不可用，或者客户数据遭到泄露，则客户有可能取消其订单。即使可以从攻击中恢复过来，这也将花费大量时间和精力。

图 7.1 显示了计算机系统面临的三种主要的威胁类型。某些攻击可能会合并这些威胁。例如，勒索软件攻击是对系统完整性的威胁，因为它会通过加密数据来破坏数据，使得正常服务无法进行，因此也威胁到系统的可用性。

安全是系统范围的问题。应用程序软件依赖于一个执行平台，该执行平台包括操作系统、Web 服务器、编程语言运行平台和数据库。此外还依靠框架和代码生成工具来重用他人开发的软件。图 7.2 是系统堆栈图，显示了软件产品可能使用的基础设施系统。

攻击可能会针对此堆栈中的任意目标，包括从控制网络的路由器到产品使用的可重用组件和库等一系列环节。但是，攻击者通常将重点放在软件基础设施上，即操作系统、Web 浏览器、消息传递系统和数据库。每个人都使用这些，因此它们是外部攻击的最有效目标。

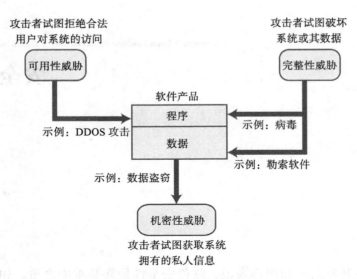

图 7.1　安全威胁的类型

图 7.2　系统基础架构堆栈

　　维护软件基础设施的安全性是系统管理问题，而不是软件开发问题。需要管理过程和策略来最大限度地降低成功攻击的风险，这种攻击最终可能损害应用程序系统（表 7.1）。浏览器和操作系统等软件需要更新，以确保安全漏洞得到修复。必须正确配置它们，以免存在使攻击者获取访问权限的漏洞。

　　操作安全性专注于帮助用户维护安全性。针对用户的攻击非常普遍。通常，攻击者的目的是诱使用户泄露其凭据或访问包含恶意软件（例如密钥记录系统）的网站。为了维护操作安全性，需要一些过程和实践来建议用户如何安全地使用系统，并定期就这些过程提醒用户。

表 7.1 安全管理

程 序	解 释
认证与授权	应具有认证和授权标准以及过程,以确保所有用户都具有强认证,并确保他们正确设置了访问权限。这样可以最大限度地减少未经授权的用户访问系统资源的风险
系统基础架构管理	应正确配置基础设施软件,并在补丁漏洞可用后立即应用安全更新程序
攻击监控	应定期检查系统是否存在未经授权的访问。如果检测到攻击,则可以采取抵抗策略以最大限度地减少攻击的影响
备份	应实施备份策略,以保留程序和数据文件的完整副本,然后可以在攻击后将其还原

如果将产品作为基于云的服务提供,则应包括有助于用户管理操作安全性,并处理可能出现的安全性问题的功能。

(1)自动注销功能可以解决用户忘记从共享空间中注销计算机的普遍问题。此功能减少了未经授权的人访问系统的机会。

(2)使用用户命令日志记录,可以发现用户故意或意外损坏某些系统资源的操作。此功能有助于诊断问题并从中恢复,还可以阻止恶意合法用户,因为他们知道自己的行为将被记录下来。

(3)多因素认证减少了入侵者使用被盗凭据访问系统的机会。

安全性是一个很大的课题,我主要会介绍一些与产品开发人员相关的重要方面。本章将使你对这些问题有基本的了解,但不详细介绍安全性的实现。

7.1 攻击和防范

许多类型的攻击都可能影响软件系统。这取决于系统的类型、实现方式、系统中潜在的漏洞以及系统环境。在此将重点介绍基于 Web 的一些最常见的攻击类型。

对一个计算机系统发起攻击的目标可能是系统提供者或系统的用户。服务器上的分布式拒绝服务(DDOS)攻击(请参阅 7.1.4 节)旨在禁用对系统的访问,以使用户被锁定,从而使系统提供商经济受损。勒索软件攻击以某种方式禁用了各个系统,并向用户勒索赎金以解锁其计算机。数据盗窃攻击可能针对可以出售的个人数据或可以非法使用的信用卡号码。

大多数攻击的基本要求是攻击者必须能够对系统进行认证,通常涉及窃取合法用户的凭据。最常见的方法是使用社交工程技术,用户单击电子邮件中的看似合法的链接，然后将用户带到一个相似的站点，在该站点中输入凭据，然后攻击者即可使用；或者，该链接可能会将用户带到安装恶意软件的网站，例如密钥记录器，该网站会记录用户的击键并将其发送给攻击者。

7.1.1　注入攻击

注入攻击是一种攻击类型，其中恶意用户在有效的输入域中输入恶意代码或数据库命令。然后执行这些恶意指令，对系统造成一些损害。可以通过注入代码将系统数据泄漏给攻击者。常见的注入攻击包括缓冲区溢出攻击和 SQL 病毒攻击。

当使用 C 或 C++ 编程系统时，可能会发生缓冲区溢出攻击。这些语言不会自动检查对数组元素的分配是否在数组范围内。可以将缓冲区声明为特定大小的数组，但是运行时系统不会检查输入是否超过该缓冲区的长度。

了解系统内存的组织方式的攻击者可以制作包含可执行指令的输入字符串。它可以覆盖内存，如果函数返回地址也被覆盖，则可以将控制权转移给恶意代码。

现代软件产品通常不是用 C 或 C++ 开发的，因此对于基于 Web 的产品和移动软件产品，这种类型的攻击不太可能成为主要问题。大多数编程语言在运行时检查缓冲区溢出，并拒绝长时间的恶意输入。但是，操作系统和库通常是用 C 或 C++ 编写的。如果将输入直接从系统传递到基础系统功能，则可能会发生缓冲区溢出。

SQL 病毒攻击是对使用 SQL 数据库的软件产品的攻击。它们利用了用户输入是 SQL 命令的一部分的情况。例如，以下 SQL 命令旨在检索单个账户持有人的数据库记录：

```
SELECT * FROM AccountHolders WHERE accountnumber = '34200645'
```

该语句应返回 Accountholder 表中的记录，其中 accountnumber 字段与 34200645 匹配。单引号标识要与命名字段的字符串匹配。

通常，在表格上输入账号。假设使用名为 getAccountNumber 的函数来检索该函数。然后创建以下 SQL 命令：

```
accNum = getAccountNumber ()
SQLstat = "SELECT * FROM AccountHolders WHERE accountnumber = '"
```

```
+ accNum + "';"
database.execute (SQLstat)
```

通过使用输入变量 **accNum** 填充 **SELECT** 部分并添加分号以结束 SQL 语句，可以创建有效的 SQL 语句。由于已替换 **accNum** 的值，因此必须仍包含单引号。然后可以针对数据库运行此生成的 SQL 语句。

现在，假设恶意用户输入的账号为 **'10010010'** 或 **'1'='1'**。将其插入 SQL 查询后将变为

```
SELECT * from AccountHolders WHERE accountnumber = '10010010' OR '1' = '1';
```

最终条件显然始终为 True，因此查询等效于

```
SELECT * from AccountHolders
```

因此，所有账户所有者的详细信息都将返回并显示给恶意用户。

仅当系统不检查输入的有效性时，才可能发生 SQL 攻击。在这种情况下，如果知道账号是八位数字，那么输入函数 **getAccountNumber** 应该包括对数字以外的字符的输入检查。然后，这将拒绝注入的 SQL 代码。

验证所有用户输入是抵抗注入攻击的关键，将在第 8 章说明如何实现输入验证。

7.1.2 跨站点脚本攻击

跨站点脚本攻击是注入攻击的另一种形式。攻击者将恶意 JavaScript 代码添加到从服务器返回到客户端的网页上，并在用户浏览器显示该页面时执行该脚本。恶意脚本可能会窃取客户信息或将客户引导至可能试图捕获个人数据或显示广告的另一个网站。cookie 可能被盗，这可能导致会话劫持攻击。

在 "推荐阅读" 部分的 XSS 脚本教程中描述了各种类型的跨站点脚本攻击。它们都采用相同的通用攻击形式，如图 7.3 所示，显示了窃取会话 cookie 的攻击。

图 7.3 中的场景中包含三个参与者：攻击者、提供用户服务的合法网站以及访问合法网站的攻击受害者。

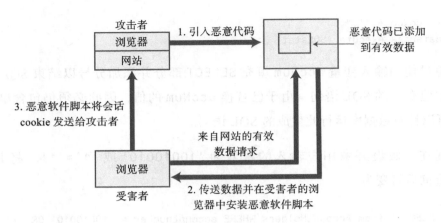

图 7.3　跨站点脚本攻击

在最简单的跨站点脚本攻击中，攻击者用恶意脚本替换了网站上的某些合法信息。当受害者访问该信息时，将生成一个网页，其中包含恶意脚本以及受害者请求的合法信息。它将被发送到受害者的浏览器，并在其中执行恶意代码。在此示例中，恶意软件窃取了会话 cookie。这使攻击者可以访问网站上的用户信息。

与其他类型的注入攻击一样，可以通过输入验证来避免跨站点脚本攻击。攻击者经常使用合法形式将恶意脚本添加到数据库中。如果检查了无效输入，则可以拒绝恶意脚本。另一道防线是在将数据库输入添加到生成的页面之前检查其输入。最后，可以使用 HTML "encode" 命令，该命令指出添加到网页上的信息不可执行，但客户端浏览器可将其视为数据。

7.1.3　会话劫持攻击

当用户通过 Web 应用程序进行认证时，将创建一个会话。会话是指用户认证有效的时间段。用户不必为后续的系统交互而重新进行认证。当用户从系统注销时，该会话关闭。或者，由于系统在一段时间内没有用户输入，因此在系统"超时"时可以关闭会话。

认证过程涉及在用户的计算机或移动设备上放置令牌。这称为会话 cookie。它在会话开始时从服务器发送到客户端。服务器使用会话 cookie 来跟踪用户操作。每次用户发出 http 请求时，会话 cookie 都会发送到服务器，以便它可以将其链接到以前的操作。

会话劫持是一种攻击方式，攻击者获取有效的会话 cookie 并使用它来假冒合法用户。攻击者可以通过多种方式找出会话 cookie 的值，包括通过跨站点脚本攻击和流量监视。在跨站点脚本攻击中，已安装的恶意软件会将会话 cookie 发送给攻击者。流量监视中，攻击者会捕获客户端和服务器之间的流量，然后通过分析交换的数据来识别会话 cookie。如果使用了不安全的 WIFI 网络并且交换了未加密的数据，则流量监视相对容易。

会话劫持可能是主动的也可能是被动的。在主动会话劫持中，攻击者将接管用户会话并在服务器上执行用户操作。因此，如果用户登录到银行，则攻击者可以设置新的收款人账户并将资金转入该账户。若攻击者仅监视客户端和服务器之间的流量，以寻找有价值的信息（例如密码和信用卡号）时，就会发生被动会话劫持。

表 7.2 显示了可以减少会话劫持攻击的可能性的各种操作。

192

表 7.2　减少会话劫持可能性的措施

程　序	解　释
流量加密	始终加密客户端和服务器之间的网络流量。这意味着使用 https 而非 http 设置会话。如果流量已加密，则很难监视以查找会话 cookie
多因素认证	始终使用多因素认证，并要求确认可能有害的新操作。 例如，在接受新的收款人请求之前，你可以要求用户通过输入发送到手机的密码来确认其身份。 你还可以要求在每次潜在的破坏性操作（例如转账）之前输入密码字符
短超时时间	在会话上使用相对较短的超时。 如果几分钟内会话中没有任何活动，则应结束会话并将将来的请求定向到认证页面。 如果合法用户在完成工作后忘记注销，则可以降低攻击者访问账户的可能性

7.1.4　拒绝服务攻击

拒绝服务攻击是对软件系统的攻击，旨在使该系统无法正常使用。不同意产品供应商的政策或措施的恶意攻击者可能会使用这种攻击。或者，攻击者可能通过拒绝服务攻击来威胁产品提供商，并索取费用。他们会将"赎金"设置得低于系统停止服务时产品提供商可能遭受的损失级别。

DDOS 攻击是最常见的拒绝服务攻击类型。它们往往从僵尸网络劫持一部分分布式计算机，向 Web 应用程序发送数十万个服务请求，从而导致合法用户无法访问。

对抗 DDOS 攻击是系统级的活动。大多数云提供商都会提供专业软件以检测和丢弃传入的数据包，从而将服务恢复到正常运行状态。

其他类型的 DDOS 攻击以应用程序用户为目标。例如，用户锁定攻击利用了常见的认证策略，在多次认证尝试失败后将用户锁定。用户常将电子邮件地址用作登录名，因此，如果攻击者可以访问到邮箱地址数据库，则就可以尝试使用邮箱地址登录。目的不是获得访问权限，而是将用户锁定，从而拒绝向这些用户提供服务。

有太多的安全漏洞使得能够相对容易地获取电子邮件地址列表，而且这些邮箱还常被用作用户标识符。如果在验证失败后系统仍未锁定账户，就有攻击者登录系统的风险。如果是这样，合法用户的访问就可能会被拒绝。

可以采取两种措施来减少此类攻击可能会造成的损害：

1. 临时锁定

如果在认证失败后将用户锁定一小段时间，该用户可以在几分钟后重新获得对系统的访问权限。这使攻击者继续攻击变得更加复杂，因为他们必须不断重复以前的登录尝试。

2. IP 地址跟踪

可以记录用户通常用来访问系统的 IP 地址。如果从其他 IP 地址的登录失败了，则可以锁定该地址的其他尝试，但允许用户使用常规 IP 地址登录。

有时，攻击者只是故意破坏，没有金钱动机，其目的就是让应用程序崩溃。他们尝试通过在表单中输入很长的字符串来进行攻击并希望不会被发现。这样的攻击可以通过使用输入验证和检测到意外输入时的异常处理来轻松规避。

7.1.5 暴力攻击

暴力攻击是当攻击者拥有一些信息时对 Web 应用程序发起的攻击，例如攻击者有可用的登录名但没有密码。攻击者创建不同的密码，然后尝试使用密码登录，若登录失败，则使用不同的密码重复尝试。

攻击者可能使用字符串生成器来生成字母和数字的所有可能组合，并将其用作密码。你可能会认为这会花费很长时间，但是只要几秒钟就可以生成六个字符以内的所有字符串。你可以使用网络上的任意密码检查器试一下。生成密码所需的时间取决于密码的长度，因此较长的密码更加安全。

为了加快密码发现的过程，攻击者利用了许多用户选择易于记忆的密码这一事实。首先尝试从已发布的最常用密码列表中选择密码，然后尝试使用字典中的所有单词进行字典攻击。人们发现随机字符串很难记，因此他们选择对他们有意义的真实单词。

由于暴力攻击涉及连续的重试，因此许多站点在用户进行少量尝试后就会阻止。正如 7.1.4 节中所解释的那样，这样做的问题在于此操作会阻止合法用户。拥有用户登录列表并阻止所有用户访问的攻击者，可能会导致广泛的破坏。

暴力攻击依赖于用户设置密码的强度偏弱，因此你可以通过坚持要求用户设置不在词典中且不是常用词的长密码来规避。下一节中要介绍的双因素认证也是阻止这些攻击的有效方法。

194

7.2　认证

认证是确保系统用户就是其声称的身份的过程。在所有维护用户信息的软件产品中都需要进行认证，以便只有该信息的提供者才能访问和更改。还可以使用认证来了解用户，以便个性化他们的产品使用体验。软件产品中的认证基于三种方法中的一种或多种，即用户知识、用户拥有权和用户属性（图 7.4）。

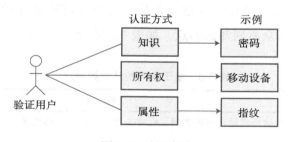

图 7.4　认证方法

基于知识的认证依赖于用户在系统注册时提供的秘密个人信息。每次用户登录时，系统都会询问部分或全部此信息。如果提供的信息与注册的信息相匹配，则认证成功。密码是最广泛使用的基于知识的认证方法。经常与密码一起使用的替代方法是认证用户必须回答的个人问题，例如"第一所学校的名称"或"喜欢的电影"。

基于拥有权的认证依赖于用户拥有可以链接到认证系统的物理设备。该设备可以生成或显示认证系统已知的信息。然后，用户输入此信息以确认他们拥有认证设备。

最常见的这种认证的就是让用户在注册账户时提供其手机号码。验证系统将代码发送到用户的电话号码。用户必须输入此代码才能完成认证。

另一种方法是一些银行会使用的，可以生成一次性代码的专用设备。该设备基于用户的某些输入来计算代码。用户输入该代码，系统使用与设备中编码的算法相同的算法，将其与认证系统生成的代码进行比较。

基于属性的认证是在系统中注册用户的唯一生物特征，如指纹。有些手机可以通过这种方式进行认证。还有使用面部识别来进行认证的。原则上，这是一种非常安全的认证方法，但是硬件和识别软件仍然存在可靠性问题。例如，在用户的手湿热时，指纹读取器通常无法识别。

这些认证方法都有各自的优缺点。因此，为了加强认证，现在许多系统都结合多种方法进行多因素认证。服务提供商（例如 Google）提供两阶段认证：输入密码后，用户必须输入发送到手机的密码。在手机上使用可提供更高级别的安全性，因为必须使用密码、指纹或其他方式将电话解锁。

如果产品是作为云服务交付的，则最实用的认证方法是使用密码的基于知识的认证，并可能会使用其他技术进行备份。每个人都熟悉这种认证方法。然而，基于密码的认证具有众所周知的弱点，如表 7.3 所示。

表 7.3   基于密码的认证的缺点

弱　点	解　释
密码不安全	用户选择容易记住的密码，但攻击者可以使用字典或暴力攻击来猜测或生成这些密码
网络钓鱼攻击	用户单击电子邮件链接，指向试图收集其登录名和密码详细信息的假站点
密码重用	用户对多个站点使用相同的密码，如果这些站点之一存在安全漏洞，则攻击者将获得可以在其他站点上尝试的密码
忘记密码	用户经常忘记他们的密码，因此需要设置密码恢复机制以允许重置密码。如果用户的凭据被盗，并且攻击者使用该机制来重置密码，则这可能是一个漏洞

可以通过强制用户设置高强度密码来降低基于密码的认证风险。但是，这增加了用户忘记密码的机会。也可以要求输入单个字母而不是整个密码，这样整个密码就不会泄露给恶意的按键记录软件。还可以使用基于知识的认证来增强基于密码的认证，要求用户回答问题并输入密码。

产品本身决定了所需的认证级别。如果不存储用户机密信息，只使用认证来识别用户，则只需要基于知识的认证。但是，如果拥有机密的用户详细信息（例如财务信息），则不应单独使用基于知识的认证。人们现在已经习惯了两阶段认证，因此应该使用基于电话的认证以及密码和个人问题。

实施安全可靠的认证系统既昂贵又费时。尽管工具包和库（例如 OAuth）可用于大多数主要的编程语言，但仍然需要大量的编程工作。认证系统与产品的其他部分不同，不能为了在以后的版本中对其进行扩展而发布其实现。

因此，即使没有使用面向服务的方法来构建产品，也最好将认证视为服务。可以使用联合认证系统将认证服务外包。如果构建自己的系统，则可以使用“安全”编程语言（例如 Java）以及更广泛的检查和静态分析工具来开发认证服务。这可以增加发现漏洞和编程错误的机会。认证服务也可用于开发的其他产品。

7.2.1　联合身份

你很有可能使用过提供了“使用 Google 登录”或“使用 Facebook 登录”的网站。这些网站依赖于所谓的“联合身份”方法，使用外部服务进行认证。

联合认证对用户的好处是，他们拥有由可信身份服务存储的一组凭据。用户无须直接登录服务，而是将凭证提供给已知服务，以向认证服务确认身份。用户不必时刻掌握各种用户名和密码，因为其凭据只存储在很少的地方，所以减少了安全泄露的机会。

图 7.5 是对联合身份系统中的动作序列的简化描述。

对于提供“使用 Google 登录”选项的产品，单击此选项的用户将被转移到 Google 身份服务。此服务使用其 Google 账户凭据验证用户的身份。然后，它将令牌返回到转移站点，以确认该用户是已注册的 Google 用户。

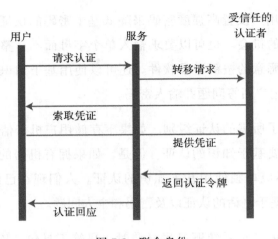

图 7.5   联合身份

如果用户已经登录到 Google 服务（例如 Gmail），则该身份已经注册，因此用户无须输入任何其他信息。

使用联合身份进行认证有两个优点：

（1）不必维护自己的密码和其他机密信息数据库。系统攻击者经常试图访问该数据库，因此，如果你维护自己的数据库，则必须采取严格的安全预防措施来保护。对于小型产品公司而言，实施和维护认证系统是昂贵的过程。大型公司（例如 Google 和 Facebook）拥有这样做的资源和专业知识。

（2）身份提供商可能会提供有关用户的其他信息，这些信息可用于个性化服务或将广告定位到用户。当然，当与主要提供商建立联合身份系统时，必须询问用户是否愿意与共享信息，并不能保证他们一定会同意。

针对个人客户的消费类产品可以接受使用 Google 或 Facebook 作为受信任服务的认证。对于企业产品，仍然可以使用联合身份，并基于企业自己的身份管理系统进行认证。

如果使用 Office 365 之类的产品，则可以看到其工作原理。一开始你使用企业电子邮件地址向 Office 365 标识自己，身份管理系统从你的地址中发现企业域，并查找企业自己的身份管理服务器。你将被转到该服务器，输入你的业务凭据，然后该服务器会将令牌发送到 Office 365 系统以验证你的身份。

由于隐私问题，有些人不喜欢联邦身份服务。用户信息必须与第三方身份服务共享，作为使用该服务的条件。如果 Google 是身份服务，则它将知道你使用的软件。它可以使用此信息更新所拥有的有关你的数据，以改善其针对个性化广告的定位。

有多种实现联合认证的方法，但是大多数提供联合认证服务的主要公司都使用 OAuth 协议。此标准认证协议已被设计为支持分布式认证以及将认证令牌返回给调用系统的验证方式。

但是，OAuth 令牌不包含有关已认证用户的信息。它们仅指示应授予访问权限，无法使用 OAuth 认证令牌来决定用户权限，例如，他们应有权访问系统的哪些资源。为了解决这个问题，已经开发了一种称为 OpenID Connect 的认证协议，该协议可提供来自认证系统的用户信息。除 Facebook 以外，大多数主要的认证服务现在都使用此服务，Facebook 在 OAuth 之上开发了自己的协议。

7.2.2　移动设备认证

移动设备（平板电脑和电话）的普及意味着提供基于云的产品的公司通常会向用户提供移动应用程序以访问其服务。当然，可以像在浏览器上一样使用完全相同的方法在移动设备上进行认证。但是，这可能会惹恼用户，并因此减少使用你的移动应用程序。移动键盘时常容易产生错误，如果坚持使用强密码，那么用户很有可能会输错密码。

作为使用登录名/密码对的替代方法，移动认证的常用方法是在移动设备上安装认证令牌。当应用启动时，令牌将被发送到服务提供商以识别设备的用户。这种认证方法如图 7.6 所示。

用户在应用程序供应商的网站注册并创建一个账户，以定义其认证凭据。用户在安装应用程序时，将使用这些认证凭据对自己进行认证。这些凭据通过安全连接发送到认证服务器。然后，该服务器发出安装在用户的移动设备上的认证令牌。随后，当应用启动时，它将令牌发送给认证服务器以确认用户的身份。为了增加安全性，认证令牌可能会在一段时间后过期，用户必须定期向系统重新进行认证。

这种方法的潜在缺点是，如果设备被盗或丢失，则非设备所有者也可以访问产品。可以通过检查设备所有者是否设置了设备密码或生物特征识别码来保护自己免受未经授权的访问，从而防止出现这种情况。否则，需要用户在每次启动应用程序时重新进行认证。

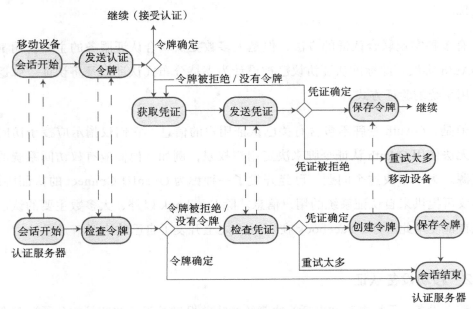

图 7.6　移动设备认证

发行用户数字证书并使用基于证书的认证是基于令牌的认证的一种变体，其中令牌是数字证书（请参阅"推荐阅读"）。与简单的认证令牌相比，这是一种更安全的方法，因为证书是由受信任的提供者颁发的，并且可以检查其有效性。同一证书可以在各种应用程序中提供登录。

但是，管理证书有很大的开销。你必须自己执行此操作，或者将管理外包给安全服务。将认证信息从客户端设备发送到认证服务器时，必须始终对其进行加密。可以使用 https 而不是 http 连接在客户端和服务器之间执行此操作。我将在 7.4 节中解释安全传输。

7.3　授权

认证涉及用户向软件系统证明其身份。授权是它的补充过程，在这个过程中，身份用于控制对软件系统资源的访问。例如，如果在 Dropbox 上使用共享文件夹，则该文件夹的所有者可以授权读取该文件夹的内容，但不能在该文件夹中添加新文件或覆盖文件。

企业可以基于访问控制策略定义用户对资源的访问类型。该策略是一组规则，用于定义控制哪些信息（数据和程序）、谁可以访问该信息以及允许的访问类型（图 7.7）。

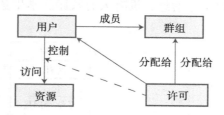

图 7.7　访问控制策略的元素

例如，访问控制策略可以指定护士和医生有权访问系统上存储的所有医疗记录。医生可以修改记录中的信息，但是护士只能添加新信息。患者可以阅读自己的记录，如果发现自己认为是错误的，则可以发出更正请求。

如果开发供个人使用的产品，则可能不需要包括访问控制功能。访问控制策略只是允许单个用户创建、读取和修改他们自己的所有信息。但是，如果具有多用户业务系统或在单个账户中共享信息，则访问控制至关重要。

出于法律和技术原因，明确的访问控制策略很重要。必须在定义的访问控制策略中反映出数据保护规则限制对个人数据的访问。如果此策略不完整或不符合数据保护规则，则在发生数据泄露事件后可能引起法律纠纷。从技术上讲，访问控制策略可以是系统设置访问控制方案的起点。例如，如果访问控制策略定义了学生的访问权限，则在注册新学生时，默认情况下都将获得这些权限。

大多数文件和数据库系统中都使用访问控制列表（ACL）来实现访问控制策略。ACL 将用户与资源链接在一起，并指定允许这些用户执行的操作。例如，对于本书，我希望能够为书文件设置 ACL，以允许审阅者阅读该文件并对其进行注释，但是不允许编辑文本或删除文件。

如果 ACL 基于个人权限，则这些列表可能会很大。但是，可以通过将用户分配给组，然后为组分配权限来减少列表（图 7.8）。如果使用组的层次结构，则可以向子组和个人添加或删除权限。

图 7.8 显示了大学中与资源 A、B 和 C 相关联的 ACL 示例。资源 A 是任何人都可以阅读的公共文档，但是它只能由机构中的人员创建和编辑，并且只能由系统管理员删除。资源 B 是可执行程序，任何人都可以执行，但是只有系统管理员

201

才能创建和删除。资源 C 是一个学生信息系统，管理人员可以在系统中创建、读取和编辑记录；教学人员可以阅读和编辑所在部门的学生记录；学生只能阅读自己的记录。为了确保保留学生信息，没有人有权删除学生数据。

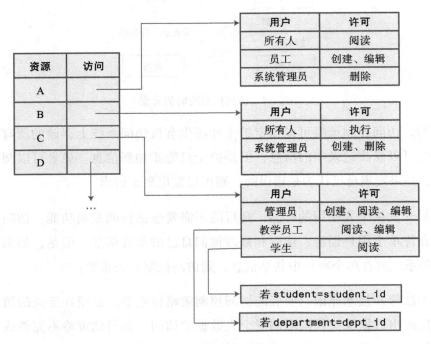

图 7.8　访问控制列表

除非是非常专业的产品，否则不值得开发自己的访问控制系统进行授权。相反，应该在基础文件或数据库系统中使用 ACL 机制。但可以为 ACL 系统实现自己的控制面板，以反映产品中使用的数据和文件类型。这样可以更轻松地设置和撤销访问权限，并减少授权错误的机会。

202

7.4　加密

加密是通过算法转换使文件变得无法读取的过程。加密算法使用密钥作为此转换的基础。可以通过逆变换来解码加密的文本。如果选择了正确的加密算法和密钥，那么其他人在没有密钥的情况下几乎不可能从密文中解密出文本。

203   加密和解密的过程如图 7.9 所示。

现代加密技术能够使用当今无法破解的加密技术来加密数据。但历史证明，当新的技术出现时，现有的强加密技术就有可能被破解（表 7.4）。量子计算机特别适合于快速地解密使用当前加密算法加密的文本。如果商业量子系统可用，将必须使用完全不同的加密算法在 Internet 上进行加密。

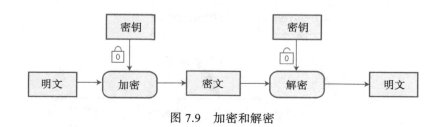

图 7.9   加密和解密

表 7.4   技术和加密

第二次世界大战期间，德国军方使用了一种基于 Enigma 的机电编码机的加密系统。他们认为基于要测试破坏密码的组合数量，是无法破解的。

然而，英国计算机科学家的先驱艾伦·图灵（Alan Turing）设计了两台早期计算机，其中一台机电的（Bombe）和一台电子的（Colossus），专门用于破解 Enigma 加密。这些计算机每秒可以执行数千次操作，并且可以解码很大一部分加密的德语消息。据说这已挽救了数千名盟军的生命，并加速了纳粹德国的失败

加密是一个复杂的话题。大多数工程师都不是加密系统设计和实现方面的专家。因此，对于使用哪种加密方案、如何管理加密密钥等，本书不提供建议。在这里主要是对加密做一个概述，介绍在制定加密决策时必须考虑的事项。

7.4.1   对称和非对称加密

如图 7.10 所示，对称加密已经使用了数百年。在对称加密方案中，使用相同的密钥来编码和解码需要保密的信息。如果 Alice 和 Bob 希望交换一份秘密消息，则两者都必须拥有密钥的副本。Alice 使用此密钥来加密消息，Bob 收到消息后，将使用相同的密钥对其进行解密以读取其内容。

对称加密方案的基本问题是需要安全地共享加密密钥。如果 Alice 只是简单地将密钥发送给 Bob，则攻击者可能会截获该消息并获得对密钥的访问权限。随后，攻击者可以解密未来所有的秘密通信。

另一种方法称为非对称加密（图 7.11），该方法不需要共享密钥。非对称加密方案使用不同的密钥来加密和解密消息。每个用户都有一个公钥和一个私钥。在加密阶段可以使用任何一个密钥，但是在解密阶段只能使用另外一个。

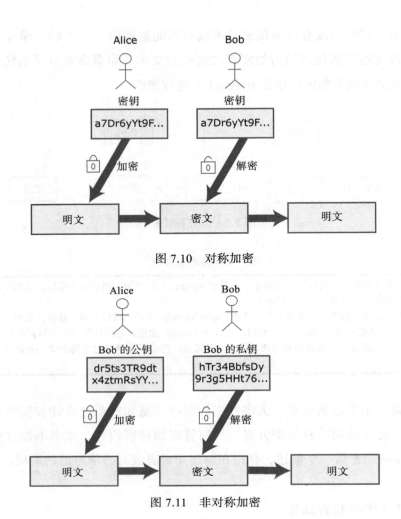

图 7.10   对称加密

图 7.11   非对称加密

顾名思义，公钥可以由密钥拥有者发布和共享。任何人都可以访问和使用已发布的公钥。但是，消息只能通过用户的私钥解密，因此只有目标收件人才能进行读取。例如，在图 7.11 中，Alice 使用 Bob 的公钥来加密消息，Bob 使用仅自己知道的私钥来解密消息。Bob 的公钥无法解密消息。

非对称加密还可用于对消息的发送者进行认证：通过使用私钥对消息的发送者进行加密，并使用相应的公钥对消息的发送者进行解密。假定 Alice 想向 Bob 发送消息，Alice 有 Bob 的公钥副本，但是不确定是否正确，并且担心消息可能会发送给错误的人。图 7.12 显示了如何使用私钥 / 公钥加密来验证 Bob 的身份。Bob 使用私钥对消息进行加密，然后将其发送给 Alice，如果 Alice 可以使用 Bob 的公钥来解密邮件，则 Alice 拥有的密钥是正确的。

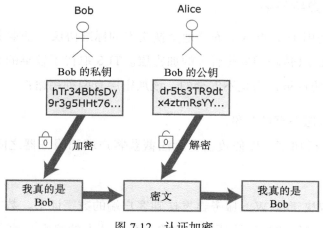

图 7.12　认证加密

　　由于没有安全的密钥交换问题，一个显而易见的问题是"为什么不使用非对称加密，而是使用对称加密？"因为对于相同的安全级别（以破解密码所需的时间来衡量），非对称加密所需的时间大约是对称加密的 1000 倍。这与要编码的文本长度成正比。因此，实际上非对称加密仅用于编码相对较短的消息。

　　对称加密和非对称加密可以一起使用，这是世界上使用最广泛的加密方案，是网络上交换安全消息的基础。下面以此为例说明如何结合对称和非对称加密。

206

　　表格 7.5 显示了数字证书中包含的信息。

表 7.5　数字证书中的信息

证书元素	解　释
主体信息	有关正在被访问网站的公司或个人的信息。申请人向证书颁发机构申请数字证书，该机构将检查申请人是否为有效组织
证书颁发机构（CA）信息	有关颁发证书的 CA 的信息
证书信息	有关证书本身的信息，包括唯一的序列号和有效期，由开始日期和结束日期确定
数字签名	以上所有数据的组合唯一地标识了数字证书。签名数据使用 CA 的私钥加密，以确认数据正确无误。还指定了用于生成数字签名的算法
公钥信息	CA 的公钥以及密钥大小和所使用的加密算法都包括在内。公钥可用于解密数字签名

7.4.2 TLS 和数字签名

https 协议是用于在 Web 上安全地交换文本的标准协议。基本上，它是标准的 http 协议加上 TLS（传输层安全性）的加密层。TLS 取代了较早的 SSL（安全套接字层）协议，该协议被认为是不安全的。该加密层有两种用途：

- 验证 Web 服务器的身份。
- 对通信进行加密，以使攻击者无法截获客户端和服务器之间的消息，从而无法读取。

TLS 加密取决于从 Web 服务器发送到客户端的数字证书。数字证书由 CA 颁发，它是一种受信任的身份认证服务。购买数字证书的组织必须向 CA 提供有关其身份的信息，并且此身份信息已编码在数字证书中。因此，如果证书由公认的 CA 颁发，则服务器的身份可以被信任，使用 https 的 Web 浏览器和应用程序包含了受信任的证书提供者的列表。

CA 使用其私钥对证书中的信息进行加密，以创建唯一的签名。该签名与 CA 的公钥一起包含在证书中。要检查证书是否有效，可以使用 CA 的公钥解密签名。解密得到的信息应与证书中的其他信息匹配。如果不匹配，则该证书已经被伪造，应该被拒绝。

当客户端和服务器希望交换加密信息时，它们进行通信以建立 TLS 连接。然后，他们会交换信息，以建立客户端和服务器都将使用的加密密钥，如图 7.13 所示。

服务器发送给客户端的数字证书包含了服务器的公钥。服务器还会生成一个长的随机数，使用私钥来对其进行加密，然后将它发送给客户端。然后，客户端可以使用服务器的公钥对此解密，然后生成自己的长随机数。它使用服务器的公钥对该数字进行加密，然后将其发送到服务器，服务器使用私钥对消息进行解密。这样，客户端和服务器就都有两个长随机数。

约定的加密方法是从这些数字生成加密密钥。客户端和服务器分别独立计算密钥，该密钥将使用对称方法来加密后续消息。然后，使用该计算出的密钥对所有客户端 – 服务器流量进行加密和解密，无须交换密钥本身。

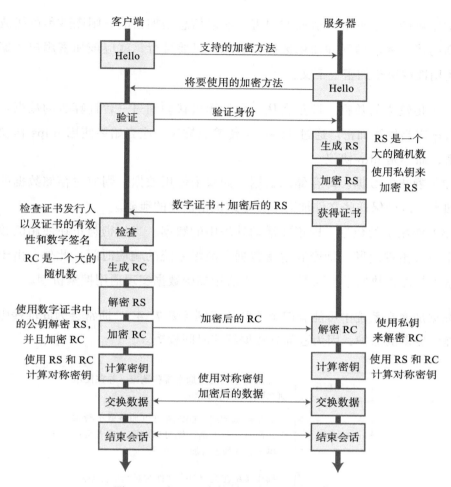

图 7.13 在 TLS 中使用对称和非对称加密

7.4.3 数据加密

作为产品提供商，不可避免地需要存储有关用户的信息，对于基于云的产品，则不可避免地需要存储用户数据。用户信息可能包括个人信息，例如地址、电话号码、电子邮件地址和信用卡号。用户数据则可能包括用户创建的文档或业务数据库。

例如，假设开发的产品是针对多实验室的基于云的系统，允许存储和处理有关新药测试的信息。该数据库包括相关实验、实验的参与者以及测试结果的信息。这些数据的盗用可能会损害测试参与者的隐私，而且测试结果的披露可能会影响测试公司的财务状况。

加密可减少数据盗窃造成的损害。如果信息是加密的，则盗贼不可能或者付出极高的代价才能访问和使用数据。因此，只要可行，就应该加密用户数据。加密的实用性取决于加密上下文：

（1）传输中的数据。即正在从一台计算机移动到另一台计算机的数据。传输中的数据应当始终加密。通过 Internet 传输数据时，应当始终使用 https 协议来确保加密，而不是 http 协议。

（2）静止的数据。即存储的数据。如果未使用数据，则应对存储数据的文件进行加密，以确保这些文件被盗不会导致机密信息的泄露。

209

（3）使用中的数据。即正在活动处理中的数据。当加密与正在使用的数据一起使用时会出现问题，加密和解密数据会减慢系统的响应时间。此外，由于难以将搜索项与加密数据进行匹配，因此无法用加密数据实现通用搜索机制。

数据加密在系统中可能有四个不同的级别（图 7.14）。通常会为此堆栈中较高级别提供更多的保护，因为这部分数据解密时间较短。

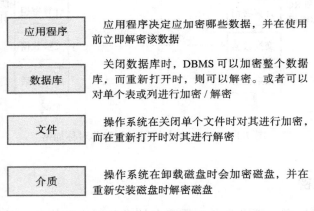

图 7.14　加密等级

介质级加密指的是对整个磁盘进行加密。这在一定范围内提供了保护，如果笔记本电脑或者便携式介质丢失或被盗，其可用于保护这些介质上的数据。此级别加密与产品开发人员没有太大关系。

文件级加密会加密整个文件，如果维护的是文件中的一些信息而不是将所有信息存储在 DBMS 中，则可以使用文件级加密。通常，需要为系统文件提供自己的加密系统。不要信任 Dropbox 等云提供商所使用的加密，因为他们拥有密钥，可以访问你的数据。

大多数数据库管理系统都对加密提供一些支持：

（1）数据库文件加密。数据库中保存数据的文件已加密。当 DBMS 从文件中请求数据时，它将在传输到系统内存时被解密，并在回写到文件时被加密。

（2）"列级别"加密。关系数据库系统中的特定列已加密。例如，如果数据库中包含个人信息，则应加密包含用户信用卡号的列。仅当检索到该列时才需要解密，例如要在交易中发送卡号给信用卡公司。

应用程序级加密使产品开发人员可以决定对数据加密的内容和时间。你可以在产品中实施加密方法以加密和解密机密数据。产品的每个用户都选择一个私人的加密密钥。在生成或修改数据的应用程序中对数据进行加密，而不是依赖数据库加密。因此，所有存储的数据始终会被加密。不要存储使用的加密密钥。

然而，应用程序级加密有几个缺点：

（1）大多数软件工程师都不是加密专家。实现可信赖的加密系统既复杂，代价又高，并且很可能会出错。系统可能不如预期的那样安全。

（2）加密和解密会严重影响应用程序的性能。加密和解密所需的时间会使系统变慢，用户可能会拒绝开发软件，或者不使用加密功能。

（3）除了加密之外，还需要提供密钥管理的功能，这将在下一节中介绍。通常，这需要编写额外的代码以将应用程序与密钥管理系统集成在一起。

如果在应用程序中实现加密，可以使用大多数语言都能用的加密库。对于对称加密，AES 和 Blowfish 算法非常安全，但应该开发或引入专业知识来帮助选择最适合产品的加密方法。

7.4.4　密钥管理

加密系统中的一个普遍问题是密钥管理，这是确保加密密钥由授权用户安全地生成、存储和访问的过程。企业可能必须管理数万个加密密钥，由于必须管理大量的加密密钥和数字证书，因此手动进行密钥管理是不现实的，需要使用自动密钥管理系统（KMS）。

密钥管理很重要，如果弄错了，未经授权的用户可能会访问密钥，从而解密私人数据。更糟糕的是，如果丢失了加密密钥，那么加密的数据可能将永远无法访问。

KMS 是专用于安全存储和管理加密密钥、数字证书以及其他机密信息的数据库。它可能会提供诸如密钥生成之类的功能，例如公用 / 专用密钥对，管理哪些人和应用程序可以访问密钥的访问控制，以及将密钥从 KMS 安全地转移到其他网络节点的密钥转移。

图 7.15 显示了使用 KMS 协调访问的加密系统的组成。

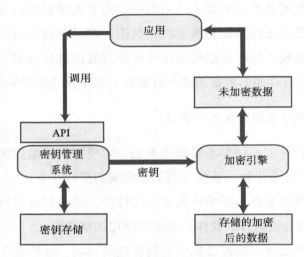

图 7.15　使用 KMS 进行加密管理

会计业务和其他法规业务可能会要求企业将其所有数据的副本保留几年。例如，在英国，税收和公司数据至少保留六年，而某些类型数据的保留期则更长。数据保护法规可能要求安全地存储这些数据，因此应对数据进行加密。

但是，为了降低安全漏洞的风险，应定期更改加密密钥。需要使用与系统中当前数据不同的密钥来加密存档数据。因此，KMS 必须维护多个带有时间戳的密钥版本，以便可以根据需要解密系统备份和档案。

KMS 功能的某些元素可以作为标准的操作系统功能来提供，例如 Apple 的 MacOS 密钥链，但这实际上仅适用于个人或小型企业。大型企业可以使用更复杂的 KMS 产品和服务。Amazon、Microsoft 和 Google 提供了专门针对基于云的产品设计的 KMS。

7.5 隐私

隐私是一种社会概念，与收集、传播和适当使用第三方（例如公司或医院）持有的个人信息有关。隐私的重要性会随着时间的推移而发生变化，并且不同的人对于隐私的重要程度有不同的看法。文化和年龄也会影响人们对隐私的看法。

- 有些人可能愿意通过将他们的联系人列表上传到软件系统中来显示有关朋友和同事的信息；另一些人则不希望这样做。
- 年轻人是较早使用首批社交网络的人，与老年人相比，他们中许多人并不抵制在这些平台上共享个人信息。
- 在某些国家，个人的收入水平被视为私人事务；在其他国家，所有纳税申报表都是公开发布的。

为了保护隐私，你需要一个安全的系统。但是，安全性和隐私性不是一回事。Facebook 是一个安全系统，安全漏洞极少。但是，由于系统的功能预防或使用户难以控制谁能看到他们的个人信息，因此存在一些违反隐私的行为。在医疗信息系统中，如果外部攻击者可以访问医疗记录，则被认为是安全故障。如果系统发送了一些不想要的有关护理中心的信息，则构成隐私失效。

人们对隐私有不同的看法，因此不可能基于"敏感个人信息"的定义来建立客观的"隐私标准"。很少有人会反对维护健康信息的隐私。但是位置信息呢？应该是私有的吗？知道一个人的位置可以增强许多产品的用户体验，但是这些信息可能会被滥用，因此某些人不想透漏自己的位置，或者不允许其他公司使用他们的位置信息。

在许多国家，个人隐私受到数据保护法的保护。这些法律将收集、传播和使用个人数据的方式限制在其收集目的之内。例如，旅行保险公司可以收集健康信息以评估其风险水平，这是合法且允许的，但是使用这些信息来定位保健产品的在线广告则是非法的，除非这些公司的用户给出了特定的许可。

图 7.16 显示了数据保护法可能涵盖的区域。这些法律因国家而异，某些国家的法律并未涵盖所有区域。欧盟的数据保护法规（GDPR）是世界上最严格的法规之一，在此基于这些法规进行讨论。该法规不仅适用于欧洲公司，还适用于所有持有欧盟公民数据的公司，无论这些公司位于何处。因此，允许欧盟公民创建账户的美国、印度和中国公司必须遵守 GDPR。

213

图 7.16   数据保护法

数据保护法通常涉及数据主体和数据控制者。数据主体是要管理的数据的个人，数据控制者是数据的管理者。"数据所有者"这一术语是模棱两可的，因此通常不使用。数据主体有权访问存储的数据并纠正错误，他们必须同意使用其数据，并可以要求删除相关数据。数据控制者负责将数据安全地存储在数据保护法所覆盖的位置。控制者必须为主体提供其对数据的访问权限，并且仅应将其用于收集目的。

数据保护法是基于一套反映良好隐私惯例的隐私原则（图 7.16）。

以下是需要注意信息隐私的三个原因：

（1）如果直接向消费者提供产品，并且不遵守隐私法规，那么可能会受到产品购买者或数据监管者的法律诉讼。如果达不到某些国家的数据保护法规提供的保护强度，则不能在这些国家销售产品。

（2）如果是商业产品，则商业客户需要隐私保护措施，以使用户被侵犯隐私可以采取法律行动。

（3）如果个人信息泄露或被滥用，即使这不视为违反隐私法规，产品声誉也可能会受到严重影响，客户可能因此停止使用产品。

软件需要收集的信息取决于产品的功能以及所使用的业务模型。你不应该收集不需要的个人信息。假设你正在开发面向服务的学习环境，你需要收集有关学习者使用的系统、使用的服务、访问的学习模块以及在评估中的表现等信息，你不需要有关用户的种族背景、家庭状况或使用其他软件的信息。

为了保护用户数据的隐私，你应该建立一个隐私政策，该政策定义如何收集、存储和管理有关用户的个人和敏感信息。表 7.6 中显示的常规数据保护原则应作为开发产品隐私策略的框架。

表 7.6　数据保护原则

数据保护原则	解　释
意识与控制	产品的用户必须知道在使用产品时被收集了哪些数据，并且必须控制从用户那里收集的个人信息
目的	必须告诉用户为什么要收集数据，并且不得将这些数据用于其他目的
同意	在向他人透露其数据之前，必须始终征得用户的同意
数据声明周期	保存数据不能超过用户所需的时间。如果用户删除账户，则必须删除和该账户相关的数据
安全存储	必须安全地维护数据，以防止数据被篡改或泄露给未经授权的人
发现和纠错	必须允许用户能找到存储的个人数据，必须为用户提供一种纠正其个人数据错误的方法
位置	不得将数据存储在适用较弱的数据保护法律的国家/地区，除非明确达成协议，在那里将遵守更严格的数据保护规则

软件产品以不同的方式使用数据，因此隐私政策必须说明将收集哪些个人数据以及如何使用这些数据。产品用户可以查看隐私政策并更改存储信息的偏好。例如，用户可以设置是否要接收产品的营销电子邮件。产品的隐私政策是法律文件，应该经过审核，以确保其与软件销售地的数据保护法相符。

然而，太多的软件公司将其隐私政策掩埋在很长的"条款和条件"文档中，实际上根本没有人阅读，因此可以去收集产品不需要的用户数据，并以用户不希望的方式使用这些数据。这不是非法的，但却是不道德的。GDPR 现在要求软件公司提供其隐私政策的摘要，以简单的语言而不是法律行话写成。

一些软件业务模型基于提供对软件的免费访问，并以某种方式使用用户的数据来产生收入。数据可用于针对用户投放广告或提供其他公司付费的服务。如果使用此模式，则应明确是为此目的而收集数据，并且服务取决于以某种方式货币化用户数据。应该始终允许用户选择不让其他公司使用他们的数据。

当产品包含允许用户查看其他用户在做什么或者如何使用产品时，隐私变得特别具有挑战性。Facebook 是最典型的例子。关于 Facebook 隐私以及公司使用用户数据并为用户提供隐私控制的方式，一直存在许多争议。Facebook 提供了广泛的隐私控制，但是这些控制并不全都位于同一位置，因此有时很难找到。因此，许多 Facebook 用户无意间泄露了他们可能更希望保密的个人信息。

216

如果产品包含社交网络功能，以便用户可以共享信息，则应确保用户了解如何控制他们共享的信息。理想情况下提供一个"隐私控制板"，其中所有隐私控制都集中在一个位置，并且对用户清晰可见。如果系统的功能取决于挖掘用户信息，则应向用户表明，设置隐私控制可能会限制系统提供的功能。

要点

- 安全性是一个技术概念，与软件系统保护自身免受可能威胁其可用性、系统及其数据的完整性以及盗窃机密信息的恶意攻击的能力有关。

- 对软件产品的常见攻击类型是注入攻击、跨站点脚本攻击、会话劫持攻击、拒绝服务攻击和暴力攻击。

- 认证可以基于用户知识、用户所有权或用户属性。

- 联合认证涉及将认证的责任下放给第三方（例如 Facebook 或 Google）或企业的认证服务。

- 授权指的是基于用户的认证来控制对系统资源的访问。访问控制列表是实现授权的最常用机制。

- 对称加密涉及使用相同的密钥对信息进行加密和解密。非对称加密使用密钥对——私钥和公钥。使用公钥加密的信息只能使用私钥解密。

- 对称加密中的一个主要问题是密钥交换。用于保护 Web 流量的 TLS 协议通过使用非对称加密来传输生成共享密钥所需的信息来解决此问题。

- 如果产品存储敏感的用户数据，则应在不使用敏感数据时对其进行加密。

- 密钥管理系统（KMS）存储加密密钥。使用 KMS 是必不可少的，因为企业可能必须管理成千上万甚至数百万个密钥，并且可能必须解密使用过时的加密密钥加密的历史数据。

- 隐私是一个社会概念，与人们对个人信息向他人发布的感觉有关。不同的国家和文化对哪些信息该不该作为隐私有不同的想法。

- 许多国家已经通过了数据保护法，以保护个人隐私。他们要求管理用户数据的公司安全地存储它们，以确保未经用户许可不会使用或出售它们，并允许用户查看和更正系统持有的个人数据。

推荐阅读

Security in Computing, 5th edition（C. P. Pfleeger and S. L. Pfleeger. Prentice Hall，2015）：有很多关于计算机安全的通用书籍，涉及很多相同的主题。所有这

些都对安全性基础（例如认证、授权和加密）进行了合理的概述。

Schneier on Security（B. Schneier, various dates）：Bruce Schneier 是一位著名的安全专家，撰写的文章浅显易懂。他的博客涵盖了广泛的常规安全主题。

https://www.schneier.com/

The Basics of Web Application Security（C. Cairns and D. Somerfield, 2017）：该文是 Martin Fowler 团队的精彩介绍，内容涉及对 Web 应用程序可能的安全威胁以及可以用来应对这些威胁的防护措施。

https://martinfowler.com/articles/web-security-basics.html

Excess XSS：A comprehensive tutorial on cross-site scripting（J. Kallin and I. Lobo Valbuena, 2016）：该文是有关跨站点脚本攻击及其预防方法的综合教程。

https://excess-xss.com/

Certificates and Authentication（Redhat, undated）：该文介绍了如何在认证过程中使用证书。

https://access.redhat.com/documentation/en-US/Red_Hat_Certificate_System/8.0/ html/ Deployment_Guide/Introduction_to_Public_Key_Cryptography-Certificates_ and_Authentication.html

218

5 Common Encryption Algorithms and the Unbreakables of the Future（StorageCraft, 2017）：加密是一个复杂的主题，需要仔细选择加密算法。该文介绍了五种常用的加密算法，但是在做出选择之前，需要更详细的研究。

https://www.storagecraft.com/blog/5-common-encryption-algorithms/

What Is GDPR? The summary guide to GDPR compliance in the UK（M. Burgess, 2018）：GDPR（通用数据保护法规）是对欧洲数据保护法规的一项重大变更，该法规于 2018 年生效。该文很好地概括了通用数据保护问题，并讨论了 GDPR 如何加强数据保护

http://www.wired.co.uk/article/what-is-gdpr-uk-eu-legislation-compliance- summary-fines-2018

习题

1. 简要描述在计划如何保护软件产品免受网络攻击时必须考虑的三种主要威胁类型。

2. 用你自己的语言解释你对 SQL 注入攻击的理解。说明如何使用数据验证来避免此类攻击。

3. 你认为在双重认证中使用专用设备而不是移动电话有什么优缺点？（提示：请考虑将手机用作认证设备的问题。）

4. 对以下产品进行适当的认证，给出你的建议和理由：

   （1）由广告提供资金的，面向教师和学生的电子学习产品，允许用户推荐有关一系列主题的视频和其他学习材料。

   （2）用于移动设备的个人理财应用程序，可以根据用户设置的规则在不同账户之间自动转账。

   （3）一种用于企业的人力资源产品，可帮助管理新员工的招聘过程。

5. 对称加密和非对称加密有什么区别？为什么我们需要两种加密方法？

6. 说明为什么使用数据库内置的加密支持比实现自己的应用程序级加密要更合适。

7. 说明如何在 TLS 协议中安全地交换加密密钥。

8. 依法必须保存多年的机密信息有哪些问题？密钥管理系统如何解决这些问题？

9. 为什么很难建立一套可以在软件产品上国际应用的隐私标准？

219
220

可信赖编程

要创建一个成功的软件产品，你需要做的不仅仅是提供一个满足客户需求的有用功能的集合。客户必须确信你的产品不会崩溃或丢失信息，并且用户必须能够学会快速、无误地使用软件。简而言之，你需要创造一个人们愿意使用的"高质量"产品。

说一个程序是高质量的，是指目标程序的一些性质使程序可用并且实际有用。第 4 章介绍了非功能性质量属性的概念，并在表 4.2 中进行了描述。图 8.1 显示了这些软件产品质量属性。

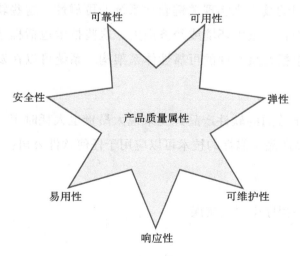

图 8.1　产品质量属性

质量属性分为如下三类：

（1）可靠性属性：可靠性、易用性、安全性和弹性。这些都与软件是否能够准确无误地按照用户的预期交付功能有关。

（2）用户体验属性：响应性和易用性。这些都和用户与产品的交互有关。

（3）可维护性：一个复杂的属性，与开发人员修改程序以纠正错误和添加新功能的容易程度有关。

有时这些属性是相互支持的，有时它们是对立的。例如，如果通过验证所有输入来提高程序的安全性，则可以提高其可靠性。但是，由于验证涉及额外的检查，它会减慢程序的速度并降低其响应性。通过添加额外的认证级别来提高安全性也会影响程序的易用性，因为用户必须记住并输入更多信息，然后才能开始执行有用的工作。

在此，我将重点放在有助于提高程序整体可靠性的技术上，使用术语"可靠性"来涵盖可靠性、可用性、安全性和弹性。易用性和响应性是实践中的关键属性。然而，它们是程序的主观属性，根据程序的应用领域和市场不同而有所不同。因此，很难就如何最好地实现响应性和易用性提供独立于产品的指导。

可维护性取决于程序及其结构的可理解性。为了便于维护，程序必须由编写良好的、可替换的、可测试的单元组成。大多数提高可靠性的技术也有助于提高可维护性。

已开发了专门的技术来实现关键软件系统的可靠性。这些软件系统若出故障可能会导致人员伤亡、重大环境或经济损失。这些技术包括程序的形式化规范和验证，以及使用包括冗余组件的可靠性体系架构。系统可以在发生故障时自动切换到备份组件。

这些技术对于普通的软件产品开发来说太昂贵也太耗时了，然而，有三种简单、低成本的提高产品可靠性的技术可以应用于任何软件公司：

1. 避免错误

你应该避免在程序中引入错误。

2. 输入验证

你应该定义用户输入的预期格式，并验证所有输入是否符合该格式。

3. 故障管理

你应该在实现软件时考虑使程序故障对产品用户的影响达到最小。

为避免错误而编程意味着使用一种可以减少在程序中引入错误的机会的编程。程序应该易于阅读，以便读者能够轻松理解代码。尽量减少易出错的编程语言结构的使用。修改和改进（重构）程序，使其更具可读性，并删除晦涩的代码。重用可信代码，并且应使用易于理解、经过尝试和测试的概念（如设计模式）进行编程。

第 7 章讨论了输入验证在避免系统受到几种安全威胁方面的重要性。输入验证即检查用户输入是否满足预期，它对于可靠性也很重要。通过捕获无效输入，可以确保不正确的数据不会被处理或输入到系统数据库中。

然而，你不能仅仅依赖于避免错误。所有的程序员都会犯错误，所以应该假设程序中总会有残留的错误。这些错误可能不会给大多数用户带来问题，但有时会导致软件故障。现在，大多数用户都能接受程序出错，只要不必重做工作，他们都可以容忍程序失败。因此，你应该预见程序可能会出现故障，但应能恢复，恢复功能使用户可以以最小的中断重新启动。

8.1　避免错误

故障是当程序员出错和引入错误代码时编程出错的结果。如果执行了错误的代码，程序就会以某种方式失败，如可能会产生不正确的输出，程序可能不会终止，或者程序可能会崩溃而无法继续执行。例如，程序员可能忘记在循环中增加变量，导致循环永远不会终止。

因此，为了提高程序的可靠性，你应该以最小化程序错误数的方式进行编程。对此，可以通过测试程序来显示故障，然后更改代码来删除这些故障。但是，如果可以，最好将导致程序出错和后续执行失败的编程错误最小化。这就叫避免错误。

图 8.2 显示了导致程序错误的三个潜在原因。让我们看看这些错误类型的例子。

223

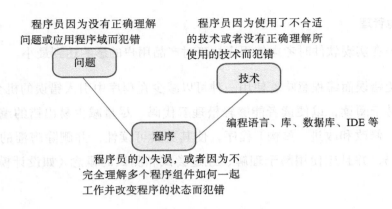

图 8.2   导致程序错误的潜在原因

（1）假设你正在实现一种帮助企业管理差旅费用的产品，如果你不了解支配支出的税法，那么在实现产品时不可避免地会犯错误（问题错误）。

（2）假设你正在为博物馆和美术馆实现编目系统。因为你有使用 MySQL 的经验，所以决定在这个系统中使用关系数据库，然而，由于博物馆中的对象多样，需要创建一个复杂的数据库模式。由于复杂度较大，在将对象描述拟合到该模式中时，你容易出错。如果你选择了 TVoSQL 数据库，比如 MongoDB，那么可能避免错误（技术错误）。

（3）我们在编程时都会犯一些简单的错误，比如拼写错了标识符名称。 这些通常可以由编译器或其他工具检测到。但是，这些工具无法捕捉某些类型的小错误，例如 `for` 循环中的 `out-by-1` 错误。在许多语言中，字符串中的字符从 0 开始寻址，最后一个字符的长度为 (str)-1。如果你编写的代码从位置 1 开始，而不是从 0 开始，则不会处理字符串中的第一个字符（程序错误）。

许多程序错误的根本原因是复杂度较大。正如第 4 章中所述，程序越复杂，就越难理解。如果不能完全理解一个程序，你就更容易在修改或添加新代码时出错。 因此，你应该以最小化复杂度的方式进行编程。

8.1.1   程序复杂度

复杂度与程序中元素之间的关系数以及这些关系的类型和性质有关（图 8.3）。实体之间的关系数称为耦合。耦合度越高，系统就越复杂。图 8.3 中的深灰节点具有较高的耦合度，因为它与其他 5 个节点有关系。

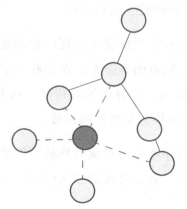

深灰节点以某种方式与虚线
连接的节点交互

图 8.3 软件的复杂度

复杂度也受关系类型的影响。静态关系是一种稳定的关系，不依赖于程序的执行。例如，一个组件是否是另一个组件的一部分就是静态关系。动态关系随时间而变化，比静态关系更复杂。例如函数之间的"调用"关系就是动态关系。这种关系根据程序执行的模式而改变。

受限于人类大脑的工作方式，复杂度过高会导致编程错误。可用短期记忆来解决问题，它会调用我们的感官和长期记忆中的信息来进行处理。

然而，短期记忆的容量是有限的，它只能处理 4 ～ 7 个离散的信息单元。对于更多的信息单元，我们需要在短期记忆和长期记忆之间切换。这种切换会减慢理解速度，并可能容易出错。我们可能不会传递所有必要的信息，或者传递了错误的信息。如果我们能简化事物，我们可以在短期记忆中保留更多的信息，从而减少出错的可能。

当前已有几种度量程序复杂度的方法，如 McCabe 的圈复杂度度量和源代码行数 SLOC。可以使用工具来分析程序和进行度量。然而，我对这些度量表示怀疑，因为代码复杂度还取决于如何组织数据。代码分析工具没有考虑到这一点。我不认为用这些度量来衡量复杂度是值得的。

程序复杂度在一定程度上受程序员的控制。然而，问题域有其自身的复杂度，这可能难以简化。例如，所有国家的税法都很复杂，所以如果要开发一种用来帮助用户报税的产品，它的复杂度可想而知。类似地，如果使用复杂的工具，你可能会因为不了解工具组件之间的交互而犯错误。

有时可以通过重新定义和简化问题来降低问题的复杂度。然而，有些问题不可能简化，你必须处理它们固有的复杂度。在这些情况下，应该采用那些能反映问题如何被描述和记录的结构、名称来编写程序。随着对问题的理解不断深入，对程序进行更改而不引入新错误会变得更加容易。

226　　这是编程指南建议在程序中使用可读名称的原因之一。例如，看看下面计算学生分数的代码片段，其中，分数是根据三次作业和一次期末考试的成绩计算出来的：

```
片段 1
G = A1\*0.1 + A2\*0.1 +A3\*0.2 + Ex \*0.6

片段 2
WrittenAssignmentWeight = 0.1
PracticalAssignmentWeight = 0.2
ExamWeight = 0.6

Grade = (Assignment1Mark + Assignment2Mark) * WrittenAssignmentWeight +
        ProjectMark * PracticalAssignmentWeight + ExamMark * ExamWeight
```

片段 1 使用缩写名称，显然编程速度更快，然而，它的含义并不清楚。相比之下，从片段 2 的代码中可以立即看出计算的是什么以及构成最终成绩的元素都有哪些。

可读性和其他编程指南，如缩进指南，对于避免错误非常重要，因为它们减少了程序的"阅读复杂度"。阅读复杂度反映了阅读和理解程序的难度。在这方面目前已有各种良好的实践指南，例如使用可读的名称、缩进代码和命名常量值。在此假定你已经知道了良好的编程实践，所以这里不讨论这些指导原则。

除了阅读复杂度之外，还必须考虑三种其他类型的程序复杂度：

1. 结构复杂度

反映了程序中结构（类、对象、方法或函数）之间的关系的数量和类型。

2. 数据复杂度

反映了所使用的数据的表示和程序中数据元素之间的关系。

3. 决策复杂度

反映了程序中决策的复杂度。

为了避免在代码中引入错误，编程时应尽可能减少这些类型的复杂度。关于如何做到这一点没有硬性规定，有时减少一种复杂度会导致某些其他类型的复杂度增加。然而，遵循表 8.1 所示的良好实践准则有助于减少程序复杂度和程序中的错误数量。关于这些指导方针的很多信息，还有其他的良好实践指导方针都可以在网上找到。

表 8.1　复杂度降低准则

类　型	指导方针
结构复杂度	函数应该只做一件事。功能永远不应该有副作用。每个类都应该有一个单一的职责。最小化继承层次结构的深度。避免多重继承。除非绝对必要，否则不要使用线程（并行）
数据复杂度	为所有的抽象定义接口。定义抽象数据类型。避免使用浮点数。不要使用数据别名
决策复杂度	避免使用深度嵌套的条件语句。避免使用复杂的条件表达式

由于篇幅所限，我不对这些指导方针详细描述。不过，为了说明总体思路，在此讨论一下与大多数面向对象程序相关的三个准则：

- 确保每个类都有单一的职责。
- 避免使用深度嵌套的条件语句。
- 避免深层继承层次结构。

1. 确保每个类都有单一的职责

自从 20 世纪 70 年代结构化程序设计出现以来，人们就认为程序单元只应该做一件事。Bob Martin 在他的 *Clean Code* [⊖] 一书中阐述了面向对象开发的"单一职责原则"。他认为你应该设计类，以使只有一个原因可以改变类。如果你采用这种方法，你的类将更小、更有凝聚力。它们将不那么复杂，更容易理解和改变。

我认为马丁关于"改变的唯一原因"的观点很难理解。然而，他在一篇博文 [⊖] 中以一种更好的方式解释了单一职责原则：

　　把那些因为同样的原因而改变的东西集合起来。把那些因不同的原

⊖　Robert C. Martin, *Clean Code: A Handbook of Agile Software Craftsmanship* (Boston: Prentice Hall, 2008).

⊖　https://8thlight.com/blog/uncle-bob/2014/05/08/SingleReponsibilityPrinciple.html.

因而改变的东西分开。

为了说明这一原理，图 8.4 显示了一个 DeviceInventory 类的两个版本的类图，它可能是库存管理业务产品的一部分。这个类记录谁使用公司的笔记本电脑、平板电脑和电话。

类的原始版本如图 8.4a 所示，其中有更新类属性的方法。假设产品经理建议企业能够打印设备分配报告。一种方法是添加 printInventory 方法，如图 8.4b 所示。这个变更打破了单一职责原则，因为它增加了一个额外的"变更原因"类。如果没有 printInventory 方法，更改类的原因是库存发生了一些根本性的变化，例如记录谁在使用个人电话做业务。但是，如果添加了打印方法，则将另一个数据类型（报表）与该类关联。更改此类的另一个原因可能是更改打印报表的格式。

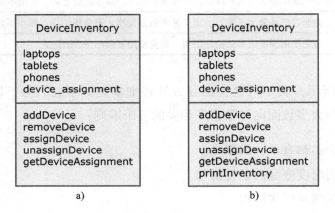

图 8.4　DeviceInventory 类

与其向 DeviceInventory 添加 printInventory 方法，不如添加一个新类来表示打印的报告，如图 8.5 所示。

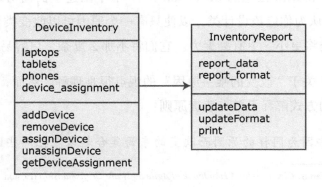

图 8.5　DeviceInventory 类和 InventoryReport 类

在这样一个小的示例中，遵循单一职责原则的好处并不明显，但是当你拥有更大的类时，这些好处是真实可见的。 不幸的是，在需要更改时修改现有类有时是实现这种更改的最快方式。但是，如果这样做，代码会变得越来越复杂。因此，作为重构过程的一部分（在 8.1.3 节中讨论），你应该定期重新组织类，以便每个类都有一个单独的职责。

2. 避免使用深度嵌套的条件语句

当你需要确定应做出哪一组可能的选择时，将使用深度嵌套的条件（if）语句。例如，程序 8.1 中的函数 agecheck 是一个简短的 Python 函数，用于计算保费的年龄乘数。保险公司的数据表明，司机的年龄和经验会影响发生事故的可能性，所以调整保费时会考虑到这一点。 命名常量而不是使用绝对数是一个很好的做法，因此程序 8.1 会命名所有被使用的常量。

230

程序 8.1　深度嵌套的 if-then-else 语句

```python
YOUNG_DRIVER_AGE_LIMIT = 25
OLDER_DRIVER_AGE = 70
ELDERLY_DRIVER_AGE = 80

YOUNG_DRIVER_PREMIUM_MULTIPLIER = 2
OLDER_DRIVER_PREMIUM_MULTIPLIER = 1.5
ELDERLY_DRIVER_PREMIUM_MULTIPLIER = 2
YOUNG_DRIVER_EXPERIENCE_MULTIPLIER = 2
NO_MULTIPLIER = 1

YOUNG_DRIVER_EXPERIENCE = 2
OLDER_DRIVER_EXPERIENCE = 5

def agecheck (age, experience):

    # Assigns a premium multiplier depending on the age and experience of the driver

    multiplier = NO_MULTIPLIER
    if age <= YOUNG_DRIVER_AGE_LIMIT:
        if experience <= YOUNG_DRIVER_EXPERIENCE:
            multiplier = YOUNG_DRIVER_PREMIUM_MULTIPLIER *
            YOUNG_DRIVER_EXPERIENCE_MULTIPLIER
        else:
            multiplier = YOUNG_DRIVER_PREMIUM_MULTIPLIER
    else:
        if age > OLDER_DRIVER_AGE and age <= ELDERLY_DRIVER_AGE:
            if experience <= OLDER_DRIVER_EXPERIENCE:
                multiplier = OLDER_DRIVER_PREMIUM_MULTIPLIER
```

```
        else:
            multiplier = NO_MULTIPLIER
        else:
            if age > ELDERLY_DRIVER_AGE:
                multiplier = ELDERLY_DRIVER_PREMIUM_MULTIPLIER
    return multiplier
```

对于嵌套很深的 `if` 语句，你必须跟踪逻辑以查看保费乘数应该是什么。但是，如果使用带有多个返回值的 `guard`，则其条件及相关操作就非常清楚了（程序 8.2）。`guard` 是放置在要执行的代码前面的条件表达式。它"保护"该代码，因为要执行代码，表达式必须为 `True`。因此，更容易看到代码段的运行条件。

程序 8.2 使用卫士命令 guards 进行选择

```
def agecheck_with_guards (age, experience):

    if age <= YOUNG_DRIVER_AGE_LIMIT and experience <=
        YOUNG_DRIVER_EXPERIENCE:
        return YOUNG_DRIVER_PREMIUM_MULTIPLIER *
        YOUNG_DRIVER_EXPERIENCE_MULTIPLIER
    if age <= YOUNG_DRIVER_AGE_LIMIT:
        return YOUNG_DRIVER_PREMIUM_MULTIPLIER
    if (age > OLDER_DRIVER_AGE and age <= ELDERLY_DRIVER_AGE) and experience <=
        OLDER_DRIVER_EXPERIENCE:
        return OLDER_DRIVER_PREMIUM_MULTIPLIER
    if age > ELDERLY_DRIVER_AGE:
        return ELDERLY_DRIVER_PREMIUM_MULTIPLIER
        return NO_MULTIPLIER
```

可以使用 Java 或 C++ 中的 `switch` 语句（有时称为 `case` 语句）实现受保护的选择。Python 中没有 `switch` 语句，因此必须以某种方式模拟它。我认为 `switch` 语句使代码更可读，而 Python 的语言设计人员在忽略这一点时犯了一个错误。

3. 避免深层继承层次结构

面向对象编程的一个创新是继承的思想。类（如 `RoadVehicle`）的属性和方法可以被子类（如 `Truck`、`Car` 和 `Motorbike`）继承。这意味着不需要在子类中重新声明这些属性和方法。当进行更改时，它们将应用于继承层次结构中的所有子类。

继承原则上看起来是一种有效的方法，可以有效地重用代码并进行影响所有子类的更改。然而，继承增加了代码的结构复杂度，因为它增加了子类的耦合。例如，图 8.6 显示了为医院员工定义的四级继承层次结构的一部分。

深度继承的问题是，如果要对类进行更改，必须查看它的所有超类，以了解在何处进行更改是最好的。你还必须查看所有相关的子类，以检查更改不会产生不必要的后果。当你做这个分析时，很容易犯错并把错误引入到程序中。 |232|

试图降低程序复杂度时会遇到的一个普遍问题，即复杂度有时来自产品的应用程序域的"固有复杂度"。例如，医院有许多不同类型的员工，如图 8.6 所示。如果简化继承层次结构，那么可能涉及在方法中引入条件语句以区分不同类型的人员。例如，你可以通过使用一个护士类型来删除图 8.6 所示层次结构中的最低级别，但是在编程时必须引入 guard。比如：

```
if NurseType = Midwife:
    do_something ()
elsif NurseType = WardNurse:
    do_something_else ()
else:
    do_another_thing ()
```

这些 guard 增加了决策复杂度，因此，你将结构复杂度转换成了决策复杂度。然而，我认为这样更好，因为决策复杂度是局部的（一切都在一个地方），通常更容易理解。 |233|

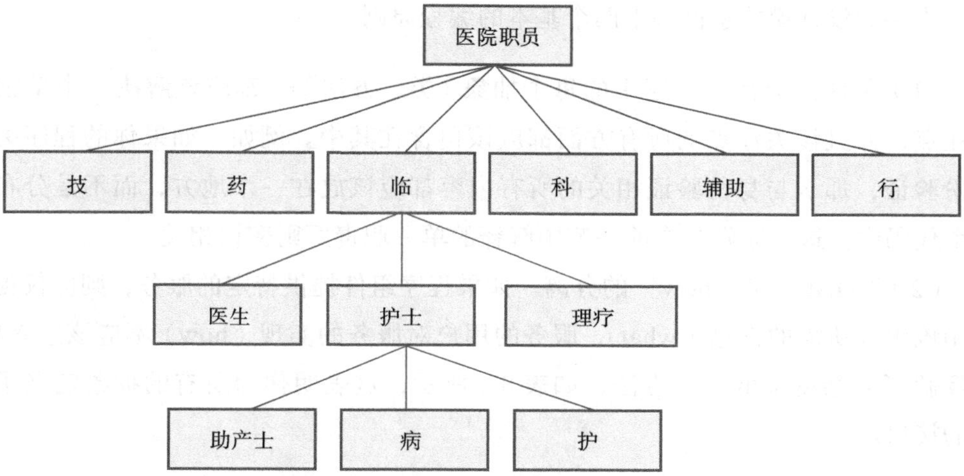

图 8.6　医院的关系

8.1.2　设计模式

避免代码中出现错误的有效方法是重用正在应用中的软件。正在应用中的软件通常放在库中，被广泛地测试和应用，因此能够发现它的许多错误并进行修复。但是，你需要在你的产品上下文中测试该重用软件，以确保它真正满足你的需要。你的产品可能以不同于其他应用程序的方式使用该软件。尽管所重用的代码可能已经过了广泛的测试，但并不能确定测试是否涵盖了你的使用类型。

有时不可进行代码重用，因为调整代码以适应你的应用环境的成本可能太高。另一种可以避免这些问题的重用，是重用在其他系统中尝试过、测试过的概念和思想。20 世纪 80 年代首次提出的设计模式就是这种重用的例子。模式是描述面向对象编程中良好实践的一种方式。使用设计模式有助于避免故障，因为模式描述了常见问题的可靠解决方案。你不必通过反复试验来发现你自己的解决方案。

我认为维基百科对设计模式的定义是一个最好的定义⊖：

> 对于软件设计中给定的上下文，常见问题的通用可重用解决方案。

设计模式是面向对象的，用对象和类来描述解决方案。它们不是现成的解决方案，不能直接用面向对象语言表示为代码。它们描述了问题解决方案的结构，这些解决方案必须适合你的应用程序和你正在使用的编程语言。

大多数设计模式遵循如下两个基本的编程原则：

（1）关注点分离。程序中的每个抽象（类、方法等）都应该解决一个单独的关注点，并且该关注点的所有方面都应该包含在其中。例如，如果你的程序关注身份验证，那么与身份验证相关的所有内容都应该放在一个地方，而不是分布在整个代码中。这一原则与在前一节中解释的单一职责原则密切相关。

[234]

（2）"what" 与 "how" 的分离。如果程序组件提供特定的服务，则应仅提供使用该服务所需的信息（what），服务的用户对服务的实现（how）不应该感兴趣。这反映了复杂度降低指导方法，如表 8.1 所示，这表明你为所有的抽象定义了单独的接口。

⊖　https://en.wikipedia.org/wiki/Software_design_pattern.

如果你遵循这些原则，那么你的代码将不会很复杂，从而错误会更少。复杂度增加了你犯错误的机会，并将错误引入程序中。

模式已经在几个不同的领域得到了发展，但是最著名的是在 *Design Patterns: Elements of Reusable Object-Oriented Software*[⊖] 书中开发的那几个。该书的作者将模式分为三种类型：

（1）创建模式。与类和对象创建有关。它们定义了实例化、初始化对象和类的方法，这些比编程语言中定义的基本类和对象创建机制更抽象。

（2）结构模式。与类和对象组合有关。结构设计模式是对类和对象如何组合以创建更大的结构的描述。

（3）行为模式。与类和对象通信有关。它们显示对象如何通过交换消息进行交互，显示流程中的活动，以及这些活动如何在参与对象之间分布。

表 8.2 是创建模式、结构模式和行为模式的例子列表。

表 8.2　创建模式、结构模式、行为模式的例子

模式名字	类　别	描　述
工厂	创建模式	用于创建对象，可以创建对象稍微不同的变体
原型	创建模式	用于创建对象克隆，即具有与被克隆对象完全相同的属性值的新对象
外观	结构模式	用于匹配不同类的语义兼容接口
外观	结构模式	用于向一组类提供单个接口，其中每个类实现通过接口访问的某些功能
中介	行为模式	用于减少对象之间的直接交互次数。所有的对象通信都通过中介
状态	行为模式	用于实现一个状态机，当对象内部状态更改时，状态机中的相应对象更改其行为

假设你正在实现一个产品，在该产品中，你希望让用户能够创建某个动态数据对象的多个视图。用户可以与任何视图交互，所做的更改应立即反映在所有其他打开的视图中。例如，如果你正在为一个对家族历史感兴趣的人实现某个产品，那么你可以同时提供用户祖先的列表视图和家族树视图（图 8.7）。

235

处理多个数据视图时的挑战是，确保在进行更改时更新所有的视图。表 8.3 所示的观察者模式记录了解决这个常见问题的一种好方法。

⊖　E. Gamma, R. Helm, R. Johnson, and J. Vlissides. *Design Patterns: Elements of Reusable Object-Oriented Software* (Reading, MA: Addison-Wesley, 1995).

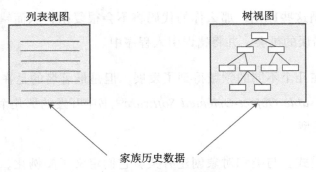

图 8.7　祖先的列表视图和树视图

表 8.3　观察者模式

元　素	描　述
名字	观察者
描述	此模式将对象的显示与对象本身分离。可能有多个显示与对象关联。当一个显示被更改时，所有其他显示都会收到通知并采取措施更新自身
问题	许多应用目前呈现的多重视图（显示）要求所有视图在任何视图发生变化时都必须更新。你可能也希望在添加新视图的同时让不需要显示状态的对象知道新视图或信息是如何呈现的
解决方案	要显示的状态（有时称为模型）在对象类中维护，该类包括添加和移除观察者以及获取和设置模型状态的方法。为每个显示创建一个观察者，并向对象注册。当观察者使用 set 方法改变状态时，对象通知所有其他观察者。然后，他们使用对象的 getState() 方法更新其状态的本地副本，从而更改其显示。添加新显示只需要通知对象已经创建了新显示即可
实现	这个模式是用抽象和具体的类实现的。抽象主题类包括注册和注销观察者，以及通知所有观察者已进行更改的方法。抽象观察者类包括一个可用来更新每个观察者的本地状态的方法。每个观察者子类实现这些方法，并负责管理自己的显示。当接收到更改通知时，观察者子类使用 getState() 方法访问模型以检索更改的信息
注意事项	对象不知道如何显示模型，因此无法组织其数据以优化显示性能。如果显示更新失败，则对象不知道更新已失败

　　观察者模式是行为设计模式的一个例子。这种模式是以 Web 系统最广泛的体系架构（即在第 4 章中介绍的模型 – 视图 – 控制器体系架构）为基础的。

　　这种体系架构将系统状态（模型）与其表示（视图）分离。控制器负责在状态更改时管理视图。

　　设计模式通常以表 8.3 所示的形式记录下来，包括：

- 该模式的一个有意义的名字和它做什么的简要描述；

236

- 所解决的问题的描述；
- 解决方案及其实现的描述；
- 使用原型模式的后果和权衡，以及你应考虑的其他问题。

〔237〕

实现部分通常比表 8.3 更详细，其中图表定义了实现模式的抽象类和具体类。抽象类定义访问模型的方法名，而不包含其实现。这些方法会在较低级别的具体类中实现。为了节省篇幅，我省略了这个详细的实现部分。

表 8.4 和表 8.5 分别简短地描述了创建模式和结构模式，当你需要以类似方式初始化一组对象时，你可以使用原型模式。例如，如果你已经推荐了系统，你可能想要创建类似的对象来表示你正在推荐给用户的东西。

表 8.4 原型模式

元　素	描　述
名字	原型
描述	给定一个已有对象，这个模式创建（克隆）一个新对象，它是一个已有对象的精确副本。也就是说，这两个对象的属性具有相同的值。它被用作对象构造常规方法的替代方法
问题	当需要在运行时根据某些用户输入实例化新类时，可使用此模式。当一个类的实例只能有几个状态变量中的一个时，也可以使用它
解决方案	Prototype 类包含一组子类，其中每个子类封装要克隆的对象。每个子类在 Prototype 类中提供克隆方法的实现。当需要新的克隆时，Prototype 类的克隆方法用于创建可克隆对象的精确副本
实现	Prototype 类包含一个抽象方法 clone() 并维护可克隆对象的注册表。每种方法都必须实现自己的 clone() 方法。当需要克隆时，客户机调用 Prototype 的 clone() 方法，参数指示要克隆的对象类型
注意事项	Prototype 的每个子类（即被克隆的东西）都必须实现一个克隆方法。如果要克隆的对象包含不支持复制或包含复杂交叉引用的其他对象，则这可能很困难

〔238〕

当有一组对象提供一系列相关功能，但你不需要访问所有这些功能时，你可以使用外观模式。通过定义外观，你可以限制与这些对象的可能交互，从而减少交互的整体复杂度。

Web 上提供了许多模式教程，建议查看以了解使用模式编程的详细信息。

一旦你有了使用模式的经验，它们就可以成为抽象的构建块，可以在开发代码时使用。如果你有一个产品的原型实现，那么在重构的时候就可以考虑采用模式来封装代码。

〔239〕

表 8.5　外观模式

元　素	描　述
名字	外观
描述	一个复杂的包或库可能有许多不同的对象和方法，它们以不同的方式使用。外观模式为更复杂的底层库或包提供了一个简单的接口
问题	当功能添加到系统中时，该系统中的对象数量将直接增加，或通过在系统中包含库而增加。组件功能可以通过使用其他几个对象来实现，因此组件功能和底层对象之间存在紧密的耦合。结果代码通常很复杂，很难理解和更改
解决方案	外观类为实现系统功能的一个方面的类提供了简单的接口，因此隐藏了来自该功能的用户的复杂度。例如，假设初始化系统涉及使用类 A、B、C 和 D。初始化外观将提供一个 `initialize()` 方法，隐藏类 A、B、C 和 D，并简化初始化，而不是直接访问这些对象。多个外观可以作为与库或包提供的功能子集的接口
实现	将创建一个外观类，其中包含所需的接口方法。它直接访问底层对象
注意事项	实现外观隐藏了底层的复杂度，但它并不禁止客户端直接访问该功能。因此，你可能最终得到一个以不同方式访问相同功能的系统。不需要通过外观就可以访问功能，因为这样会增加软件的复杂度

　　有时开始编程的时候就用模式是有意义的，但在其他时候，更简单、更直接的实现是更好的初始解决方案。但是，当你向系统中添加越来越多的代码时，实现的复杂度也随之增加。这表明你需要重构并引入设计模式，从而使代码更简单、更易于更改。

　　模式的一般思想不仅适用于使用面向对象方法的情况。人们还提出了微服务架构的设计模式。这些定义了微服务的常见组织。我不在这里讨论这些，因为它们还不成熟；但是，我在推荐阅读部分给出了链接。

8.1.3　重构

　　重构意味着在不改变程序的外部行为的情况下改变程序以降低其复杂度。重构使程序更可读（从而减少了"阅读复杂度"），并且更易于理解。它还使程序更易于更改，这意味着你在引入新功能时减少了出错的机会。

　　你可能认为，如果遵循良好的编程实践，就不必重构程序。然而，编程的现实是，当你对现有代码进行更改和添加时，不可避免地会增加其复杂度。代码变得更难理解和更改。你开始的抽象和操作变得越来越复杂，因为你修改它们的方式是你最初没有预料到的。

图 8.8 显示了一个可能的重构过程。在规划产品开发时，应该始终包括代码重构的时间。这可以是一个单独的活动（Scrum sprint），也可以是正常开发过程中固有的一部分。

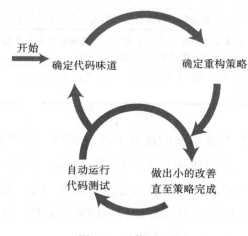

开始
确定代码味道

确定重构策略

做出小的改善
直至策略完成

自动运行
代码测试

图 8.8 重构过程

重构先驱 Martin Fowler 建议，重构的起点应该是识别代码"坏味"，代码坏味是代码中可能存在更深层次问题的指示器。例如，非常大的类可能表示该类试图做的事情太多。这可能意味着它的结构复杂度很高。网上有很多代码坏味列表。表 8.6 列出了一些你应该注意的常见代码坏味。

表 8.6 代码坏味示例

代码坏味	重构操作
大类	大类可能意味着违反了单一职责原则。把大类分成容易理解的小类
长方法（函数）	长方法或函数可能表示函数正在执行多个操作。分成更小、更具体的函数或方法
重复代码	重复的代码可能意味着当需要更改时，必须在代码重复的任何地方进行更改。重写以创建根据需要使用的重复代码的单个实例
无意义名称	毫无意义的名字是程序员匆忙行事的标志。它们使代码更难理解。将它们替换为有意义的名称，并检查程序员可能采用的其他快捷方式
未使用代码	这简单地增加了代码的读取复杂度。删除未使用的代码，即使它已经被注释掉了。如果以后发现需要它，应该可以从代码管理系统中检索它

代码坏味会让你看到需要重构的代码。你可以使用许多可能的重构，这些都有助于减少程序复杂度。表 8.7 列出了以降低复杂度为重点的重构实例。Fowler

有一个更长的可能重构列表，我在推荐阅读部分中已经列出了。

表 8.7   复杂度降低的重构实例

复杂度实例	可能的重构
阅读复杂度	你可以在整个程序中重命名变量、函数和类名，以使它们的用途更加明显
结构复杂度	你可以将长类或函数分解为较短的单元，这些单元可能比原来的大类更具内聚性
数据复杂度	可以通过更改数据库模式或简化它们的复杂度来简化数据。例如，可以合并数据库中的相关表，以删除这些表中保留的重复数据
判断复杂度	正如我在本章前面所解释的，你可以用保护子句替换一系列嵌套很深的 if-then-else 语句

重构包括在不改变程序功能的情况下改变程序。尽可能不要进行"大爆炸"式的重构，这意味着你同时改变了很多代码。相反，你应该做一系列的小改变，每个小更改都是朝着你要进行的更重大更改迈出的一步。建议使用第 9 章中讨论的自动化测试，并在每次程序更改后运行你的测试套件。这将检查你是否在重构过程中意外地向程序中引入了新的错误。

为了确保你的程序在重构期间继续工作，你可能需要在系统中临时维护重复的代码。系统的一部分可能被重构，但其他部分可能仍然使用旧代码。在完成重构后，你应该尝试删除此重复代码。

重构通常涉及在程序的不同位置进行更改。重构工具是帮助重构过程的独立工具或编辑器插件。它们部分地自动化了进行更改的过程，例如在整个程序中重命名标识符或将方法从一个类移动到另一个类。这减少了丢失对所需变量、对象和函数的更改的机会。

8.2   输入验证

输入验证包括检查用户输入的格式是否正确，其值是否在输入规则定义的范围内。输入验证对于安全性和可靠性至关重要。除了捕获攻击者故意无效的输入之外，输入验证还会检测意外无效的输入，这些输入可能会导致程序崩溃或污染数据库。当不正确的信息被添加到数据库中时，数据库就会被污染。用户输入错误是数据库污染的最常见原因。

毫无例外，你应该为每种类型的输入字段定义规则，并且应该包含应用这些规则来检查字段有效性的代码。如果输入不符合规则，则应拒绝输入。

例如，假设表单中有一个字段，用户可以在其中输入其名字。尽管人们可以随心所欲地称呼自己，但实际上有一些经验法则可用于检查使用罗马字母表的语言中的名字：

（1）名字的长度应在 2 ~ 40 个字符。

（2）名字中的字符必须是带重音的字母或字母字符，外加少量特殊分隔符。名字必须以字母开头。

（3）唯一允许的非字母分隔符字符是连字符和撇号。

如果使用这些规则，则可能导致缓冲区溢出的很长字符串就无法输入，也无法在名称字段中嵌入 SQL 命令。当然，如果有人决定称自己为 Mark C-3PO，那么他们不能使用你的系统，但这种情况是少见的。

除了使用输入字段进行代码注入外，攻击者还可能在字段中输入无效但语法正确的值，以使系统崩溃或发现潜在的漏洞。例如，假设你有一个字段，期望用户输入年龄（以年为单位）。攻击者可以在该字段中输入一个很长的数字，例如 2147483651，希望它会导致数字溢出或以其他方式导致系统崩溃。你可以很容易地通过包含年龄必须为 0（如果可以包括婴儿）或小于 120 的正整数的规则来阻止这种情况。

输入安全检查通常使用两种方法：

1. 黑名单

过滤器是为已知的错误输入定义的。例如，可以检查输入是否存在"脚本"标签，这可能会在跨站点脚本攻击中使用。

243

2. 白名单

过滤器被定义为识别允许的输入。例如，如果输入是邮政编码，那么邮政编码的格式可以定义为正则表达式，并根据该表达式检查输入。

白名单通常比黑名单好，因为攻击者有时可以找到绕过定义的过滤器的方法。此外，黑名单过滤器有时可能会拒绝合法的输入。例如，包含 SQL 的输入通常包括"字符"，因此可以定义黑名单以排除包含 SQL 的输入。然而，一些爱尔兰名字，如 O'Donnell，包含撇号，因此会被这个过滤器拒绝。

输入验证的实现方法如表 8.8 所示，你经常需要结合使用这些方法。

表 8.8　输入验证的实现方法

验证方式	应　用
内嵌确认函数	可以使用 Web 开发框架提供的输入验证器函数。例如，大多数框架都包含一个验证器函数，用于检查电子邮件地址的格式是否正确。诸如 Django（Python）、Rails（Ruby）和 Spring（Java）等 Web 开发框架都包含一组广泛的确认函数
类型强制函数	可以使用类型强制函数，例如 Python 中的 int()，将输入字符串转换为所需的类型。如果输入不是一个数字序列，转换将失败
显式比较	可以定义一个允许值和可能缩写的列表，并对照此列表检查输入。例如，如果预期是一个月，则可以将其与所有月及其公认缩写的列表进行核对
正则表达式	可以使用正则表达式定义输入应匹配的模式，并拒绝与该模式不匹配的输入。正则表达式是在 8.2.1 节中介绍的一种强大的技术

如果可能的话，需要给用户一个显示有效输入的菜单，这意味着他们不能输入错误的值。然而，在有大量选择的地方，菜单可能会令人恼火。例如，要求用户从包含几乎 100 个项目的菜单选择出生年份。

实现输入检查的一种方法是使用在用户浏览器中运行的 JavaScript 或在移动应用程序中使用本地代码。这对于向用户提供有关可能错误的即时信息非常有用。但不应该依赖于此，因为恶意用户绕过这些检查并不困难。客户端验证很有帮助，因为它会检测用户错误并突出显示以进行更正。但是，为了安全起见，还应该在服务器上执行确认检查。

8.2.1　正则表达式

正则表达式（REs）是定义模式的一种方法。20 世纪 50 年代就发明了正则表达式，然而直到 70 年代，它才在 Unix 操作系统中被广泛使用。一个搜索可以被定义为一个模式，符合这个模式的条目会被返回。例如，下面的 Unix 命令将会列出在一个目录中所有的 JPEG 文件：

```
ls | grep ..*\.jpg$
```

grep 是 Unix 正则表达式的匹配器，本例中的正则表达式是：

```
..*\.jpg$
```

点号"."表示匹配任意一个字符，星号"*"表示之前字符的 0 次到多次的重复。因此，..*表示一个或者更多个字符。文件前缀 .jpg，$ 符号表示本行的终止。

存在着很多不同的正则表达式的变种，并且很多编程语言中都有正则表达式的库，以便你能够定义并且匹配正则表达式。我是用 Python 库（称为 re）作为例子。通常存在多种不同的方法来写一个正则表达式，有的比其他的简洁。通常需要在简洁和容易理解之间权衡，因为简洁的表示方式通常晦涩难懂。我更喜欢去写一些更容易理解的正则表达式，不考虑简洁性。

为了使用正则表达式来检查一个输入的字符串，你可以写一个表达式来定义一个模式将用来匹配所有的合法的字符串。你将会检查输入不符合这个模式的字符串并且拒绝不符合模式的任何输入。例如，你的输入是一个名字，它应当遵循我在上面定义的规则。

下面的正则表达式定义了一个对这些规则进行编码的模式。为了简洁，我忽略了在名字中使用重音字符的可能性。

```
^[a-zA-Z][a-zA-Z-']{1,39}$
```

^ 表示一个将要匹配的字符串的开始，$ 表示匹配的结尾。通常你想要去检查整个输入，在你的正则表达式中应该包括这些字符。封闭在一个方括号中的字符串表示"匹配它们中的任意一个字符串"，并且 a-z 表示所有的字母字符，子表达式 [a-zA-Z-'] 匹配所有大写和小写字母以及符号"-"和"'"。

花括号中的部分是用来实现名字至少有一个字符且不能超过 40 个字符的规则。这些数字表示要匹配的重复次数。在这个例子中，该表达式将会匹配 1 ～ 39 次重复。不允许使用单字符名称。

这次检查可能对拒绝所有的无效输入非常有用，但为了增加安全性，你可以添加更加显式的检查。SQL 中要求将加引号的文本包含在名称或以双连字符开头的 SQL 注释中。程序 8.3 是一个简短的包含这个检查的 Python 函数。

程序 8.3   名字检测函数

```
def namecheck (s):

    # checks that a name only includes alphabetic characters, -, or single quote
    # names must be between 2 and 40 characters long
    # quoted strings and -- are disallowed

    namex = r"^[a-zA-Z][a-zA-Z-']{1,39}$"
    if re.match (namex, s):
        if re.search ("'.*'", s) or re.search ("--", s):
            return False
        else:
            return True
    else:
        return False
```

246

正则表达式的书写不同的语言有不同的机制，可能会使用一些特殊的字符。在 Python 中，这些被写成 raw strings，在字符串引号前面加上 'r' 表示。函数 re.match 匹配正则表达式从一个字符串的开始进行检查，并且 re.search 匹配任何被检查的字符串，因此，为了检查一个字符串是否带有引号，可以使用表达式 '.*' 来匹配任何引号之间的字符串序列。

注意函数返回的不是 True 或者 False。如果一个输入不符合这个规则，它不会给出指示说明为什么验证失败。当一个不正确的输入被检测出来最好不要提供任何信息给攻击者。错误信息将会帮助攻击者算出什么检查将会继续并且什么验证将会被通过。

这种检查是一种语法检查，目的是捕获输入的代码而不是有效的名称。这种检查不会捕获语法上成立但不可能真实存在的名称，比如 'x--ugh'。这些输入非常令人讨厌，它们会污染你的数据库，你将会有很多无法对应到真人的条目。在某种程度上，你可以通过坚持名字必须以字母开头来解决这个问题，但通常需要制定其他规则来检查名字是否合理。因为名字的变化有如此多种可能，没有一个通用的语义检查能够检查所有的可能。

正则表达式存在一个问题就是它们很快会变得很复杂。比如说你想写一个英国邮政编码的检查器。一个邮编的例子是 ML10 6LT，并且一个邮编的通常组成是

```
<area><district><sector><unit>
```

因此，使用 ML10 6LT 作为一个例子，区域是 ML 区，即区域的区域面积是

10，区域内扇区是 6，单位是 LT。邮政编码是细粒度的，因此可以根据门牌号和邮政编码识别地址。

有效邮政编码有几种变体，能够表示它们的通用正则表达式则非常复杂。例如，下面的邮政编码匹配表达式是从正则表达式库中获取的。

```
 " ^([A-PR-UWYZ0-9][A-HK-Y0-9][AEHMNPRTVXY0-9]?
[ABEHMNPRVWXY0-9]? {1,2}[0-9][ABD-HJLN-UW-Z]{2}|GIR 0AA)$
```

247

我没有测试这个表达式，但是我怀疑它忽略了一些特殊情况，伦敦的邮政编码组织略有不同。

因为正则表达式的复杂度，将正则表达式分解成更简单的正则表达式并分别检查，通常更简单。这样会更加简单地进行测试来确认你的验证检查是否准确和完整。因此，对于邮编的检查，你可以分别检查邮编的各个元素，而不是尝试在一个正则表达式中包含所有的变体。

8.2.2　数字检查

数字检查是用来进行数字输入的检查，以此验证数字不会过大或者过小，以及是否符合输入类型的合法值。例如，如果用户输入用 m 表示高度，其值应为 0.6m ~ 2.6m。如果可能的话，你应该定义一个区间检查所有的数值输入，并且检查输入值是否在合理范围之内。

数值检查非常重要的两个原因：

（1）如果一个数字过大或者过小的话，可能会导致不可预期的结果，并有数值上溢或者下溢。如果这些异常不能够被正确处理的话，过大或者过小的输入将会导致程序终止。

（2）数据库中的信息可以被其他几个程序使用，它们可能会对数值做出自己的假设存储。如果数字并不是预想的，这将会导致不可预测的结果。

除了检查输入范围之外，还需要检查这些输入确保它们的值表示合理，以此来保护你的系统不被意外的输入错误攻击，同时也可以阻止入侵者使用合法用户的凭据进行访问，严重地破坏他们的账户。例如，一个用户需要输入电表上的读数，那么需要检查：①是否等于或者大于先前的电表读数；②是否符合使用者正常的消耗量。一个用户最近的仪表读数是：

　　20377，20732，21057，21568

　　在这个序列中，325 ～ 511 的变化稍显不同，这是正常的，因为一年中的不同时间使用的电量可能不同。如果一个用户输入了 32043（一个大于 10000 的数），这个值应是不正确的。这应该是一个失误，把电量首位的 2 输成了 3，或者它可能是一个恶意输入，目的是为该用户生成一个非常大的账单。你应该拒绝这个值并且要求重新输入。如果用户继续输入同样的数字，你应该对此进行标记以便人工检查。

8.3　失效管理

　　软件是复杂的，无论你投入多少努力用来避免错误，依旧会犯错误。你将会在程序中引入可能导致程序失败的错误。程序错误可能是软件所依赖的外部服务或组件失败所导致。无论是什么原因，你对于错误应该有一个计划并在你的软件中为失败做准备，使其尽可能顺畅。

　　软件错误可分为三大类：

　　（1）数据错误。计算的输出不正确。例如，如果一个人 1981 年出生，若用当前年减去 1981 来计算年纪，就会获得一个错误的结果。如果没有注意到这种类型错误，可能会污染数据库，因为不正确的信息会在计算中被用来生成更多不正确信息。通过用户报告他们注意到的数据异常可以发现这类错误。它通常不会导致系统的崩溃或者更广泛的数据损坏。

　　（2）程序异常。程序进入了一个无法正常工作的状态。如果这些异常没被解决，控制将转移到运行时系统，该系统将暂停执行。简而言之，软件崩溃了。例如，如果需要打开一个不存在的文件，就会出现 IO 异常。程序错误会导致异常。

　　（3）计时失效。交互组件不能按时响应，或者并发执行组件的响应没有正确同步。例如，如果服务 S1 依赖于 S2，并且 S2 没有响应请求，然后 S1 将会停止。

　　作为一个产品的开发者，你的首要职责应该是去管理错误并且减小软件错误对用户产生的影响。这意味着如果发生失效，系统应该做到：

● 持久化数据（例如数据存储在数据库或者文件中）不能丢失或者损坏。

- 用户能够恢复发生故障之前所做的工作。
- 软件不应挂起或者崩溃。
- 应经常保持"失效保护"，以免机密数据处于攻击者可以访问的状态。

有时故障是不可预测的，所以不可能实现所有的目标，但应该设计软件在出现故障时不能丢失用户的工作。

事务是一种可以用来避免数据库不一致和数据丢失的机制。一个事务确保数据库始终处在一致的状态。改变被分组并且作为一个组而不是单独的应用到数据库中。改变组被称作 ACID 事务。能够保证所有的更改都将应用到数据库，或者失败，将不做任何更改。数据库永远不会出现不一致状态。

因此，为了避免因为故障导致数据的问题，应使用一个关系型数据库并且使用事务进行更新。然而，就像在第 6 章中解释的，如果使用的是微服务架构，或产品中需要非关系型数据库，这个方法就不可用了。

为了保证用户能够恢复工作并且避免系统故障，可以使用编程语言的异常处理机制。异常是破坏程序中正常处理流程的事件（图 8.9）。当一个异常发生时，控制将会自动转到异常处理代码。大多数现代程序语言都包含了异常处理机制。在 Python 中，可以使用 `try-except` 关键词来辨明一个异常处理代码。在 Java 中，关键字是 `try-catch`。

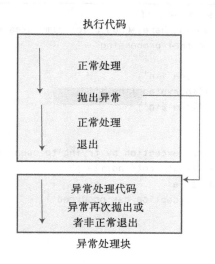

图 8.9　异常处理

在大多数的编程语言中，异常是在运行时系统中被检测。他们将被传递到一个异常处理器来进行处理。如果一个语言不支持异常或者没有异常处理程序，控制权将会被转移到运行时系统。这将通知用户错误并且终止程序的执行。

作为这个过程的一部分，运行时系统也会做一些调整，例如关闭文件。

在有异常处理的语言中，程序员能够定义异常处理器，在出现异常时将会执行。程序 8.4 是一个 Python 示例用来说明异常处理的一些方面：

（1）正常的处理是被定义到一个 try 程序块中。如果一个异常在一些 try 程序块中发生，控制将会转到异常块中，通过 except 关键字定义。

（2）当异常发生时，运行时系统开始在方法或者函数中寻找异常处理器。如果找不到处理程序，它将查找调用方法或函数，直到找到，或得出结论：没有定义的处理程序。

（3）一旦在函数或者方法中处理到一个异常，它将被"引发"。这意味着异常处理没有停止。运行时系统将会寻找一个异常处理器。如果找到的话，它将运行代码来处理这个异常。如程序 8.4 所示，异常将会在 do_normaml_processing() 和 main() 函数中处理，若异常处理器在 main() 函数中，则保证在失败之前删除未加密的工作文件。

程序 8.4　安全失效

```python
def do_normal_processing (wf, ef):
    # Normal processing here. Code below simulates exceptions
    # rather than normal processing
    try:
        wf.write ('line 1\n')
        ef.write ('encrypted line 1')
        wf.write ('line 2\n')
        wf.close()

        print ('Force exception by trying to open non-existent file')
        tst = open (test_root+'nofile')
    except IOError as e:
        print ('I/O exception has occurred')
        raise e


def main ():

    wf = open (test_root+'workfile.txt', 'w')
```

```
ef = open(test_root+'encrypted.txt', 'w')

try:
    do_normal_processing (wf, ef)

except Exception:
    # If the modification time of the unencrypted work file (wf) is
    # later than the modification time of the encrypted file (ef)
    # then encrypt and write the workfile

    print ('Secure shutdown')

    wf_modtime = os.path.getmtime(test_root+'workfile.txt')
    ef_modtime = os.path.getmtime(test_root+'encrypted.txt')

    if wf_modtime > ef_modtime:
        encrypt_workfile (wf, ef)
    else:
        print ('Workfile modified before encrypted')
    wf.close()
    ef.close()
    os.remove (test_root+'workfile.txt')

    print ('Secure shutdown complete')
```

252

　　有时可以定义一个异常处理程序，它可以从出现的问题中恢复并允许正常执行。这要将执行回滚到已知的正确状态，但通常异常不是一个可恢复环境。异常处理程序的工作是在系统关闭之前进行整理。如程序 8.4 所示，这使得应用程序可以 "安全失败"，这样在系统失败时就不会暴露任何机密信息。

　　另外两种机制可以减少用户在系统故障后丢失工作的可能性如图 8.10 所示。

　　（1）活动日志。保留一个记录用户做了什么的日志并且提供一个方法来回访他们的数据。不需要保存完整的会话记录，只需要保存自上一次数据保存到持久存储以来的操作列表即可。

　　（2）自动保存。可以设置时间间隔（例如 5min）来自动保存用户的数据。这意味着在发生故障时，可以恢复保存的数据，而只损失少量的工作。实际上不必保存所有数据，只需保存自用户上次保存以来所做的更改。

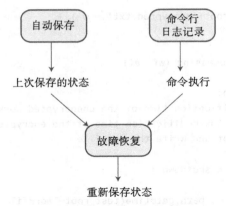

图 8.10 自动保存和活动日志

如果开发一个采用面向服务的结构的系统，将可能用到一些其他开发者开发的额外服务。你对这些其他的服务无法控制，唯一能知道的关于服务的错误信息是服务的 API 提供的。服务可能会使用不同的语言编写，这些返回的错误可能不是异常类型而是数字码。如在第 6 章中提到的，RESTful 服务通常使用标准的 HTTP 错误码来返回错误信息。

当调用了一个外部服务，应该经常检查被调用服务的返回码，看是否操作成功。如果不能确定外部服务是否正确执行了计算，则还应尽可能检查服务调用结果的有效性。可以使用 assert 语句（用于 Java 和 Python 等语言）来检查外部调用的结果。如果调用返回了不能预测的结果，将会抛出一个 AssertionError 的错误。

程序 8.5 是一个 Python 的例子，来演示如何使用一个断言来验证信用评级的外部服务的结果。我模拟了一个调用本地函数的外部服务。

程序 8.5 从外部服务利用断言检查结果

```
def credit_checker (name, postcode, dob):

    # Assume that the function check_credit_rating calls an external service
    # to get a person's credit rating. It takes a name, postcode (zip code),
    # and date of birth as parameters and returns a sequence with the database
    # information (name, postcode, date of birth) plus a credit score between 0 and
    # 600. The final element in the sequence is an error_code that may
    # be 0 (successful completion), 1, or 2.


    NAME = 0
```

```
POSTCODE = 1
DOB = 2
RATING = 3
RETURNCODE = 4
REQUEST_FAILURE = True
ASSERTION_ERROR = False

cr = ['', '', '', -1, 2]

# Check credit rating simulates call to external service

cr = check_credit_rating (name, postcode, dob)

try:
    assert cr [NAME] == name and cr [POSTCODE] == postcode and cr [DOB] == dob
        and (cr [RATING] >= 0 and cr [RATING] <= 600) and
        (cr [RETURNCODE] >= 0 and cr [RETURNCODE] <= 2)

    if cr [RETURNCODE] == 0:
        do_normal_processing (cr)
    else:
        do_exception_processing (cr, name, postcode, dob, REQUEST_FAILURE)
except AssertionError:
        do_exception_processing (cr, name, postcode, dob, ASSERTION_ERROR)
```

除了正常服务的错误，服务不能输出预想的结果或者结果不正确，还需要处理服务不响应的情况。如果你的程序停下并且等待答复，将会因为外部服务没有响应而挂起。用户就不能够正常工作。

最简单的处理方法就是使用超时机制，当你开始调用一个外部服务时启动计时器。如果在设定的时间内没有响应的话，时钟将会报一个错误并且这个服务调用将会停止。

然而，正如第 6 章中解释的，使用超时机制的问题是：当有好几个用户使用你的服务时，超时机制对他们都起作用，他们都会被失败的外部服务延迟。更好的使用外部服务的方法是使用一个断路器，如图 6.12 所示。断路器使用一个超时机制去检测一个外部服务是否响应或者很快拒绝了请求，因此调用服务就不需要等待响应。断路器能够定期的检查被请求的服务是否都返回了一个正确的操作。

当要处理的异常会导致一个系统故障时，你需要决定给用户什么信息。简单地重复一个技术性的运行时系统错误消息是没有帮助的，例如 kernel panic，应该将错误信息转化为一种利于理解的形式，并且向用户保证其不是问题的原因。

254
~
255
可能也需要发送一些信息给服务做进一步的分析，尽管需要获得用户的许可。

要点

- 大多数软件产品最重要的质量属性是可靠性、安全性、可利用性、易用性、响应性和可维护性。

- 为了避免在程序中引入错误，你应该使用减少出错概率的编程实践。

- 你应该总是尽量减少程序中的复杂度。复杂度使得程序更难理解。它增加了程序员出错的机会，使程序更难更改。

- 设计模式是针对常见问题的经过尝试和测试的解决方案。使用模式是减少程序复杂度的有效方法。

- 重构是在不改变其功能的情况下降低现有程序复杂度的过程。定期重构程序以使其更易于阅读和理解是一种很好的做法。

- 输入验证包括检查所有用户输入，以确保它们的格式符合程序的预期。输入验证有助于避免在系统中引入恶意代码，并捕获可能污染数据库的用户错误。

- 正则表达式是一种定义模式的方法，可以匹配一系列可能的输入字符串。正则表达式匹配是检查输入字符串是否符合规则的一种简洁而快速的方法。

- 你应该检查数字是否具有合理的值，具体取决于预期的输入类型。你还应该检查数字序列的可行性。

- 你应该假设你的程序可能会失败，并管理这些失败，以便它们对用户的影响最小。

- 大多数现代编程语言都支持异常管理。当检测到程序异常时，控件权将传输到你自己的异常处理程序以处理失败。

- 你应该在程序执行时记录用户更新并维护用户数据快照。如果出现故障，你可以使用这些快照恢复用户所做的工作。还应该包括识别外部服务故障并从中恢复的方法。

推荐阅读

McCabe's Cyclomatic Complexity and Why We Don't Use It (B. Hummel, 2014)：该文很好地解释圈复杂度的问题，尽管它被广泛用来度量代码的设计决策复杂度。正如作者说的那样，没有一种简单的度量可以把复杂度表示成一个单个数字。

https://www.cqse.eu/en/blog/mccabe-cyclomatic-complexity/

https://code.tutsplus.com/articles/a-beginners-guide-to-design-patterns--net-12752

A Beginner's Guide to Design Patterns (N. Bautista, 2010)：该文介绍了设计模式，包含很多模式例子，这些例子不同与本书章节中提到的。其伴随的代码都是用 PHP 语言写的，相当容易理解。

https://code.tutsplus.com/articles/a-beginners-guide-to-design-patterns--net-12752

https://microservices.io/patterns/

A Pattern Language for Microservices (C. Richardson, undated)：该文包含大量的微服务设计模式。只要有一定的微服务架构设计或使用经验，就可以把其中的一些模式集成起来的。

https://microservices.io/patterns/

Catalog of Refactorings (M. Fowler, 2013)：该文列举了大量的代码重构技术，可以用来减少程序的复杂度。

https://refactoring.com/catalog/index.html

Input Validation Cheat Shee (OWASP, 2017)：该文很好地概述了为什么需要验证输入，以及你能用到的技术。

https://www.owasp.org/index.php/Input_Validation_Cheat_Sheet

How to Handle Errors and Exceptions in Large Scale Software Projects (F. Dimitreivski, 2017)：该文清晰地讨论了错误和异常的不同，并且强调管理好错误和异常对系统的可靠运行是多么重要。

https://raygun.com/blog/errors-and-exceptions/

习题

1. 用你自己的话描述如图 8.1 所示的 7 个质量属性。
2. 解释为什么减少程序的复杂度可能会减少程序中的错误数量。
3. 解释为什么现实中不可能避免将复杂度引入软件产品。

4. 给出在代码中使用设计模式有助于避免错误的两个原因。

5. 根据你自己的编程经验，除了表 8.6 中列出的那些可能表明需要进行程序重构的代码坏味之外，再建议使用三个示例。

6. Luhn 算法是用于测试信用卡号码是否有效的检查之一。假设信用卡号长 16 位，查找并实现 Luhn 算法以检查是否输入了有效的信用卡号。

7. 使用你知道的编程语言中的正则表达式库，编写一个简短的程序来检查文件名是否符合 Linux 文件名规则。如果你不知道这些规则，就查一下。

8. 使用正则表达式检查输入字符串是否有效的另一种方法是编写自己的代码来检查输入。使用这种方法的优点和缺点是什么？

9. 解释为什么在数据库管理系统中使用 ACID 事务管理有助于避免系统故障。

10. 假定你可以使用称为 save_state() 和 restore_state() 的函数保存和还原程序的状态。演示如何在异常处理程序中使用它们以提供"不间断"操作，在发生故障时，系统状态将恢复到最后保存的状态，并从那里重新开始执行。

测 试

软件测试是一个使用模拟的用户输入数据来执行程序的过程。测试者观察程序的行为以查看程序是否在执行应做的工作。如果行为符合期望，则测试通过。如果行为不符合期望，则测试不通过。

如果程序达到了预期的效果，那么对于所使用的输入，程序将正确运行。如果这些输入代表一个较大的输入集，则可以推断出对于该较大输入集的所有情况，程序将正确运行。如果使用该较大输入集的多个输入对其进行测试，并且对所有输入程序表现都符合期望，则尤其如此。

如果程序的行为不符合期望，则程序存在需要修复的错误。程序错误有两个原因：

（1）编程错误。在程序代码中意外地包含了错误。例如，一个常见的编程错误 off-by-1，是指犯了一个关于序列上界的错误，从而未能处理该序列中的最后一个元素。

（2）理解错误。误解了或者没有意识到程序应该做的一些细节。例如，如果程序用于处理一个文件中的数据，你就有可能不会注意到其中的某些数据格式含有错误，而程序中没有包含用于处理此错误数据的代码。

在这两种情况下，都必须更改代码以修复测试识别出的一个或多个错误。如果测试可以将错误确定在程序的单个单元中，通常很容易找到并修复该错误。但是，如果仅在几个程序组件协作时测试失败，那么通常很难找到并纠正错误。

测试是使软件开发人员和产品经理确信软件产品能够实现其目的、准备好发布销售或准备好一般发行的主要技术。但是，测试无法证明程序没有错误，也无法证明程序在将来不会出错。可能存在测试中没有使用过的输入或输入组合，如果在实践中使用了这些输入，那么程序就可能会出错。

因此，使用代码评审（在 9.5 节中介绍）和程序测试是同等重要。代码评审可以找到测试无法发现的错误。评审过程中开发人员相互讨论代码，其目的就是发现错误并提出代码质量改进方法。

本章将重点介绍功能测试。它是指通过软件测试来查找错误并证明代码可以按预期执行。其他类型的测试对于软件产品开发也很重要，如表 9.1 所示。

表 9.1   不同类型的测试

测试类型	测试目标
功能测试	测试整个系统的功能。 功能测试的目的是在系统的实现中尽可能多地发现错误，并为系统能够完成预期目标提供令人信服的证据
用户测试	测试该软件产品是否对最终用户有用并且可用。需要证明系统功能可以帮助用户完成他们想要软件完成的操作。 还要说明用户知道如何使用该软件的功能，并且可以有效地使用这些功能
性能和负载测试	测试该软件能否快速运行、能否处理用户施加于系统的预期负载。 需要证明最终用户可以接受系统的响应和处理时间。 还需要证明系统可以处理不同的负载，并且随着软件负载的增加而系统只是适当地扩大处理规模（性能适当地下降）
安全测试	测试软件是否保持其完整性，是否可以保护用户信息免遭盗窃和破坏

用户测试的重点是测试软件的功能以及用户与系统的交互方式（图 9.1），而不是测试软件实现以发现错误。与功能测试一样，它可以找出需要对软件进行的更改，以使软件更易用或响应更快。

用户测试可以分为两个阶段：

（1）Alpha 测试。用户与开发人员一起测试系统。Alpha 测试的目的是回答"用户是否真的需要开发人员为产品计划的功能？"理想情况下，应该从开发的早期阶段就让用户参与进来，以便获得产品功能是否有用的反馈。但在实践中，这很难组织，特别是对于新的软件产品来说。

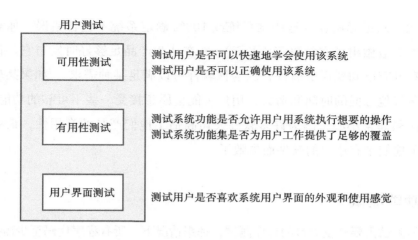

图 9.1　用户测试

（2）Beta 测试。将产品的早期版本发布给用户以征求意见。Beta 测试还回答了功能的有用性问题，但它通常更关心产品的易用性以及在用户的操作环境中能否有效工作。

性能测试旨在检查系统是否对服务请求做出快速响应。如果系统处理交易，就要测试处理交易时是否有过度的延迟。我们知道用户在使用软件时对延迟的容忍度很低，因此，当用户激活功能时产品的快速响应很重要。当系统负载很重时，性能会受到不利影响，因此需要对不同用户数量的情况和不同工作负载的情况测试其响应速度。

负载测试通常包括准备测试脚本和使用模拟器来模拟系统用户的操作。如果将系统设计为同时连接 100 个用户（例如），则需要逐渐将连接数量增加到此级别，然后超过这个预期的最大负载。在这种情况下，系统性能应该适当下降而不是突然坠落。负载测试可以帮助你找出代码中需要突破的瓶颈。如果系统基于微服务架构，负载测试可以帮助你确定随着软件负载的增加需要自动扩展的服务。

安全测试专门用于测试软件以发现攻击者可能利用的漏洞的过程。9.4 节中简要讨论了安全测试，但是没有用专业知识或经验来详细介绍此主题。

大多数公司花了数千个小时来测试他们的产品，但是在软件交付并投入使用后，错误仍然会暴露。原因是现代软件非常复杂，不仅产品本身有成千上万行代码，而且软件要与非常复杂的环境（操作系统、容器、数据库等）交互，这些环境在产品投入使用后可能会以意想不到的方式发生变化。

261

因此，永远无法详尽地测试系统或 100% 确定系统不包含错误。你需要对测试的成本效益做出务实的决定（平衡），并在认为产品足够好时发布它。你可能会故意发布具有已知错误的软件，因为该软件可以满足某种需求。 如果某软件节省了用户在其他方面的时间和精力，用户可能会愿意接受一些不可靠的功能。但是，在这里必须非常小心，因为许多软件公司高估了他们产品的有用性，最终由于用户拒绝了他们带有错误的软件而失败了。

9.1　功能测试

功能测试需要开发大量的程序测试，理想情况下，所有程序代码至少需要执行一次。所需的测试数量显然取决于应用程序的大小和功能。对于以业务为中心的 Web 应用程序，你可能必须开发成千上万的测试，以使自己确信产品已准备好发布给客户。

软件测试是一个分阶段的活动，在该活动中，首先测试单个代码单元（图 9.2 和表 9.2）。将代码单元与其他单元集成在一起以创建更大的单元，然后进行更多测试。该过程将继续进行，直到创建了可以发布的完整系统为止。

图 9.2　功能测试

在开始系统测试之前，不需要等到拥有完整的系统。测试应该在开始编写代码时开始。在实现代码时就应该进行测试，哪怕最小的系统也要进行测试。随着功能的不断增加，开发 / 测试周期将继续进行，直到有完整的系统可用为止。如果开发了自动化测试，则可以简化此开发 / 测试周期，以便在更改代码时可以重新运行测试。

表 9.2 功能测试流程

测试过程	描 述
单元测试	单元测试的目的是隔离测试程序单元。测试应该设计成至少有一次执行单元中的所有代码。各个代码单元在开发时都由程序员进行测试
特征测试	集成了代码单元以创建特征。特征测试应测试特征的所有方面。为特征贡献代码单元的所有程序员都应参与其测试
系统测试	集成了代码单元以创建系统的工作版本（可能不完整）。系统测试的目的是检查系统中功能之间是否存在意外交互。系统测试也可能涉及检查系统的响应性、可靠性和安全性。 在大型公司中，专门的测试团队可能负责系统测试 在小型公司中，这是不切实际的，因此产品开发人员也要参与系统测试
发布测试	该系统被打包以发布给客户，并且对本次发布进行了测试以检查其是否按预期运行。该软件可以作为云服务发布，也可以作为下载发布，以安装在客户的计算机或移动设备上。如果使用了 DevOps，则开发团队负责发布测试；否则，将由一个单独的团队负责

9.1.1 单元测试

单元测试是程序开发正常过程的一部分。在开发代码单元时，还应该为该代码开发测试。 代码单位是指职责明确的任何事物。它通常是一个函数或类方法，但也可以是包含少量其他函数的模块。正如 9.2 节所述，通常可以自动执行单元测试。

单元测试基于一个简单的通用原则：

> 对于具有某些共享特征的一组输入来说，如果程序单元能按预期方式运行，则对于共享这些特征的较大的一组输入，其程序将以相同的方式运行。

例如，假设程序显示来自集合 {1、5、17、45、99} 的输入时，行为正确。如果知道该单元的目的是处理 1 ~ 99 的整数输入，则可以得出结论，它也将正确处理此范围内的所有其他整数。

为了有效地测试程序，应该确定在代码中将以相同方式处理的输入集。这些集合称为等价划分（图 9.3）。确定的等价划分不应仅仅包含产生正确值的输入划分。还应该标识"故意不正确的划分"，其中输入是故意不正确的。 这些测试将检查程序是否以预期的方式检测和处理了错误的输入。

263

264

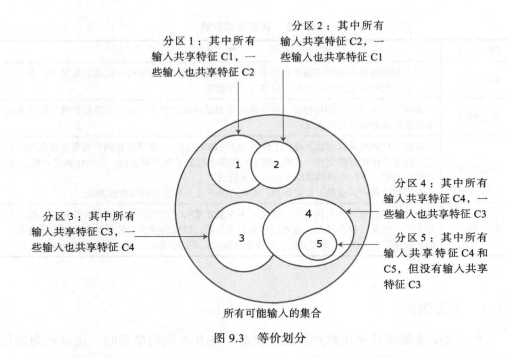

分区 1：其中所有
输入共享特征 C1，一
些输入也共享特征 C2

分区 2：其中所有
输入共享特征 C2，一
些输入也共享特征 C1

分区 4：其中所有
输入共享特征 C4，一
些输入也共享特征 C3

分区 3：其中所有
输入共享特征 C3，一
些输入也共享特征 C4

分区 5：其中所有
输入共享特征 C4 和
C5，但没有输入共享
特征 C3

所有可能输入的集合

图 9.3　等价划分

应使用每个等价划分的多个输入来测试程序。如果可能，应该标识划分边界并在边界处选择输入。因为一个很常见的编程错误是 off-by-1 错误，其中循环中的第一个或最后一个元素未正确处理。还可以输出等价划分，并创建在这些划分中生成结果的测试输入。

等价划分正如第 8 章中演示的正则表达式使用（请参阅程序 8.3）简单名字检查函数的测试一样。在此将程序显示为程序 9.1。此函数检查其输入参数（一个人的姓氏）是否符合一组规则。回顾名字规则：

（1）名字的长度应为 2 ~ 40 个字符。

（2）名字中的字符必须是字母字符或带有重音符号的字母字符，以及少量特殊的分隔符。

（3）唯一允许的非字母分隔符是连字符和撇号，名字必须以字母开头。

程序 9.1　名字检查函数

```
def namecheck (s):

    # Checks that a name only includes alphabetic characters,-, or
    # a single quote. Names must be between 2 and 40 characters long.
    # Quoted strings and -- are disallowed.

    namex = r"^[a-zA-Z][a-zA-Z-']{1,39}$"
```

```
if re.match (namex, s):
        if re.search ("'.*'", s) or re.search ("--", s):
                return False
        else:
                return True
else:
        return False
```

从这些规则中，可以确定如表 9.3 所示的等价划分。然后，可以继续从这些等价划分中获取输入，例如 Sommerville、O'Connell、Washington-Wilson、Z 和 -Wesley。我会在"测试自动化"部分重新讨论这个例子，并展示用于测试此函数的实际输入。

表 9.3 名字检查函数的等价划分

等效分区	特 征
正确名字 1	输入仅包含字母字符，长度为 2 ~ 40 个字符
正确名字 2	输入仅包含字母字符、连字符或撇号，并且长度为 2 ~ 40 个字符
错误名字 1	输入的字符长度为 2 ~ 40 个字符，但包含不允许的字符
错误名字 2	输入仅包含允许的字符，但可以是单个字符或长度超过 40 个的字符
错误名字 3	输入的字符长度为 2 ~ 40 个字符，但第一个字符是连字符或撇号
错误名字 4	输入仅包含有效字符，长度为 2 ~ 40 个字符，但包含双连字符、带引号的文本，或同时包含前述两者

266

一旦确定了等价划分，接下来的问题就是"每个划分中最有可能发现错误的输入是什么？"许多单元测试准则的建议都基于等价划分，并建议了使用哪些测试输入。如表 9.4 所示许多基于 James Whittaker [⊖] 建议的测试准则。

表 9.4 单元测试准则

准 则	解 释
边界测试用例	如果划分具有上界和下界（例如字符串的长度、数字等），在范围的界限处选择输入
强制产生错误	选择强制系统生成所有错误消息的测试输入，选择应该产生无效输出的测试输入
填满缓冲区	选择会导致输入的缓冲区溢出的测试输入
重复测试	重复几次相同的单个测试输入或一系列测试输入
测试上溢和下溢	如果程序进行数值计算，选择数值导致其计算非常大或非常小的测试输入

⊖　James A. Whittaker, How to Break Software: A Practical Guide to Testing (Boston: AddisonWesley, 2002).

（续）

准　则	解　释
不要忘记 null 和 0	如果程序使用指针或字符串，一定要用空指针和空字符串进行测试；如果使用序列，一定要用空序列进行测试；对于数字输入，一定要用 0 进行测试
持续计数	在处理列表和列表转换时，对每个列表中的元素数进行计数，并在每次转换后检查计数是否保持一致
只含有一个值的序列	如果程序处理序列，一定要用只有单个值的序列进行测试

这些准则不是严格的规则，而是产生于丰富的测试经验。构成这些准则的一个普遍规则是程序员会在边界上犯错误。因此，边界测试输入最有可能揭示程序错误。例如，对于数字输入，一定要用可能的最大和最小值进行测试；对于字符串输入，一定要用空字符串和单字符串进行测试。

9.1.2　特征测试

产品特征实现了一些有用的用户功能。必须对这些特征进行测试以表明该特征已按预期实现，并且该特征可以满足用户的实际需求。例如，如果产品具有允许用户使用其 Google 账户登录的特征，则必须检查此特征是否正确注册了用户，并告知他们将与 Google 共享哪些信息。比如检查用户是否要提供订阅有关产品电子邮件的选项。

通常，执行多个操作的特征是由多个交互程序单元实现的。这些单元可能是由不同的开发人员实现的，因此，所有开发人员都应参与特征测试，其包括两种类型的测试：

1. 交互测试

测试实现特征的各单元之间的交互。各个单元的开发人员可能对该特征的要求有不同的理解。这些误解不会在单元测试中展现出来，可能只有在单元集成时才被发现。集成也会揭示单元测试中程序单元里未暴露的错误。

2. 有用性测试

测试用户想要的特性是否实现。例如，使用 Google 账户登录功能的开发人员可能在实现时对用户注册的默认选项设置为"选择不要的项目"，用户必须明确选择不需要的电子邮件类型，否则就会接收到来自该公司的所有电子邮件。用户可能更喜欢"选择要的项目"的默认设置，这样就可以选择要接收的电子邮件类型。

产品经理应该密切参与有用性测试的设计，因为他们最了解用户的喜好。

组织特征测试的一个好方法是围绕一个场景或一组用户故事（请参阅第 3 章）设计测试。例如，"使用 Google 账户登录"特性可能包含三个用户故事，如表 9.5 所示。根据这些用户故事，你可能会针对该特征设计一组测试，以执行检查，如表 9.6 所示。

表 9.5 "用 Google 账户登录"特征的用户故事

案例题目	用户故事
用户注册	用户希望能在不创建新账户的情况下登录，这样就不必记住其他的登录 ID 和密码
信息分享	用户想知道将与其他公司共享哪些信息。如果不想分享此信息，希望能够取消注册
邮件选择	用户在注册账户时，希望能够选择想要的电子邮件类型

表 9.6 "用 Google 账户登录"的特征测试

测 试	描 述
初始化登录显示	测试当用户单击"使用 Google 登录"时，屏幕是否显示 Google 账户登录凭据正确的请求。如果用户已经登录到 Google，测试登录是否完成
凭据不正确	如果用户输入的 Google 账户登录凭据不正确，测试屏幕是否显示错误消息和重试消息
共享的信息	测试是否显示与 Google 共享的信息，以及取消或确认选项。如果选择了取消选项，则测试注册是否被取消
邮件启动默认设置	测试是否为用户提供了电子邮件信息选项菜单，并且可以选择多个项目以选择订阅这些电子邮件。如果用户未选择任何选项，测试用户是否未订阅任何电子邮件

设计特征测试，需要从用户代表和产品经理的视角了解特征。需要了解他们对特征的期望以及通常如何使用。很多发布的有关如何设计特征测试的准则，通常都含糊不清并且无济于事。 268

特征测试是行为驱动开发（BDD）的组成部分。在 BDD 中，产品的行为需要使用特定领域的语言来指定，并且特征测试会自动从这种规范中派生。可以使用专用工具来自动产生这些测试。"推荐阅读"提供了有关 BDD 的信息链接。 269

9.1.3 系统和发布测试

系统测试是指测试系统整体而不是单个系统功能。系统测试是在产品开发过程的早期阶段开始的——只要有了一个可行的（尽管不完整的）系统版本。系统测试应关注四个问题：

（1）测试系统以发现系统中不同的功能之间是否存在意外或不需要的交互。

（2）测试系统以发现系统功能是否可以有效地协同工作，以支持用户真正想要对系统进行的操作。

（3）测试系统以确保在不同的使用环境中以预期的方式运行。

（4）测试系统的响应能力、吞吐量、安全性和其他质量属性。

功能部件之间可能会发生意外的交互，因为功能部件的设计人员可能对功能部件的运行方式做出了不同的假设。一个例子是包含定义多列能力的文字处理器，每列中都有对齐的文本。文本对齐功能的设计者可能会假设总是有可能将单词放入一列中，断字功能的设计者可能允许用户关闭连字符的使用。但是，如果用户定义了非常窄的列并关闭了连字符，则可能无法将长词插入到窄列中。

在测试功能交互时，不能仅在功能实现中查找错误或遗漏。软件产品旨在帮助用户完成某些任务，因此需要设计测试以检查产品是否有效地在做用户想要产品完成的事。可能会出现这种状况：用户所需的所有功能都可用，但是一起使用时出现了尴尬的状况，或者某些功能并不十分支持用户的任务。

环境测试包括测试系统是否在其预期的操作环境中正常工作，以及是否与其他软件正确集成。如果软件产品需要使用浏览器而非专用的应用程序访问，则需要使用用户可能会使用到的不同浏览器进行测试。如果与其他软件集成，则需要检查集成是否正常工作以及信息是否无缝交换。

系统测试的最佳方法是从描述系统的一组使用场景开始，然后在每次创建新版本的系统时都在这些场景中进行工作。可以将这些场景设计成理解系统功能过程的一部分。如果没有，则应创建这些场景，以便进行可重复的测试过程。

例如，开发一个针对带儿童旅行的家庭假期计划产品。对于这些家庭来说，直飞比在枢纽机场换乘更容易。为了适应孩子的睡眠方式，最好白天乘坐飞机，不能太早离开或太晚到达。表9.7是一个场景的示例，描述了有儿童的家庭计划假期的过程。

使用该场景，可以确定用户在使用系统时可能追随的一组端到端路径。端到端路径是从开始将系统用于任务到任务完成的一系列动作。使用此系统时，有多个完成状态，你应该为所有这些状态确定一个路径。表 9.8 列出了可以使用的路径示例。

表 9.7 选择度假目的地

Andrew 和 Maria 有一个两岁的儿子和一个四个月大的女儿。他们住在苏格兰，想去阳光下度假。然而，他们担心带着小孩飞很麻烦。他们决定尝试一种家庭假期计划产品，帮助他们选择一个容易到达且符合孩子日常生活习惯的度假地点。

Maria 访问假期计划网站并选择"查找目的地"页面。屏幕将会显示许多选项。她可以选择一个特定的目的地或出发机场，并找到所有在该机场有直飞航班的目的地。她还可以输入她倾向的航班时间、假期日期和每人的最高费用。

爱丁堡是他们最近的出发机场。她选择了"查找直飞航班"，然后系统会显示从爱丁堡出发有直飞航班的国家列表以及这些航班的运营日期。她选择了法国、意大利、葡萄牙和西班牙，并请求进一步了解这些航班的情况。然后，她设置了一个过滤器，要求航班周六或周日早上 7：30 后起飞下午 6：00 前抵达。她还设定了此次飞行的最大可接受成本。航班列表将根据过滤器进行修剪并重新显示。然后 Maria 单击了她想要的航班。这将在她的浏览器中打开一个新的选项卡，显示航空公司网站上该航班的预订表单

表 9.8 端到端路径

1. 用户输入出发机场，选择仅查看直飞航班。用户退出
2. 用户输入出发机场，选择查看所有航班。用户退出
3. 用户选择目的地国家，选择查看所有航班。用户退出
4. 用户输入出发机场，选择查看直飞航班。用户设置过滤器以指定出发时间和价格。用户退出
5. 用户输入出发机场，选择查看直飞航班。用户设置过滤器以指定出发时间和价格。用户选择显示的航班并单击进入航空公司网站。用户在预订航班后返回假期计划网站

对于每种路径，都需要检查系统的响应是否正确，以及是否向用户提供了合适的信息。例如，如果 Maria 查找从爱丁堡机场出发的直飞航班，则应检查网站上所显示的航班是否与爱丁堡机场网站上所显示的航班相匹配。不能仅仅假设航班信息的来源是正确的，还必须测试在系统所依赖的外部服务（例如航空公司网站）不可用的情况下，系统是否运行正常。

与单元测试和特征测试一样，让尽可能多的系统接受自动化的测试，并在每次创建系统新版本时运行这些测试。但是，由于端到端路径涉及用户交互，自动化所有系统的测试可能不切实际。正如 9.2 节中解释的那样，某些测试工具可以通过捕获和重放鼠标单击和选择来模拟通过浏览器与用户进行的交互。但是有时候，没有真正可以替代基于描述测试人员应采取某些操作的测试脚本的手动测试方法。

发布测试是针对要发布给客户的系统的一种测试。发布测试和系统测试之间

271

有两个根本区别：

（1）发布测试是在系统的实际操作环境中而不是测试环境中测试系统。尽管你在测试时尽力模拟真实的环境，但真实环境与测试环境之间仍可能存在差异。真实的用户数据通常会出现问题，有时它们比测试数据更为复杂且可靠性较低。

（2）发布测试的目的是确定系统是否足以发布，而不是检测系统中的错误。因此，如果一些失败的测试情况对大多数用户造成的影响很小，就可以忽略这些"失败"测试。

准备系统发布是指打包该系统以进行部署（例如，如果它是云服务，则放在容器中）并安装产品使用的软件和库。你必须定义配置参数，例如根目录的名称，每个用户的数据库大小限制等。但是，在此安装过程中可能会出错。此时，你应该重新进行系统测试，以检查是否引入了影响系统功能、性能或易用性的新错误。只要有可能，在测试软件的发行版本时，都应该使用真实的用户数据以及从运行系统中收集的其他信息。

正如第 10 章中讨论的那样，如果你的产品部署在云中，则可以使用连续发布方法。这是指在进行更改时发布产品的新版本。这一方法仅当在进行频繁的小更改并且使用自动测试来检查更改是否在程序中引入新错误时，才是实用的。

9.2 自动化测试

敏捷软件开发中最重要的创新之一是自动化测试，如今，它在产品开发公司中正被广泛地使用。自动化测试（图 9.4）是基于测试可执行的思想，而可执行测试包括被测试单元的输入数据、预期结果和单元返回预期结果的检查。运行测试如果单元返回预期结果，则通过测试。通常，应该为软件产品开发数百或数千个可执行测试。

自动化测试框架的开发，如 20 世纪 90 年代提出的针对 Java 语言的 Junit 框架，减少了开发可执行测试的工作量。测试框架现在适用于所有广泛使用的编程语言。使用框架开发的数百个单元测试套件可以在几秒钟内在台式计算机上运行，测试报告显示通过和失败的测试。

测试框架提供了一个基类，称为"TestCase"类，由测试框架使用。若要创建自动化测试，请将自己的测试类定义为此 TestCase 类的子类。测试框架包括运行基于 TestCase 类中定义的所有测试并报告测试结果的方法。

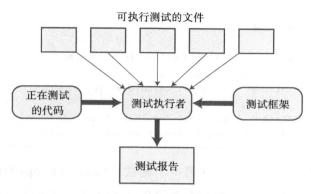

图 9.4 自动化测试

　　程序 9.2 中用 Python 演示了这一点，对财务规划产品中的一部分函数进行了简单的自动化测试。该函数根据贷款金额和贷款期限计算到期利息。代码中的注释解释了测试用例的基本组件。

273

程序 9.2 利息计算器的测试方法

```
# TestInterestCalculator inherits attributes and methods from the class
# TestCase in the testing framework unittest

class TestInterestCalculator (unittest.TestCase):

        # Define a set of unit tests where each test tests one thing only
        # Tests should start with test_ and the name should explain
        # what is being tested

        def test_zeroprincipal (self):

                #Arrange - set up the test parameters
                p = 0
                r = 3
                n = 31
                result_should_be = 0

                #Action - Call the method to be tested
                interest = interest_calculator (p, r, n)

                #Assert - test what should be true
                self.assertEqual (result_should_be, interest)


        def test_yearly_interest (self):
```

```
#Arrange - set up the test parameters
p = 17000
r = 3
n = 365

#Action - Call the method to be tested
result_should_be = 270.36
interest = interest_calculator (p, r, n)

#Assert - test what should be true
self.assertEqual (result_should_be, interest)
```

程序 9.2 显示了两个测试。在第一个测试（test_zeroprincipal）中，所涉及的金额（本金）为零，因此不应支付利息。 在第二个测试（test_yearly_interest）中，利息计算为一年 365 天。显然，需要更多的测试来正确地测试此单元，如闰年测试、计算月利息的测试（考虑月长度不同的事实），以及检查计算利息的测试（在本年部分或全部偿还本金的情况下）是否正确。

将自动化测试分为三个部分是一个很好的实践：

1. 部署

可以设置系统来运行测试，包括定义测试参数，必要时还包括模拟对象，模拟尚未开发的代码的功能。

2. 行动

使用测试参数调用正在测试的单元。

3. 声明

做一个预期的判断，如果测试单元成功执行了应该是一个什么样的状态。在程序 9.2 中，使用 assertEqual 检查其参数是否相等。

一旦为一个测试设置了这些，就很容易在同一单元的其他测试中重用设置代码。理想情况下，每个测试中应该只有一个判断。 如果你有多个判断，则可能无法分辨出哪个判断错误。但是，这不是牢不可破的规则。例如，如果一个函数返回一个复合值，则多个判断（对于复合值的每个元素都有一个判断）可能是编写测试的最简单方法。如果在测试中使用多个判断，则可能包括附加代码，这些代码指示哪个判断错误。

如果使用等价划分来标识测试输入，则应该根据每个划分的正确和错误输入进行多个自动化测试。程序 9.3 中说明了这一点。

该程序显示了如程序 9.1 所示的名字检查功能的测试。此处添加了一个名为 test_thiswillfail 的额外测试，以显示测试产生的输出，其中测试的代码未达到预期的效果。为了缩短示例程序，没有使用显式的部署 / 行动 / 声明部分。

275

程序 9.3　名字检查功能的可执行测试

```python
import unittest
from RE_checker import namecheck

class TestNameCheck (unittest.TestCase):

    def test_alphaname (self):
        self.assertTrue (namecheck ('Sommerville'))

    def test_doublequote (self):
        self.assertFalse (namecheck ("Thisis'maliciouscode'"))
    def test_namestartswithhyphen (self):
        self.assertFalse (namecheck ('-Sommerville'))

    def test_namestartswithquote (self):
        self.assertFalse (namecheck ("'Reilly"))

    def test_nametoolong (self):
        self.assertFalse (namecheck
        ('Thisisalongstringwithmorethan40charactersfrombeginningtoend'))

    def test_nametooshort (self):
        self.assertFalse (namecheck ('S'))

    def test_namewithdigit (self):
        self.assertFalse (namecheck('C-3PO'))

    def test_namewithdoublehyphen (self):
        self.assertFalse (namecheck ('--badcode'))

    def test_namewithhyphen (self):
        self.assertTrue (namecheck ('Washington-Wilson'))

    def test_namewithinvalidchar (self):
        self.assertFalse (namecheck('Sommer_ville'))

    def test_namewithquote (self):
        self.assertTrue (namecheck ("O'Reilly"))

    def test_namewithspaces (self):
        self.assertFalse (namecheck ('Washington Wilson'))

    def test_shortname (self):
```

```
        self.assertTrue ('Sx')

    def test_thiswillfail (self):
        self.assertTrue (namecheck ("O Reilly"))
```

测试框架提供了一个"测试运行程序"，用于运行测试并报告结果。要使用测试运行程序，需要在以保留名称开头的文件中设置测试——在 Python 中，文件名应以 `test_` 开头。测试运行程序找到所有测试文件并运行它们。通过将每个单元的测试包含在单独的文件中来组织单元测试。

程序 9.4　从文件运行单元测试的代码

```
import unittest

loader = unittest.TestLoader()

#Find the test files in the current directory

tests = loader.discover('.')

#Specify the level of information provided by the test runner

testRunner = unittest.runner.TextTestRunner(verbosity=2)
        testRunner.run(tests)
```

程序 9.4 显示了一些运行一组测试的简单代码。程序 9.5 显示了当执行程序 9.3 中所示的测试时运行程序产生的输出。

程序 9.5　单元测试结果

```
test_alphaname (test_alltests_namechecker.TestNameCheck) . . . ok
test_doublequote (test_alltests_namechecker.TestNameCheck) . . . ok
test_namestartswithhyphen (test_alltests_namechecker.TestNameCheck) . . . ok
test_namestartswithquote (test_alltests_namechecker.TestNameCheck) . . . ok
test_nametoolong (test_alltests_namechecker.TestNameCheck) . . . ok
test_nametooshort (test_alltests_namechecker.TestNameCheck) . . . ok
test_namewithdigit (test_alltests_namechecker.TestNameCheck) . . . ok
test_namewithdoublehyphen (test_alltests_namechecker.TestNameCheck) . . . ok
test_namewithhyphen (test_alltests_namechecker.TestNameCheck) . . . ok
test_namewithinvalidchar (test_alltests_namechecker.TestNameCheck) . . . ok
test_namewithquote (test_alltests_namechecker.TestNameCheck) . . . ok
test_namewithspaces (test_alltests_namechecker.TestNameCheck) . . . ok
test_shortname (test_alltests_namechecker.TestNameCheck) . . . ok
test_thiswillfail (test_alltests_namechecker.TestNameCheck) . . . FAIL
```

```
============================================================
FAIL: test_thiswillfail (test_alltests_namechecker.TestNameCheck)
------------------------------------------------------------

Traceback (most recent call last):
    File "/Users/iansommerville/Dropbox/Python/Engineering Software
    Book/test_alltests_namechecker.py", line 46, in test_thiswillfail
        self.assertTrue (namecheck ("O Reilly"))
AssertionError: False is not true
------------------------------------------------------------

Ran 14 tests in 0.001s

FAILED (failures=1)
```

你可以看到失败的测试（`test_thiswillfail`）提供了关于失败类型的信息。一些测试框架使用可视化的测试成功标识：红灯表示某些测试已失败，绿灯表示所有测试均已成功执行。

在编写自动化测试时，应使它们尽可能简单。这一点很重要，因为测试代码与其他任何程序一样都不可避免地包含错误。通常，对于一个产品，你有成千上万的测试，因此不可避免地会有一些本身不正确的测试。

由于自动化测试的目的是避免手动检查测试输出，因此无法通过运行测试来实际地发现测试错误。因此，必须使用两种方法来减少测试错误的可能性：

（1）使测试尽可能简单。测试越复杂，就越有可能出错。当阅读代码时，测试条件应该一目了然。

（2）评审所有测试以及它们测试的代码。作为评审过程的一部分（9.5 节），除测试程序员外，其他人应评审测试的正确性。

回归测试是在对系统进行更改时重新运行以前的测试的过程。此测试旨在检查代码修改是否带来意外的副作用。代码修改可能无意中破坏了现有代码，或者暴露了在早期测试中未检测到的错误。如果你使用自动化测试，回归测试只需要很少的时间。因此，在对代码进行任何修改（甚至是非常小的修改）之后，应该始终重新运行所有测试，以确保一切按预期工作。

单元测试是最容易自动化的，所以大多数测试应该是单元测试。Mike Cohn 首先提出了测试金字塔（图 9.5），他建议 70% 的自动化测试应该是单元测试，

20% 的是特征测试（他称为服务测试）和 10% 的是系统测试（UI 测试）。

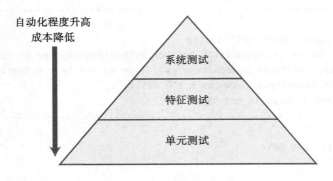

图 9.5   测试金字塔

系统功能的实现通常涉及将功能单元集成到组件中，然后集成这些组件以实现该功能。如果你有良好的单元测试，那么可以确信实现该特性的各个功能单元和组件将按照预期运行。但是，单元可能会做出不同的假设，或者可能会意外地交互，因此仍然需要进行特征测试。

通常，用户通过产品的图形用户界面（GUI）访问功能。然而，基于 GUI 的测试自动化成本很高，因此最好使用另一种特征测试策略。这包括设计你的产品，使其功能可以通过 API 直接访问，而不仅仅是从用户界面访问。然后，特征测试可以直接通过 API 访问功能，而不需要通过系统的 GUI 进行直接的用户交互（图 9.6）。通过 API 访问功能还有其他的优点，即无须更改就可以重新实现 GUI 软件的功能组件。

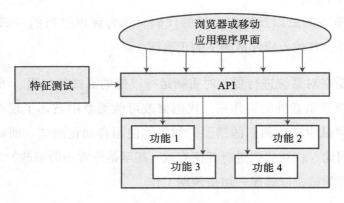

图 9.6   通过 API 进行特征测试

例如，可能需要一系列 API 调用来实现一种功能，该功能允许用户通过指定其他用户的电子邮件地址与另一用户共享文档。这些调用收集了电子邮件地址和文档标识信息，以检查文档的访问权限是否允许共享，检查指定的电子邮件地址是否有效并且是注册的系统用户，然后将文档添加到共享用户的工作空间中。 279

执行完这些调用后，应满足许多条件：

- 文档的状态为"共享"。
- 共享文档的用户列表包括指定的电子邮件地址。
- 共享文档的用户列表中没有删除。
- 共享列表中的所有用户都可以看到共享文档。

通常，你不能使用单个声明来实现自动化特征测试，需要多个声明来检查功能是否按预期执行。使用单元测试框架可以实现某些特征测试自动化，但有时必须使用专用特征测试框架。

系统测试应该在特征测试之后进行，包括以代理用户的身份测试系统。你可以识别用户活动（可能来自场景），然后使用系统完成这些活动。作为系统测试人员，你需要经历从菜单中选择项目、进行屏幕选择、从键盘输入信息等过程。你必须仔细观察并记录系统如何响应以及意外的系统行为。你正在查找导致问题的功能，导致系统崩溃的操作序列和其他问题之间的交互。

当测试人员必须重复一系列操作时，手动系统测试很无聊，并且容易出错。在某些情况下，采取行动的时机很重要，实际上不可能一致地重复。为了避免这些问题，已经开发了测试工具来记录一系列动作，并在重新测试系统时自动重播（图 9.7）。 280

交互记录工具能记录鼠标的移动和单击、菜单选择、键盘输入等。它们保存互动会话并可以重播，将命令发送到应用程序并在用户的浏览器界面中复制。这些工具还提供脚本支持，因此你可以编写和执行以测试脚本表示的方案。这对于跨浏览器测试特别有用，在跨浏览器测试中，需要检查软件在不同的浏览器中是否可以用相同的方式工作。

自动化测试是软件工程领域最重要的发展之一，我相信它已使程序质量得到显著改善。但是，自动化测试的危险在于自动化偏差。自动化偏差意味着选择测试的原因是自动化，而不是因为它们是系统的最佳测试。实际上，并非所有测试都可以自动化。诸如时序问题和由不正确的数据依赖性引起的问题等，只能使用手动测试才能检测到。因此，在发布产品之前，需要计划进行一些手动产品测试，以模拟用户会话。

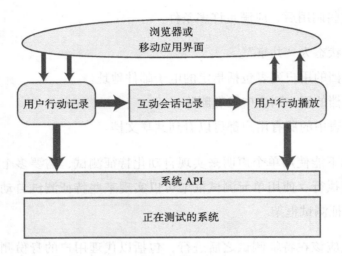

图 9.7　互动记录和播放

9.3　测试驱动开发

测试驱动开发（TDD）是一种程序开发方法，该方法基于以下思想：在编写代码之前，应该编写一个或多个可执行的测试。TDD 是 XP 敏捷方法的早期用户引入的，但可以与任何增量开发方法一起使用。图 9.8 是 TDD 过程的模型。

假设已经确定要实现的某些功能增量。表 9.9 显示了 TDD 过程的各个阶段。

表 9.9　TDD 过程的各个阶段

行　为	描　述
确定部分实现	将所需功能的实现分解为较小的微型单元。从这些微型单元中选择一个进行实现
编写小型单元测试	为选择要实施的小型单元编写一个或多个自动化测试。如果正确实施，这个小型单元应通过这些测试
编写无法通过测试的代码存根	编写那些将被调用以实现小型单元的不完整代码，你知道这将失败
运行所有自动化测试	运行所有现有的自动化测试。以前的所有测试都应该通过。不完整代码的测试应失败
实现可以让失败的测试通过的代码	编写代码以实现将导致其正常运行的小型单元

281

（续）

行 为	描 述
重新运行所有自动化测试	如果任何测试失败，则你的代码不正确。继续努力直到所有测试通过
必要时重构代码	如果所有测试均通过，则可以继续实施下一个小型单元。如果你看到改进代码的方法，则应在下一阶段的实现之前执行此操作

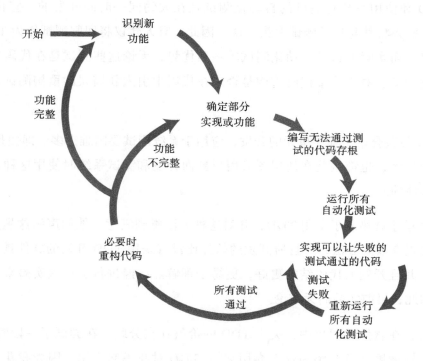

图 9.8 TDD 过程

TDD 依赖于自动化测试。每次添加一些功能时，你都会开发一个新测试并将其添加到测试套件中。在继续开发下一个增量之前，测试套件中的所有测试都必须通过。

TDD 的好处是：

（1）这是一种系统的测试方法，其中测试与程序代码的各个部分明确关联。这意味着你可以确信测试覆盖了所有已开发的代码，并且交付的代码中没有未测试的代码部分。我认为，这是 TDD 的最大优势。

（2）测试充当程序代码的书面规范。至少原则上，应该可以通过阅读测试来了解程序的功能。我不认为测试代码就是制定规范所需的全部内容，但是毫无疑问，测试可以帮助你了解所测试的代码。

282

（3）调试得以简化，因为在发现程序故障时，你可以立即将其链接到系统中代码的最后一个增量。

（4）有人认为 TDD 可以简化代码，因为程序员仅编写通过测试所需的代码。他们不会使用不需要的复杂功能来过度设计自己的代码。

TDD 和使用可执行测试的自动化测试是在大约同一时间开发的。宣传 TDD 优势的一些人将其与自动测试混为一谈。因此，有人建议将回归测试作为 TDD 的一项优势，而实际上这是自动化测试的一项优势，无论这些测试是在代码之前还是之后进行的。对于检查代码重构是否未在代码中引入新错误的重构测试，也是如此。

TDD 最适合单个程序单元的开发；应用于系统测试要困难得多。即使是 TDD 的最强倡导者，也都接受在使用图形用户界面开发和测试系统时使用这种方法是具有挑战性的。

许多程序员热衷于采用 TDD，并对这种方法感到满意。他们声称这是开发软件的一种更有效的方法，并且所开发的软件比没有采用 TDD 开发的软件具有更少的错误，并且开发的代码结构更好，更易于理解。已经进行了一些实验来测试是否确实如此，目前实验尚无定论。

但是，在软件工程界中，关于 TDD 的价值存在分歧。在尝试了一段时间后，我写了一篇博客文章介绍为什么弃用它[⊖]。TDD 对我不起作用，因为我花了更多的时间在测试上而不是程序上。

我的帖子收到了大量评论，这些评论大致均分。正如我预期的那样，TDD 的拥护者只是说我的用法是错的。其他人则完全同意我所说的，该方法是有问题。表 9.10 中总结了不使用 TDD 的原因。我的观点是 TDD 在心理上比其他方法更适合某些人。它对我来说没什么用，但可能对你有用。

正如我在博客文章中所说的，我认为对 TDD 抱有务实态度是明智的。有时，首先编写测试非常有帮助，因为它有助于阐明对程序应该做什么的理解。在其他情况下，首先编写代码来进行对问题的理解会更快，更容易。

⊖ http://iansommerville.com/systems-software-and-technology/giving-up-on-test-first- development/

表 9.10 我不使用 TDD 的原因

原　因	描　述
TDD 不鼓励进行重大计划变更	我不愿做出会导致许多测试失败的重构决策。因此，我倾向于避免对程序进行根本性的更改
我专注于测试，而不是我要解决的问题	TDD 的基本原理是你的设计应由编写的测试驱动。我发现在不知不觉中重新定义了我要解决的问题，以简化编写测试的过程。这意味着我有些时候没有实施重要的检查，因为在实施之前很难编写测试
我花了太多时间考虑实现细节，而不是编程问题	有些时候在编程时，最好退后一步，把程序作为一个整体来看待，而不是把重点放在实现细节上。TDD 更关注可能导致测试通过或失败的细节，而不是程序的总体结构
很难编写"坏数据"测试	许多问题涉及处理凌乱和不完整的数据。实际上不可能预见到可能出现的所有数据问题并提前为这些问题编写测试。你可能会争辩说程序应该直接拒绝坏数据，但有时这不切实际

9.4　安全测试

　　程序测试的目标是发现错误，并为证明所测试的程序可以执行预期的工作提供可信的证据。安全测试具有类似的目标。它旨在发现攻击者可能利用的漏洞，并为证明系统足够安全提供可信的证据。测试应证明该系统可以抵抗对其可用性的攻击、试图注入恶意软件的攻击以及试图破坏或窃取用户数据和身份的攻击。

　　发现漏洞比发现错误要困难得多。发现错误的功能测试是由对软件功能的理解来驱动的。测试仅需表明软件运行正常。但是，在漏洞测试中需要面临三个挑战： 285

　　（1）测试漏洞时，你是在测试该软件不应该执行的操作，因此存在无限数量的可能测试。

　　（2）在很少使用的代码中，漏洞通常是模糊不清并且隐藏着的，因此通常的功能测试可能不会揭露这些漏洞。

　　（3）软件产品依赖于包含操作系统、库、数据库、浏览器等的软件堆栈。这些环境可能包含影响软件的漏洞。随着软件堆栈中新版本软件的发布，这些漏洞可能会变化。

　　全面的安全测试需要有关软件漏洞的专业知识以及可以发现这些漏洞的测试方法。产品开发团队通常没有这种安全测试所需的经验，因此理想情况下，你应该让外部专家参与安全测试。许多公司提供渗透测试服务，他们在其中模拟对软件的攻击，并利用自己的独创性找到破坏软件安全性的方法。但是，独立的安全测试非常昂贵，初创软件公司可能无法承受这笔费用。

组织安全测试的一种实用方法是采用基于风险的方法，在此方法中，你需要确认常见风险，然后设计测试来证明系统可以保护自己免受这些风险的侵害。你也可以使用自动工具扫描系统，以检查已知漏洞，例如未使用的 HTTP 端口正保持打开状态。

在基于风险的方法中，你首先要确定产品的主要安全风险。为了确定这些风险，你需要使用有关可能的攻击、已知漏洞和安全问题的知识。表 9.11 显示了你可能要测试的安全风险示例。

表 9.11　安全风险示例

未经授权的攻击者可以使用授权的凭据访问系统
经授权的个人访问了本该被禁止访问的资源
认证系统无法检测到未经授权的攻击者
攻击者使用 SQL 中毒攻击的方式获得数据库的访问权限
HTTP 会话管理不当
HTTP 会话 cookie 被泄露给攻击者
机密数据未加密
加密密钥被泄露给潜在的攻击者

根据已确定的风险，可以设计测试并检查系统是否脆弱。可能要为其中的某些检查构建自动测试，但其他检查会不可避免地涉及对系统行为及其文件的手动检查。

一旦确定了安全风险，就可以对其进行分析，以评估它们如何产生。例如，对于表 9.11 中的第一种风险（未经授权的攻击者），有几种可能性：

（1）用户设置了攻击者可以猜到的弱密码。

（2）系统的密码文件已被盗，攻击者已找到密码。

（3）用户尚未设置双重认证。

（4）攻击者已通过社会工程技术发现了合法用户（被授权）的登录凭据。

然后，你可以设计测试来检查其中的一些可能性。例如，你可以运行测试以检查让用户设置密码的代码是否一直在检查密码的强度。它不应允许用户设置易于破解的密码。你还可以测试用户是否一直被提示设置双重认证。

第 8 章介绍了可靠的编程技术，可以针对这些风险提供一定的保护。但是，这并不意味着你不需要安全测试。开发人员可能会犯错误。例如，他们可能忘记了检查某些输入的有效性，或者忘记了在更改密码时执行密码强度检查。

除了采用基于风险的方法进行安全测试外，还可以使用基本测试来检查是否发生了常见的编程错误。这种方法可能会测试会话是否正确关闭或输入是否已经通过验证。一个检查会话管理是否出现不正确情况的基本测试的例子是一个简单的登录测试：

（1）登录到 Web 应用程序。

（2）导航到其他网站。

（3）单击浏览器的"返回"按钮。

当你离开一个安全的应用程序时，该软件应该自动将你注销，以便在再次返回该应用程序时必须重新进行认证。否则，如果某人可以访问你的计算机，则可以使用"后退"按钮进入你认为的安全账户。大多数类型的安全测试都涉及复杂的步骤和非传统的思路，但有时像这样的简单测试可以帮助暴露最严重的安全风险。

要成为一名成功的安全测试人员，你需要采取不同的思路。在测试系统的功能时，明智的做法是将注意力集中在最常用的功能上，并测试这些功能的"正常"用途。但是，在测试系统的安全性时，你需要像攻击者一样思考，而不是普通的终端用户。

这意味着你要刻意尝试做错事，因为系统漏洞通常隐藏在很少使用的处理特殊情况的代码中。你可能会重复执行几次操作，因为有时这会导致不同的行为。曾有测试人员在多次尝试不使用密码登录后，发现了一个 Apple 的安全漏洞：在第五或第六次尝试时，获得了访问权限。我的猜测是程序中包含一些代码，可以较为轻松地在不用记住密码的情况下测试系统，然后开发人员忘记了在系统出厂前删除这部分代码。

9.5 代码评审

测试是发现程序错误的最广泛使用的技术。但是，它存在三个基本问题：

（1）只能根据对代码目标任务的理解来测试代码。如果误解了代码的用途，那么这种误解将在代码和测试中得到反映。

（2）测试有时很难设计，导致你编写的测试可能无法涵盖你编写的所有代码。这通常是很少处理发生错误和异常代码的问题。TDD 的一个观点是可以避免此问题。代码全部与每个测试相关联。但是，TDD 只是改变了这个问题的表达方式。不是测试代码的不完整，而是代码本身可能不完整，因为你没有考虑罕见的异常。

（3）测试并不能真正告诉你有关程序其他属性的任何信息，例如程序的可读性、结构、可扩展性，或者程序是否与环境有效交互。

为了减少这些问题的影响，许多软件公司坚持认为，所有代码在集成到产品代码库之前都必须经过代码评审。代码评审是测试的补充，可以有效地发现由于误解而产生的错误以及仅在执行异常代码序列时才可能产生的错误。

图 9.9 显示了代码评审过程中涉及的活动。根据公司文化（倾向于更正式或者更不正式的公司文化）和通常的工作方式，该过程的细节因公司而异。表 9.12 更详细地描述了每个活动。

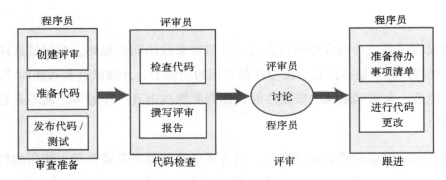

图 9.9　代码评审

表 9.12　代码评审活动

活　动	描　述
创建评审	程序员联系评审员并安排评审日期
准备代码	程序员收集待评审的代码和测试，并为评审员注释有关代码和测试的预期目的的信息
分发代码 / 测试	程序员将代码和测试发送给评审员
检查代码	评审员根据他们对代码目标任务的理解系统地检查代码和测试
撰写评审报告	评审员用将在评审会议上讨论的问题的报告来注释代码和测试
讨论	评审员和程序员讨论问题并就这些问题的解决措施达成共识
准备待办事项清单	程序员将评审的结果记录为待办事项清单，并与评审员共享
进行代码更改	程序员修改代码和测试以解决评审中提出的问题

代码评审是指一个或多个人员检查代码以排查错误和异常，并与开发人员讨论问题。如果确定问题，则开发人员有责任修改代码以解决问题。

代码评审的总体思想最初于 20 世纪 70 年代以"程序审查"的名义进行宣传。程序审查由 4 ~ 6 人组成的团队来检查代码并撰写关于发现问题的正式报告。检查对于发现编程错误非常有效，但是由于涉及的人员太多，因此组织起来既昂贵又耗时。

因此，轻量级方法现在已成为代码评审的规范。代码评审员可以是开发团队的一员，也可以是相关领域工作者。除了检查正在评审的代码外，评审员还应查看已设计好的自动化测试。评审员应检查测试集是否完整，以及测试是否与他们对代码目的的理解相一致。

程序员和评审员都应积极地进行代码评审。评审员不应隐式或显式地批评程序员的能力，也不应将评审视为展示其才智的一种方式。你可以从代码评审中收集度量指标，例如发现的缺陷数。这些指标应该用于改善评审过程，而不是用于评价相应的开发人员。

除了发现错误这一明显好处外，代码评审对于共享代码库的知识也很重要。如果团队中的所有成员都参与了评审和编程，这意味着如果某人离开或不能参与项目，那么其他人就更容易接手他们的工作并继续开发。

除了查找代码中的错误和误解外，评审员还可以评论代码的可读性和可理解性。如果你的公司有编码标准，则评审应检查代码是否符合该标准。但是，我认为最好使用自动化工具进行标准检查，并在提交代码进行评审之前使用它做好标准检查。

程序审查和代码评审通常涉及开发人员和代码评审员之间的会议。我认为这是组织评审的最有效方法。面对面的讨论是解决误解的最快方法。但是，如果在公司中，团队并非全部在同一地点工作，评审可能要通过电话会议讨论代码。

通常，你不应尝试在一次评审中做太多事情。它应该持续一个小时左右，以便可以在一次会议中检查 200 ~ 400 行代码。因为人们会犯类似的错误，所以在检查代码时，为评审员准备检查清单以供评审员使用通常是很有效的。根据使用的编程语言中可能出现的特性错误，检查清单可能包含常规项目和特定项目。在

290

网络上你可以找到大多数编程语言的检查清单。表 9.13 展示了用于评审 Python 代码的检查清单的一部分。

表 9.13   用于评审 Python 代码的部分检查清单

评审项	基本原理
是否使用了有意义的变量和函数名？（一般）	有意义的名称使程序更易于阅读和理解
是否已考虑了所有的数据错误情况并为此设计了测试？（一般）	在大多数常见的情况下编写测试很容易，但同样重要的是检查在显示不正确数据时程序是否不会失败
是否所有异常都得到明确处理？（一般）	未处理的异常可能导致系统崩溃
是否使用默认函数参数？（Python）	定义函数时，Python 允许为函数参数设置默认值。当程序员忘记或滥用它们时，这通常会导致错误
是否使用一致类型？（Python）	Python 没有编译时类型检查，因此可以将不同类型的值分配给同一变量。最好避免这种情况，但如果这样做，则应是合理的
缩进级别是否正确？（Python）	Python 在条件语句之后（如果条件为 True 或 False）使用缩进而不是显式的括号来指示将要执行的代码。如果代码在嵌套条件中未正确缩进，则可能意味着执行了错误的代码

现在有几种代码评审工具可以支持评审过程。使用这些工具，程序员和评审员都可以注释正在评审的代码，并通过创建待办事项清单来记录评审过程。可以设置这些评审工具，以便每当程序员将代码提交到诸如 Github 之类的代码仓库时代码评审都会被自动创建。评审工具还可以与问题跟踪系统、消息传递系统（如 Slack）以及语音通信系统（如 Skype）集成。

[291]

要点

- 程序测试的目的是发现错误，并表明程序执行了开发人员所期望的操作。
- 与软件产品相关的四种类型的测试是功能测试、用户测试、性能和负载测试以及安全测试。
- 单元测试是指对具有单一职责的程序单元（例如函数或类方法）进行测试。特征测试专注于测试单个系统功能。系统测试是对整个系统进行测试，以检查功能部件之间以及系统与其环境之间是否存在不必要的交互。
- 确定所有输入具有相同特征的输入划分——等价划分，并且在这些划分的边界处选择输入进行测试是查找程序中错误的有效方法。
- 用户故事可以用作提取特征测试的依据。

- 测试可执行这一思想是测试自动化的基础。开发一组可执行的测试，并在每次对系统进行更改时都运行这些测试。

- 自动化单元测试的结构应为"排列 – 操作 – 断言"。设置测试参数，调用要测试的函数或方法，并在操作完成后对应该为真的内容进行断言。

- TDD 是一种在编写代码之前编写可执行测试的方法。在有了可执行的测试之后，再开发代码以通过测试。

- TDD 的一个缺点是程序员专注于通过测试的细节，而不是考虑所用代码和算法的更多结构。

- 安全测试可以是风险驱动的，其中包含一系列安全风险，这些安全风险用于确定可能揭示系统漏洞的测试。

- 程序评审是测试的有效补充。他们需要人们检查代码以评价代码质量并寻找错误。

推荐阅读

An Overview of Software Testing（M. Parker，2015）：该文详细介绍了不同类型的软件测试。

http://openconcept.ca/blog/mparker/overview-software-testing

How to Perform Software Product Testing（Software Testing Help，2017）：本书的测试范围集中在产品初始开发期间的测试上。该文讨论了从产品推出到产品报废的整个产品生命周期中的测试问题。

http://www.softwaretestinghelp.com/how-perform-software-product-testing/

Why Most Unit Testing Is Waste（J. O. Coplien，2014）：该文的观点与传统观点相反，传统观点认为大多数测试应该是自动化的单元测试。该文是由 *Design Patterns* 一书的原作者之一撰写的。他认为集成和系统测试可以带来真正的价值，而很大一部分单元测试却没有讲述读者不了解的代码信息。

https://rbcs-us.com/documents/Why-Most-Unit-Testing-is-Waste.pdf

The Art of Agile Development：*Test-Driven Development*（J. Shore，2010）：该文是 *The Art of Agile Development* 书中一章，该书很好地描述了 TDD，比本文描述要详细得多。例子是用 Java 写的。

http://www.jamesshore.com/Agile-Book/test_driven_development.html

Introducing BDD（D. North，2006）：该文认为行为驱动设计是 TDD 设计的演进，其中测试过程的重点是被测试软件的预期行为。风格化的语言可用于描述行为和由此描述衍生的测试。似乎可以解决 TDD 的一些问题。

https://dannorth.net/introducing-bdd/

Best Practices for Code Review（SmartBear，2018）：该文来自代码评审工具 Collaborator 供应商的良好评审做法的总结。同一网站上有许多博客文章，其中详细介绍了这些做法并提供了评审用的检查清单。

https://smartbear.com/learn/code-review/best-practices-for-peer-code-review/

习题

1. 解释为什么你永远无法确信程序测试已经揭示了软件产品中的所有错误。

2. 单元测试和特征测试之间的重要区别是什么？

3. 假设你的软件包含可以自动为文档或书籍创建目录的功能。为针对测试此功能设计的测试提供建议。以下用户故事对这个功能进行了描述：

   （1）作为用户，我想为我的文档自动创建一个目录列表，其中包括我在文本中标记的所有标题。

   （2）作为用户，我希望能够识别目录列表的元素并在不同的级别上标记这些元素。

   为简单起见，我省略了有关格式化目录列表的案例。

4. 表 9.14 是第 3 章中为 iLearn 系统（请参见表 3.6）使用的场景的简化版本。提出在这个情景下可用于测试系统功能的 6 个端到端测试。

表 9.14　创建群组电子邮件

Emma 是一位历史老师，她正在安排（去法国北部的历史悠久的战场）学校旅行。她想组建一个"战场小组"，参加这次旅行的学生可以在此分享他们对所到之处的研究，以及他们旅行的想法和照片。

Emma 登录到"群组管理"应用程序，该应用程序通过身份信息识别出她的职位和学校，并创建了一个新的群组。系统会提示她执教的年级（S3）和科目（历史），并自动将所有正在学习历史的 S3 学生填充到新组中。她选择了要旅行的学生，并将她的同事 Jamie 和 Claire 老师加入到小组中。

她为组命名，并确认组的创建。这样程序会在她的 iLearn 屏幕上设置一个图标来代表该群组，为该群组创建电子邮件别名，并询问 Emma 是否希望共享该群组。她与群组中的每个人共享对该群组的访问权限，这意味着他们也可以在屏幕上看到该图标。为了避免两位同事收到太多来自学生的电子邮件，她限制了电子邮件别名对 Jamie 和 Claire 的共享

---

5. 解释为什么开发自动化单元测试比开发自动化特征测试更容易。

6. 使用你知道的任何一种编程语言，编写一个接受整数列表作为参数的函数 / 方

法，然后返回该列表中数字的总和。使用适当的测试框架，编写自动测试以测试该功能。确保使用错误和正确的数据都进行测试。

7. 什么是回归测试，为什么重要？解释为什么自动化测试使回归测试变得简单。

8. 解释为什么在 TDD 过程中具有一个重构阶段至关重要。

9. 解释为什么软件安全测试比功能测试更加困难。

10. 给出三个在开发软件时要使用代码评审和测试的原因。

DevOps 和代码管理

软件产品开发的最终目标是向顾客发布产品。移动产品通常通过应用商店发布；用于计算机和服务器的产品可以通过从供应商的网站或应用商店下载获得。但是，越来越多的软件产品可以作为基于云的服务使用，因此不需要客户下载。

发布产品后，你必须提供一些客户支持。这些支持可能只是网页上常见问题的列表，也可能是用户可以联系的专用帮助台。你可能还需要收集一些客户的反馈，以帮助决定新版本需要进行哪些更新。

传统上，软件的开发、版本发布和支持分别由单独的团队负责（图 10.1）。开发团队将软件的"最终"版本传递给版本发布团队。版本发布团队再构建发行版本，对其进行测试并准备发行文档，然后向客户发布软件。第三个团队则提供客户支持。有时是由最初的开发团队负责实施软件修改，有时则是由其他单独的团队进行维护。

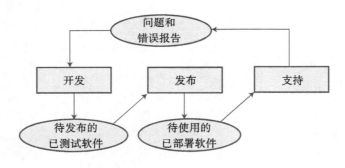

图 10.1　软件开发、版本发布和支持

在这些过程中，各团队之间的通信延迟是不可避免的。开发和运营工程师使用不同的工具，具有不同的技能，并且通常相互之间不了解。即使已经发现紧急漏洞或安全漏洞，可能也需要几天的准备时间才能向客户发行新的版本。

许多公司仍然使用这种传统模型进行软件开发、版本发布和支持。但是也有越来越多的公司开始使用一种称为 DevOps 的替代方法。 DevOps（开发和运营） 295
集成了开发、部署和支持，可以由一个团队负责所有这些活动（图 10.2）。三个因素导致了 DevOps 的发展和广泛使用：

（1）敏捷软件工程缩短了软件开发时间，但是传统的发布过程在开发和部署之间形成了瓶颈。敏捷爱好者开始寻找一种方法来解决这个问题。

（2）Amazon 围绕服务重新设计了他们的软件，并引入了由同一个团队开发 296
和支持服务的方法。Amazon 声称这样做能够显著提高软件的可靠性，并对此大加宣传。

（3）可以将软件作为服务发布，在公有或私有云上运行。软件产品不必通过物理介质或下载链接发布给用户。

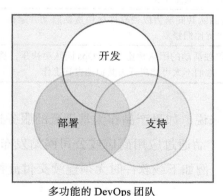

多功能的 DevOps 团队

图 10.2   DevOps

DevOps 没有简单的定义。由于公司文化及其开发软件的类型不同，各公司对有关开发和运营的集成也有不一样的解释。然而，表 10.1 中列出的三个基本原理是进行有效 DevOps 的基础。

同样，使用 DevOps 的具体收益取决于公司的技术、组织和文化。但是，几乎所有采用 DevOps 的人都报告称，对他们来说最大的好处就是软件部署周期缩短，重大故障或停机的风险减少；解决方案出台更快，团队更加稳定和高效。表

10.2 解释了 DevOps 为什么有这些普遍优势。

表 10.1   DevOps 准则

准 则	解 释
每个人都应该对每件事负责	所有团队成员都对软件开发、交付和支持负有共同的责任
能够自动化的事情都应该自动完成	如果可能的话，应该自动执行与测试、部署和支持有关的所有活动。部署软件时应尽量减少人工干预
先度量后改变	DevOps 应该由测量程序驱动，你可以在其中收集有关系统及其操作的数据。然后，你可以根据收集到的数据进行决策，是否需要更改 DevOps 流程和工具

表 10.2   DevOps 的优势

优 势	解 释
部署更快	由于可以大大减少过程中涉及人员之间的沟通延迟，因此可以更快地将软件部署到生产中
风险更小	每个发行版中的功能增量很小，因此功能交互和其他导致系统故障、中断的更改机会较小，如果可能的话，应该自动执行与测试、部署和支持有关的所有活动。部署软件时应尽量减少人工干预
修复更快	DevOps 团队共同努力以使软件尽快重新启动并运行。无须找寻究竟哪个团队负责该问题并等待他们修复
团队更有生产力	与参与单独活动的团队相比，DevOps 团队更快乐，更有生产力。因为团队成员更快乐，所以他们不太可能离开去其他地方找工作

对于软件产品公司来说，如果产品作为基于云的服务进行交付，DevOps 的各个方面都很重要；如果产品通过应用商店或公司网站发布，DevOps 仍然很重要，但是需要修改一些流程，例如下载软件时无须连续交付流程。

在本章中，我将重点介绍 DevOps 中的自动化和度量。但是，许多人认为如果没有正确的文化，DevOps 的潜力将无法得到充分的发挥。从历史上看，在开发和运营工程师之间常常存在一种不信任的文化。DevOps 旨在通过创建一个负责任的团队来改变这一状况。开发人员还负责安装和维护他们的软件。

建立 DevOps 团队意味着需要将许多不同的技能集合在一起，其中包括软件工程、用户体验设计、安全工程、基础架构工程和客户交互。不幸的是，一些软件工程师认为他们的工作比其他人的工作更具挑战性和重要性。他们不尝试了解具有不同技能的团队成员的工作或他们面对的问题。如果成员试图对工作类型进行重要性分级，往往会导致紧张氛围。

成功的 DevOps 团队具有相互尊重和共享的文化。团队中的每个人都应参与 Scrums 和其他团队会议。应鼓励团队成员与他人分享他们的专业知识，并学习新技能。开发人员应支持他们已经开发的软件服务。如果提供的服务在周末出现故障，则该开发人员负责重新启动并重新运行该服务。但是，如果该人员联系不上，则其他团队成员应主动接管而不是等待他们回来。团队的工作重点应该是尽快修复故障，而不是责怪团队成员或小组。

298

10.1　代码管理

DevOps 依赖于整个团队使用的源代码管理系统。但是，源代码管理的出现比 DevOps 早了近 40 年。在 20 世纪 70 年代初期，人们就意识到需要管理不断演化的代码库。无论你的团队是否使用 DevOps，所有类型的软件工程都需要对源代码进行管理。

在软件产品的开发过程中，开发团队可能会写数万行代码，进行数万次自动测试。这些代码将被整合进数百个文件。开发人员可能会使用数十个库，并且在创建和运行代码时可能要涉及多个程序。没有自动化的帮助，开发人员不可能把控对软件不停地变更。

代码管理⊖是一组有软件支持的操作集合，用于管理不断演化的代码库。你需要代码管理，以确保不同开发人员所做的更改不会相互干扰，并能创建不同的产品版本。使用代码管理工具可以轻松地将源代码文件创建成可执行程序，并在该程序上进行自动化测试。

为了解释代码管理的重要性，请参考表 10.3 中所示的案例。如果使用了代码管理系统，Bob 和 Alice 的更改带来的冲突就会被它检测到。这个 bug 会得到修复，并且公司可以继续运营下去。

299

⊖　Code management was originally called "software configuration management" and this term is still widely used. However, "configuration management" is now commonly used to refer to the management of a server infrastructure.

表 10.3   一个代码管理系统问题

Alice 和 Bob 在一家名为 FinanceMadeSimple 的公司工作，是开发个人理财产品的团队成员。Alice 在名为 TaxReturnPreparation 的模块中发现了一个错误。系统报告已经提交了报税单，但实际上有时并未将其发送给税务局。她编辑了该模块以修复错误。Bob 正在使用 TaxReturnPreparation 做系统的用户界面。不幸的是，他在 Alice 修复该 bug 之前就做了一个副本，并在进行更改后保存了该模块。这覆盖了 Alice 的更改，但她并不知情。

产品测试没有发现错误，因为这种失败并不是每次都发生，这取决于纳税申报的完成情况。该产品带着这个错误启动时，对于大多数用户而言是一切正常的。但是，少数用户的纳税申报表没有得到提交，并且被税务局处以罚款。随后的调查显示该软件公司存在过失。这件事情被广泛传播，并且由于受到税务部门的罚款，用户对该软件产品失去了信心。许多人转向了竞争对手的产品。FinanceMadeSimple 失败，Bob 和 Alice 都失去了工作

源代码管理与自动化系统构建相结合，对于专业的软件工程来说是至关重要的。在使用 DevOps 的公司中，一个现代化的代码管理系统是实现自动化的基本要求。它不仅存储了项目的最终代码，而且还存储了 DevOps 中用到的其他信息。DevOps 自动化和度量工具都会与代码管理系统交互（图 10.3）。

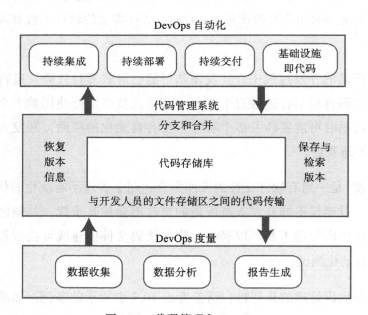

图 10.3   代码管理和 DevOps

我将在 10.2 节和 10.3 节中详细介绍 DevOps 自动化与度量工具。

10.1.1   源代码管理基础

源代码管理系统旨在管理不断演化的项目代码库，以存储和检索不同版本的

系统组件或整个系统。开发人员可以并行工作，相互之间不会干扰，并且可以把 自己的工作与其他开发人员的工作进行集成。

代码管理系统的优势体现在如下四个方面：

（1）代码调动。开发人员将代码放入个人的文件存储库中进行处理。然后将代码提交回共享的代码管理系统。

（2）版本存储和检索。一个文件可以存储多个版本，开发人员能检索到任一版本。

（3）合并和分支。可以为并行工作创建并行开发分支。开发人员在不同分支中所做的更改可以合并。

（4）版本信息。可以存储和检索系统中保留着的版本信息。

所有源代码管理系统形式上都和图 10.3 差不多，具有共享的存储库和一组用于管理库中文件的功能：

（1）所有源代码文件、文件版本，以及其他组件（例如配置文件、构建的脚本、共享库和工具版本信息等）都存储在存储库中。该存储库有一个存放文件相关信息的数据库，例如版本信息、谁更改了文件、在什么时间进行了哪些更改等。

（2）源代码管理功能可在存储库之间来回传输文件，并更新文件版本信息，还有各版本之间关系的信息。开发人员随时可以从存储库中检索文件的任一版本以及这些版本的信息。

当前使用的开源源代码管理系统或专有源代码管理系统，都提供表 10.4 中所示的功能。

添加文件后，源代码管理系统会为每个文件分配一个唯一的标识符。该标识符用于命名存储的文件。唯一标识意味着文件永远不会被覆盖。开发人员可以添加其他属性作为标识，这样既可以通过名称，也可以通过属性来检索文件。文件的任何版本都可以从系统中检索。对文件进行更改并将其提交到系统后，提交者必须添加一个标识字符串来解释所做的更改。这有助于开发人员理解创建新版本的目的。

表 10.4　源代码管理系统的功能

功　能	描　述
版本和发行标识	代码文件的托管版本在提交给系统时具有唯一标识，可以使用标识符和其他文件属性进行检索
更改历史记录	记录并维护对代码文件进行更改的原因
独立开发	几个开发人员可以同时处理同一个代码文件。当提交到代码管理系统时，将创建一个新版本，以便以后的更改不会覆盖文件
项目支持	可以同时签出与项目关联的所有文件。不需要一次签出一个文件
存储管理	代码管理系统包含高效的存储机制，因此不会保留只有很小差异的多个文件副本

当多个开发人员同时处理同一个文件时，代码管理系统支持独立开发。他们每次将更改提交给代码管理系统时，系统都会创建文件的一个新版本。这就避免了表 10.3 中描述的文件覆盖问题。不同项目共享组件是很常见的事情，因此代码管理系统也提供这方面的项目支持。用户可以通过项目支持特性检索与其正在处理的项目相关的所有文件版本。

在 20 世纪 70 年代，高昂的存储成本是推动代码管理系统发展的重要力量。采取压缩存储无须存储文件的每个版本，减少了管理文件集所需的空间。这些系统将版本存储为文件主版本的更改列表。开发人员要将这些更改应用于主文件，才能重新创建版本文件。如果之前已经创建了多个版本，那么再创建就会相对较慢，因为这涉及检索操作和多组代码编辑。

由于现在的存储器既便宜、容量又大，因此现代代码管理系统没有那么关注优化存储。它们使用更快的机制来进行版本存储和检索。

早期的源代码管理系统有一个集中的存储库体系架构，它要求用户签入和签出文件（图 10.4）。如果用户签出一个文件，则尝试签出该文件的其他人都会收到警告，提示该文件已在使用中。签入已编辑的文件时，将创建该文件的新版本。

在图 10.4 中，Alice 和 Bob 从存储库中签出了他们需要的文件。他们都签出了 B1.1、C1.1 和 Z1.0。这些文件在存储库中标记为共享。当 Alice 和 Bob 签入这些文件时，源代码管理系统将确保文件副本不发生冲突。

302

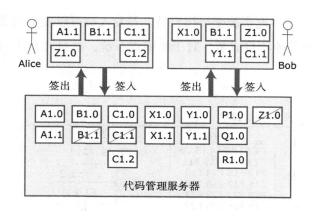

图 10.4　集中源代码管理

30 多年来，这种集中式体系架构一直是代码管理系统的主要模型，现在某些代码管理系统仍在使用。最著名的开源代码管理产品 Subversion 就是基于集中式存储库的。但是，分布式代码管理系统才是现在软件产品开发中最常用的。在这种系统中，存储库被复制到每个开发人员的计算机上。

2005 年，Linux 的开发者 Linus Torvalds 开发了一个被称为 Git 的分布式版本控制系统（DVCS）来管理 Linux 内核代码，彻底改变了源代码管理。Git 旨在支持大规模开源开发。它利用了这样一个事实：存储成本已经下降到大多数用户不必关心本地存储管理的程度。Git 不仅保留了用户正在处理的文件的副本，还维护了每个用户计算机上存储库的副本（图 10.5）。

Git 中的一个基本概念是"主分支"，它是当前团队正在开发的软件的主版本。你可以创建一个新的分支来创建新版本，如下所述。在图 10.5 中，你可以看到除了主分支之外，还创建了两个分支。当用户请求一个存储库副本时，他们会得到一个可以独立工作的主分支的副本。303

与集中式系统相比，Git 以及其他分布式代码管理系统具有多个优点：

（1）还原能力。每个从事项目工作的开发人员都有自己的存储库副本。如果共享存储库已损坏或受到网络攻击，开发人员可以继续工作，并且可以使用克隆来还原共享存储库。如果没有网络连接，开发人员也可以脱机工作。

（2）快速提交。开发人员对存储库的更改是一种快速的本地操作，不需要通过网络传输数据。304

（3）灵活性。做本地实验变得很容易。开发人员可以安全地尝试不同方法，而无须将实验暴露给其他项目成员。对于集中式系统，这只有在代码管理系统之外工作才能实现。

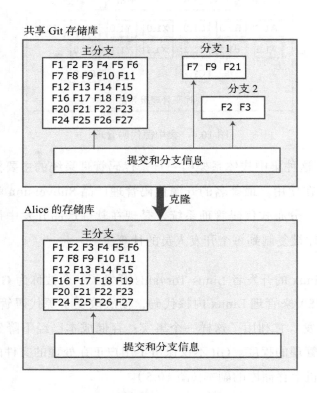

图 10.5　Git 中的存储库克隆

现在，大多数软件产品公司都使用 Git 进行代码管理。对于团队工作来说，Git 是围绕共享项目存储库和存储在每个开发人员计算机上的该存储库的私有副本的概念进行组织的（图 10.6）。公司可以使用自己的服务器来运行项目存储库。但是，许多公司和个体开发者都借助外面的 Git 存储库提供商。一些 Git 资料库托管公司，例如 Github 和 Gitlab，在云上托管了数千个资料库。在下面的例子中，我使用 Github 作为共享存储库。

图 10.6 显示了 Github 上的四个项目存储库：RP1 ~ RP4。RP1 是项目 1 的存储库，RP2 是项目 2 的存储库，依此类推。每个项目的开发人员都用字母（a、b、c 等）标识，每个人都具有项目存储库的单独副本。开发人员可能要一次处理多个项目，因此他们可能在计算机上拥有多个 Git 存储库的副本。例如，开发人员要

在项目 1、项目 2 和项目 3 上工作，就会有 RP1、RP2 和 RP3 的副本。

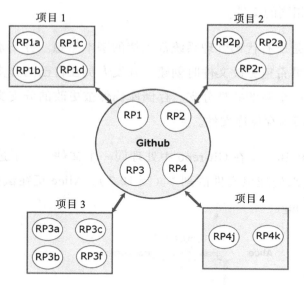

图 10.6　Git 存储库

10.1.2　使用 Git

当你加入项目时，在计算机上设置一个项目目录作为该项目的工作区。必要的话，安装和团队同版本的工具（包括 Git）。你在项目目录中工作时，使用以下命令在该目录中设置本地 Git 存储库（通常称为 repo），然后从远程 repo 克隆本地项目目录。

```
cd myproject
git init #Sets up the local repo in the project directory called myproject
git clone <URL of external repository>
```

clone 命令将主文件从远程 repo 复制到工作目录。通常是项目文件的最新版本。它还从外部 repo 复制存储库信息，以便你可以看到其他开发人员所做的工作。如果需要，可以查询此信息并从项目 repo 中下载其他分支。

然后你就可以开始处理项目目录中的文件，添加新文件并根据需要进行更改。你可以使用 add 和 commit 命令更新本地 repo。add 命令中的文件列表是你要管理的文件。对这些文件进行更改后，commit 命令会将它们添加到本地 repo 中。

```
git add <list of files to be controlled>
git commit
```

要使用好 Git，需要理解分支和合并的概念，这些特性允许开发人员在不受干扰的情况下处理相同的文件。

分支和合并是所有代码管理系统都支持的基本思想。分支是一个单独的独立版本，当开发人员希望更改文件时创建。开发人员在自己的分支中所做的更改可以合并，以创建一个新的共享分支。存储库确保被更改的分支文件在没有合并操作的情况下不能覆盖存储库文件。

假设 Alice 和 Bob 正在 Git repo 中处理同一个文件。为了进行更改，每个人都创建一个分支来处理该文件的副本（图 10.7）。Alice 正在试验一个新的功能，Bob 在修复一个 bug。

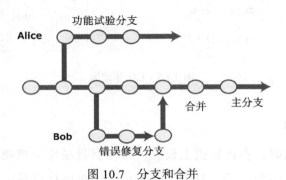

图 10.7　分支和合并

如果 Alice 或 Bob 在自己处理的分支上出错，他们可以很容易地恢复到主文件。如果他们在工作时提交更改，则可以恢复到他们所做工作的早期版本。当他们完成并测试了自己的代码后，就可以将自己所做的工作与主分支合并来替换主文件。图 10.7 显示 Bob 已经将他的 bug 修复，并与主分支合并。

Bob 和 Alice 使用他们各自的本地 repo，彼此间不会有冲突。但是在某个时间，他们两个可能都尝试使用更改后的文件来更新外部 repo。假设 Bob 是第一个更新外部 repo 的人。他合并更改的文件，并将更改推送到共享 repo。他的更新被接受。然后，Alice 尝试将其更改推送到 repo 中，但由于与 Bob 的更改可能存在冲突而被拒绝。

Git 逐行比较文件的版本。如果开发人员更改了文件中的不同行，则不会发生冲突。但是，如果它们对同一行进行了更改，Git 会发出合并冲突的信号。Git 高亮发生冲突的地方，这些冲突将由开发人员来解决。在本例中，Alice 应该与 Bob 讨论，然后对文件进行更改以解决冲突。

Git 在管理分支方面很高效，因此即使只对代码进行少量更改，使用这种机制也是有意义的。若要基于工作目录中的文件创建新分支，你可以使用带 `-b` 标志位的 `checkout` 命令。下面的命令用来创建一个新的分支，被称为 `fix-header-format`。

```
git checkout -b fix-header-format
```

307

假设这涉及两个文件的编辑：`report_printer.py` 和 `generate_header.py`。你可以使用以下命令对这些文件进行编辑、添加并提交。

```
git add report_printer.py generate_header.py
git commit
```

`commit` 命令默认将更改提交到当前分支，该分支为 `fix-header-format`。然后，若你对所做的更改感到满意，并希望将其与目录中的主分支合并。你可以从项目 repo 中签出主分支，以确保你拥有所有主文件的最新版本，然后发出合并命令。

```
git checkout master
git merge fix-header-format
```

在此阶段，你已经更新了本地 repo 中的主分支，注意不是外部 repo。要合并你在外部 repo 的主分支中所做的更改，请使用 `push` 命令。

```
git push
```

然后，Git 会检查你的 repo 和外部 repo，找出已更改的文件，并将更改推送到外部 repo。尽管我没在这儿展示，你可以推送到外部 repo 中的特定分支。

在 Alice 和 Bob 的场景里，Bob 发出了一个 `push` 命令，将其更改的文件推送到外部 repo。Alice 尝试推送更改，但 Git 拒绝了更改，因为它知道 Bob 已经发出了推送命令，再接收 Alice 的更改可能会造成冲突。Alice 必须使用 `pull` 命令，拉取 Bob 更改后的文件来更新她的存储库。

```
git pull
```

`pull` 命令从外部 repo 中的主文件中获取包含 Bob 所做更改的文件副本。它将使用这些文件更新 Alice 的本地 repo。然后，Alice 解决潜在的冲突，并将更新的分支推送到外部 repo。

Git 最初是为了支持开源软件开发而开发的。在开源模型中，许多人可以独立地处理代码，而不需要知道其他人在做什么。开源软件的主版本由个人或小组管理，该小组决定应合并哪些更改。图 10.8 显示了 Git 和 Github 如何支持这种工作方式。

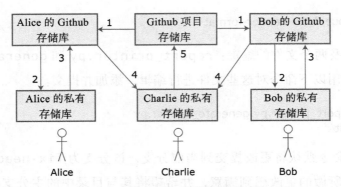

图 10.8　使用 Github 进行开源开发

Alice 和 Bob 都在对开源软件进行更改。每个人在 Github 上都有一个 repo，并在自己的计算机上有一个私有 repo。开源项目的主 repo 位于 Github 上，并由 Charlie 管理。Charlie 负责决定是否应将开发人员所做的更改纳入主版本。

这是更新开源项目主版本的操作顺序：

（1）Alice 和 Bob 将主分支从 Github 上的项目 repo 复制到他们的私有 Github repo 中。

（2）他们将共享的公共 repo 拉到私有 repo，并完成对代码的更改。

（3）他们将这些更改推送其公共 repo 中，并告知 Charlie 他们所做的更改。

（4）Charlie 把 Alice 和 Bob 的 repo 中的变化拉到他的私有 repo 中。他核查这些更改，必要时进行测试，并决定是否应该将其包含在开源系统中。

（5）如果对软件的更改被接受，Charlie 会将这些更改从其私有 repo 推送到特定的项目 repo。

Github 使用一种非常通用的、被称为 Webhooks 的机制来触发对项目存储库更新的响应。在一些操作下，Webhooks 使用 HTTP POST 请求将数据发送到某个 URL。因此，你可以配置 Github，使其能向开发人员发送有关更改的消息，并在添加新代码时触发系统构建和测试。此功能用于与外部工具（如我在下一节中介绍的 DevOps 自动化工具）通信。

10.2 DevOps 自动化

从历史上看，把独立开发的部分集成为一个系统、在实际的测试环境中部署该系统和发布该系统的过程都是耗时且昂贵的。但是，通过使用具有自动化支持的 DevOps，你可以大大减少集成、部署和交付的时间与成本。

"所有东西都应该自动化"是 DevOps 的基本原则。除了减少集成、部署和交付所需的成本与时间之外，自动化还使这些过程更加可靠和可重现。自动化信息被编码在脚本和系统模型中，这些脚本和系统模型可以进行检查、回顾、版本控制并存储在项目存储库中。部署可以不依赖于了解服务器配置的系统管理员，使用系统模型可以快速可靠地复制特定的服务器配置。

图 10.3 显示了 DevOps 自动化的四个方面。我在表 10.5 中对此进行了解释。

表 10.5　DevOps 自动化的方面

方　面	描　述
持续集成	每次开发人员对项目的主分支提交更改时，都会构建并测试系统的可执行版本
持续交付	将创建产品操作环境的模拟，并测试可执行软件的版本
持续部署	每当对软件的主分支进行更改时，系统都会向用户提供该系统的新版本
基础架构即代码	配置管理工具使用机器可读的基础设施（网络、服务器、路由器等）模型来构建软件的执行平台。基础设施模型中包含要安装的软件，例如编译器、代码库以及 DBMS

我认为另一个重要的自动化问题是跟踪的自动化。问题和错误跟踪涉及记录观察到的问题以及开发团队对这些问题的响应。如果你使用 Scrum 或类似 Scrum 的过程，这些问题会自动添加到产品的待办项中去。

一些被广泛使用的开源和专有问题跟踪工具，例如 Bugzilla、FogBugz 和 JIRA，一般包括以下功能：

1. 问题报告

用户和测试人员可以报告问题或错误，并提供有关发现问题上下文的进一步信息。这些报告可以自动发送给开发人员。开发人员可以对报告发表评论，并指出是否能解决该问题以及何时解决。报告存储在问题数据库中。

2. 搜索和查询

可以搜索和查询问题数据库。这对于发现问题是否已经提出、发现未解决的问题以及找出是否已报告相关的问题非常重要。

3. 数据分析

可以分析问题数据库并提取信息，例如未解决的问题数、问题解决的速度等。这通常以图形方式显示在系统仪表板中。

4. 与源代码管理集成

问题报告可以被链接到存储在代码管理系统的软件组件的各版本中。

我不会再详细讨论问题跟踪工具，但是对于 DevOps 来说，使用自动问题跟踪是非常重要的。问题跟踪系统能捕获有关软件产品使用的数据，并与 DevOps 度量系统中的其他数据一起进行分析。

10.2.1　持续集成

系统集成（系统构建）是收集所有工作系统中所需的元素，将它们移到正确的目录中，然后放在一起以创建一个运行系统的过程。这不仅仅是编译系统。你必须完成其他几个步骤才能创建工作系统。尽管每个产品都不相同，但是以下的典型活动是系统集成过程的一部分：

- 安装数据库软件并使用适当的模式设置数据库；
- 将测试数据加载到数据库中；
- 编译产品包含的文件；
- 将编译后的代码、使用的库和其他组件链接；
- 检查所使用的外部服务是否正常运行；
- 删除旧的配置文件并将配置文件移动到正确的位置；
- 运行一组系统测试以检查是否已集成成功。

如果不经常集成系统，则在集成前会有很多组件的更改，甚至是重大的更改。集成时若发现问题，通常很难将这些更改隔离开，解决起来会减慢系统开发的速度。为避免此问题，XP 方法的开发人员建议使用持续集成方法。

持续集成意味着每次将更改推送到系统的共享代码存储库时，便会创建并测试系统的集成版本。推送操作完成后，存储库会向集成服务器发送一条消息，以构建该产品的新版本（图 10.9）。

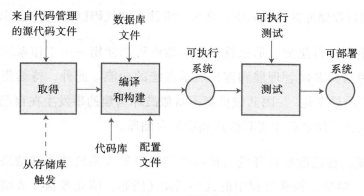

图 10.9　持续集成

312

图 10.9 中的矩形框是持续集成管道的元素，该集成管道由存储库通知（已对系统的主分支进行了更改）触发。

在持续集成的环境中，开发人员必须确保他们不会"破坏构建"。破坏构建意味着在将代码推送到项目存储库中进行集成时导致了某些系统测试失败。这会阻碍其他开发人员。如果遇到这种情况，你的首要任务是发现并解决问题，以便继续进行正常的开发。为了避免破坏构建，你应该始终采用"两次集成"方法进行系统集成。你应先在自己的计算机上进行集成与测试，然后再将代码推送到项目存储库以触发集成服务器（图 10.10）。

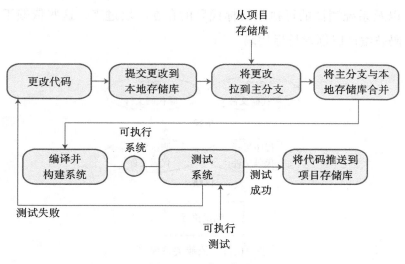

图 10.10　本地集成

与不常进行的集成相比，持续集成的优点是查找和修复系统中错误的速度更快。如果只进行了很小的更改，然后某些系统测试失败了，那么问题几乎可以肯定出在推送到项目存储库的新代码中。你可以专注于此代码以查找引起问题的错误。

如果你不断进行集成，那么整个团队始终可以使用一个工作系统。这可以用来测试各种想法，并向管理层和客户展示系统的功能。此外，持续集成在开发团队中创建了"质量文化"。团队成员都不希望破坏构建的事发生在自己身上。他们就会在仔细检查工作之后才将其推送到项目存储库。

仅当集成过程速度快且开发人员不必等待对集成系统的测试结果时，持续集成才算有效。但是，构建过程中的某些活动（例如，填充数据库或编译数百个系统文件）本质上是缓慢的。因此，必须有一个自动化的构建过程将花在这些活动上的时间最小化。

快速自动构建是可能的，因为在持续集成系统中，一次集成和另一次集成之间对系统所做的更改通常相对较小，一般只是更改了一些源代码文件。代码集成工具使用增量构建过程，因此，如果从属文件被更改，则工具仅需重复一些操作，如编译。

要了解增量系统构建，就需要了解依赖的概念。图 10.11 是一个依赖关系模型，显示了测试执行的依赖关系。向上的箭头表示"依赖于"，标识了要完成模型底部矩形中所示任务时所需的信息。因此，图 10.11 显示了系统测试依赖于被测试程序，以及系统测试的可执行目标代码的存在。反过来，这些依赖于系统和测试的源代码被编译以创建目标代码。

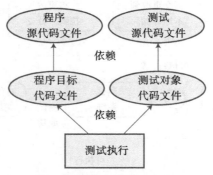

图 10.11　依赖关系模型

第一次集成系统时，增量构建系统编译所有源代码文件和可执行测试文件。

它创建相应的目标代码，并运行可执行测试。但是后来就只为新的和修改过的测试，以及修改过的源代码文件创建目标代码文件。

图 10.12 显示了为名为 Mycode 的源代码文件创建目标代码时涉及的底层依赖关系模型。源代码文件很少是独立的，而是依赖于其他信息（例如库）。 Mycode 依赖于两个库（Lib1 和 Lib2）和一个外部的类定义。

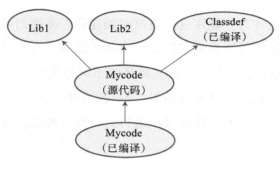

图 10.12　文件依赖关系

自动化构建系统使用依赖关系规范来确定需要完成的工作。它使用文件修改时间戳来确定在创建关联的目标代码文件之后是否更改了源代码文件。如果是，则必须重新编译源代码。为了说明这一点，请考虑基于图 10.12 的三种方案：

（1）编译后代码的修改日期晚于源代码的修改日期。构建系统推断未对源代码进行任何更改，并且不执行任何操作。

（2）编译后代码的修改日期早于源代码的修改日期。构建系统将重新编译源代码，并将现有的已编译代码文件替换为更新版本。

（3）编译后代码的修改日期晚于源代码的修改日期。 但是，Classdef 的修改日期晚于 Mycode 源代码的修改日期。因此，必须重新编译 Mycode 以合并这些更改。

手动记录文件依赖性是一项烦琐且耗时的任务。 然而，大多数编程语言的编译器或单独的工具都可以自动创建可用于系统构建的依赖模型。系统构建软件在构建系统时会使用该模型来优化构建过程。

最古老也最著名的系统构建工具是 make，它最初是在 20 世纪 70 年代为 Unix 开发的。系统构建命令被编写为 Shell 脚本。其他工具，例如面向 Java 的 Ant 和 Maven、面向 Ruby 的 Rake，都使用不同的方法来指定依赖关系，但是基本上它们都做同样的事情。

如图 10.9 所示，支持整个持续集成过程的工具使你可以定义一个活动管道，并执行该管道。除了构建系统之外，它们还可以填充数据库、运行自动化测试等。持续集成工具还包括广泛使用的开源系统 Jenkins，以及 Travis 和 Bamboo 等专有产品。

10.2.2 持续交付和部署

持续集成意味着在对存储库进行更改时创建软件系统的可执行版本。将文件推送到存储库时会触发持续集成工具。它构建系统并在开发计算机或项目集成服务器上运行测试。但是，运行软件的实际环境不可避免地会与开发环境不同。产品服务器可能具有不同的文件系统组织、不同的访问权限和不同的已安装应用程序。因此，当软件在实际的操作环境中运行时，你可能会发现在测试环境中未显示的错误。

持续交付意味着对系统进行更改后，你可以确保已更改的系统已准备好交付给客户。这意味着你必须在产品环境中对其进行测试，以确保环境因素不会导致系统故障或降低其性能。除功能测试外，还应运行负载测试，以显示软件随用户数量增加的表现情况。也可以运行测试以检查事务的吞吐量和系统的响应时间。

如第 5 章所述，创建产品环境副本的最简单方法是在容器中运行软件。将产品环境定义为容器，因此要创建测试环境，只需使用相同的镜像创建另外一个容器。这样可以确保对生产环境所做的更改始终反映在测试环境中。

持续交付并不意味着该软件必须立即发布给用户进行部署。何时执行此操作是一项商业决策，并且有充分的理由推迟执行此操作，这将在本节稍后部分进行解释。

但是，在最近几年中，越来越多的公司采用了持续部署，即在每次进行更改后将系统作为云服务进行部署。我在第 6 章中解释了微服务的持续部署过程，并在图 6.16 中展示了持续部署管道。

图 10.13 展示了此部署管道的摘要版本，展示了持续交付和部署所涉及的阶段。

初始集成测试后，将创建一个分阶段的测试环境。这是实际产品环境的副本，系统将在其中运行。然后运行系统验收测试，包括功能、负载和性能测试，以检查软件是否按预期工作。如果所有这些测试均通过，则将更改后的软件安装在产品服务器上。

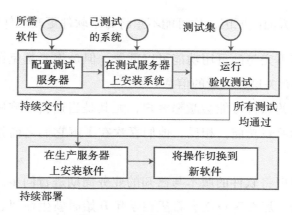

图 10.13　持续交付和部署

要部署系统，你需要将软件和所需的数据传输到产品服务器上。然后暂时停止所有新的服务请求，让旧版本处理未完成的事务。完成这些操作后，你可以切换到新版本的系统并重新启动进程。

表 10.6 显示了使用持续部署对产品公司的优势。

表 10.6　持续部署的优势

优　势	说　明
降低成本	如果使用持续部署，则别无选择，只能投入完全自动化的部署管道。手动部署是一个耗时且容易出错的过程。设置自动化系统非常昂贵且耗时，但是如果你定期对产品进行更新，则可以快速收回这些成本
更快地解决问题	如果出现问题，则可能仅影响系统的一小部分，并且该问题的根源将显而易见。如果将许多更改捆绑到一个发行版中，那么查找和修复问题就更加困难
更快的客户反馈	准备好供客户使用时，你可以部署新功能。你可以要求他们提供有关这些功能的反馈，并使用这些反馈来确定你需要进行的改进
A/B 测试	如果你有大量的客户群并使用多个服务器进行部署，则可以使用此选项。你可以在某些服务器上部署该软件的新版本，而使旧版本在其他服务器上运行。然后，你可以使用负载均衡技术将某些客户转移到新版本，而其他客户则使用旧版本。你可以衡量和评估新功能使用情况来查看它们是否达到了预期

显然，持续部署仅适用于基于云的系统。如果你的产品是通过应用商店出售的，或者是从公司网站上下载的，则持续集成和交付更合适。工作版本始终可以发布。如果你定期更新可下载版本，则客户可以决定何时更新其计算机或移动设

备上的软件。提供自动更新功能有时会很有帮助，这样用户无须执行任何操作。但是，许多用户对此不满意，因此你应该始终禁用此功能。

出于三个业务方面的原因，你可能不想将每个软件更改都部署给客户：

（1）你可能有不完整的可用功能可以部署，但是你要避免在完成所有功能之前向竞争对手提供有关这些功能的信息。

（2）不断变化的软件可能会激怒客户，尤其是当这会影响用户界面时。他们不想花时间继续学习新功能。相反，他们喜欢在了解它们之前先拥有许多可用的新功能。

（3）你可能希望将软件的版本与已知的业务周期进行同步。例如，如果你的产品面向教育市场，那么客户就会希望在学年开始时新生注册、设置课程和其他年初任务时，系统能够保持稳定。在那个时候他们不太可能想去尝试新功能。当这些客户有时间试用新系统时，将功能发布给他们更有意义。

诸如 Jenkins 和 Travis 之类的持续集成工具也可用于支持持续交付和持续部署。这些工具可以与诸如 Chef 和 Puppet 之类的基础设施配置管理工具集成，以实现软件部署。但是，对于基于云的软件，将容器与持续集成工具结合使用通常比使用基础设施配置管理软件更简单。

10.2.3 基础设施即代码

在企业环境中，通常会有许多不同的物理或虚拟服务器（Web 服务器、数据库服务器、文件服务器等）执行不同的操作，它们具有不同的配置并运行不同的软件包。有些服务器可能需要在新版本的软件可用时进行更新；另一些可能需要保持稳定，因为有些遗留软件依赖于旧版本的配置。

对每台计算机上安装的软件都进行跟踪是很困难的。有时像安全更新这样的紧急变更就必须进行，而系统管理员不一定能每次都记录这些变化。服务器文档也经常过时。因此，手动维护具有数十台或数百台服务器的计算基础设施既昂贵又容易出错。

有人提出基础设施即代码方案以解决此问题。无须手动更新公司服务器上的软件，而是使用以机器可处理语言编写的基础设施模型来自动完成该过程。配置管理工具（例如 Puppet 和 Chef）可以根据基础设施定义在服务器上自动安装软件和服务。配置管理工具访问要安装软件的主副本，并将其推送到要配置的服务器上（图 10.14）。当必须要进行更改时，将更新基础设施模型，并且配置管理工具对所有服务器进行更改。

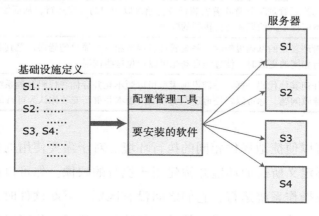

图 10.14　基础设施即代码

将软件基础设施定义为代码显然与作为服务交付的产品有关。产品提供商必须在云上管理其服务的基础设施。但是，它也与通过下载方式提供软件服务的产品有关。在这种情况下，你必须在多种场景下测试该软件，以确保它不会对买方的基础设施产生不利影响。你可以定义一些基础设施测试并完成测试来确保这一点。

将基础设施定义为代码并使用配置管理系统可解决持续部署的两个关键问题：

（1）你的测试环境必须与部署环境完全相同。如果更改部署环境，则必须在测试环境中进行同样的更改。

（2）更改服务时，必须能够将更改快速、可靠地推送到所有服务器。如果更改后的代码中有一个错误会影响系统的可靠性，则必须能够无缝地回滚到较旧版本的系统。

将基础设施定义为代码可以降低系统管理的成本，并降低实施基础设施变更时发生意外问题的风险。这些优势源于基础设施即代码的四个基本特征，如表 10.7 所示。

正如我在第 5 章中解释的那样，部署许多基于云的服务的最佳方法是使用容器。容器提供了运行在操作系统（如 Linux）之上的独立执行环境。使用 Dockerfile 指定安装在 Docker 容器中的软件，该 Dockerfile 本质上是将软件基础设施定义为代码。你可以通过处理 Dockerfile 来构建可执行的容器映像。

表 10.7　基础设施即代码的特点

特　点	说　明
可见性	基础设施被定义为一个独立的模型，整个 DevOps 团队均可阅读、讨论、理解和审查
重现性	使用配置管理工具意味着安装任务将始终以相同的顺序运行，从而始终创建相同的环境。这并不依赖于人们记住他们执行的顺序
可靠性	在管理复杂的基础设施时，系统管理员经常犯一些简单的错误，尤其是当必须对多台服务器进行相同的更改时。使过程自动化可以避免这些错误
可复原性	像任何其他代码一样，基础设施模型可以版本化并存储在代码管理系统中。如果基础设施更改导致问题，你可以轻松地还原到较旧的版本并重新安装你认为可行的环境

使用容器可以便捷地提供相同的执行环境。对于需要使用的每一种类型的服务器，你都需要定义所需的环境并构建用于执行的映像。你可以将应用程序容器作为测试系统或操作系统运行，它们之间没有区别。更新软件时，你将重新运行映像创建过程以创建包含修改后的软件的新映像。然后，你可以在运行现有系统的同时启动这些映像，并将服务请求转交给它们。

与企业系统相比，基于云的产品通常具有较少的服务器类型（例如 Web 服务器、数据库服务器、应用程序服务器）。但是，为了响应不断增长的需求，你可能必须置备新服务器，然后在需求少的时候关闭服务器。你可以为每种类型的服务器定义容器，并使用容器管理系统（例如 Kubernetes）来部署和管理这些容器。

10.3　DevOps 度量

在采用 DevOps 之后，你应该尝试不断改进 DevOps 流程，以更快地部署质量更好的软件。这意味着你需要有一个度量程序，可以在其中收集和分析产品及流程数据。通过不断的度量，你可以判断自己是否可以得到一个有效的和不断提高的流程。

有关软件开发和使用的度量可分为四类：

1. 流程度量
收集和分析有关开发、测试和部署流程的数据。

2. 服务度量
收集并分析有关该软件的数据性能、可靠性和客户的接受程度。

3. 使用情况度量

收集和分析有关客户如何使用你的产品的数据。

4. 业务成功度量

收集和分析有关你的产品如何有助于业务整体成功的数据。

流程度量和服务度量是与 DevOps 最相关的类型。使用度量可帮助你确定软件本身存在的问题。有人认为有关企业成功的度量也应该被定义和记录。但是，我认为这些是不可靠的，而且未必有价值，下面将给出我的解释。

度量软件及其开发是一个复杂的过程。你必须确定那些可能有用的指标并找到收集和分析指标数据的可靠方法。有时无法直接度量我们真正想要度量的东西（例如客户满意度）。因此，就必须从你收集的其他指标进行推断（例如回头客的数量）。

尽可能将 DevOps 的自动化原则应用于软件度量。应该给软件安装评估插件来收集有关软件自身的数据，像在第 6 章解释的那样，可以使用一个监控系统收集有关软件性能和可用性的数据。一些过程度量也是可以自动化的。但是由于人的参与，在过程的度量中也可能存在问题。不同的人以不同的方式工作，可能会记录不同的信息，并受到外界对其工作方式的影响。

例如，似乎可以简单记录订货交付时间。该时间是从面向修改计划的开发开始算起到实现变更之后的代码部署结束。但是，"订货交付时间"是什么意思？是指经过的时间还是开发人员解决问题所花费的时间？对正常工作时间有什么假设？有些更改的优先级高于其他更改，因此可以对该项更改进行处理并且停止完成另一个吗？这些问题没有简单的答案，这意味着流程度量从来都不容易收集和分析。

关于 DevOps 度量的许多文章都指出，应该将流程和产品度量与业务成功度量联系起来。他们认为改进你的 DevOps 流程可以带来更多商机。看起来不错，但我认为 DevOps 对业务绩效指标的衡量过于理想化，不切实际。实际上许多因素都有助于企业取得成功，无法单独抽取 DevOps 的贡献。例如一家企业可能会更成功，因为它引入了 DevOps。或者，成功的原因可能是更好的管理人员进行了变革，包括使用 DevOps。

322

　　我相信你应该先接受 DevOps，然后专注于收集可用于改善自己的软件交付和部署过程的流程与绩效指标。IBM 的 Payal Chakravarty 提出了一种非常实用的 DevOps 度量方法[⊖]。

　　根据经常发布代码而不会导致客户停机的目标，她建议使用基于九种指标并且很容易收集的指标记分卡。这些与以"云服务"的形式交付的软件有关。它们包括流程指标和服务指标，如图 10.15 所示。

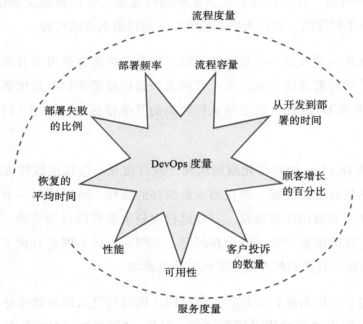

图 10.15　DevOps 记分卡中使用的指标

　　对于过程指标，你希望看到部署失败的数量、服务失败后的平均恢复时间以及从开发到得到部署的时间减少，并希望看到部署频率和提交的更新代码的行数增加。对于服务指标，可用性和性能应保持稳定或改善，客户投诉的数量应减少，并且新客户的数量应不断增加。

　　Chakravarty 建议应该每个星期分析和收集数据并显示在一个屏幕中，该屏幕显示了当前和前几周的数据。你还可以使用更好的图形表示了解长期趋势。图 10.16 显示了这种趋势分析的示例。

　　⊖　Payal Chakravarty，"The DevOps Scorecard," 2014，https://devops.com/devops-scorecard/.

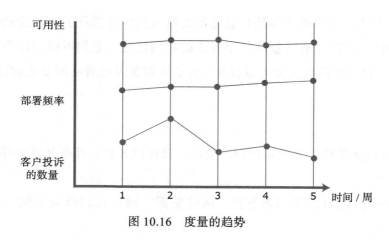

图 10.16 度量的趋势

324

从图 10.16 可以看出，随着时间的推移，可用性逐渐稳定，部署频率也在增加。客户投诉的数量变化更大。第 2 周的跳跃表明该星期发布的系统出现了问题。但是总体趋势表明随着时间的推移会有小幅改善。

可以使用几种不同的工具收集这些数据。持续集成工具（例如 Jenkins）可以收集有关部署、成功测试等的数据。云服务的提供商经常使用监控软件，例如来自 Amazon 的 Cloudwatch，可以提供有关可用性和性能的数据。你可以从问题管理系统收集客户提供的数据。

除了使用这些工具外，你还可以在产品中添加 Instrumentation 插件来收集有关其性能以及客户使用方式的数据。通过分析这些数据，你可以洞悉客户的实际行为，而不是了解你期望他们做什么，然后确定软件需要改善的部分。最实用的方法是使用日志文件，其中日志中的条目是带有时间戳的事件，反映了客户的行为或软件响应（图 10.17）。

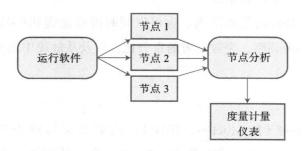

图 10.17 登录和分析

为了得到帮助，你必须记录尽可能多的事件，这意味着日志软件可能每秒记录数百个事件。可以使用各种日志分析工具来管理存储在云上的这些数据，并对其进行分析，以创建有关软件使用方式的有用信息。它们可以使用指标仪表板来显示信息，这些指标仪表板可以显示已分析的数据及随着时间变化的趋势。

要点

- DevOps 是软件开发和管理的集成，软件的开发、部署和维护都由同一团队完成。

- DevOps 的好处是部署更快、风险更低、错误代码修复更快、团队更有生产力。

- 源代码管理可以避免不同开发人员更新同一功能时互相干扰。

- 所有代码管理系统都基于共享代码存储库，其中包含一组支持代码传输、版本存储和检索、分支与合并，以及维护版本信息的特征。

- Git 是一种分布式代码管理系统，是软件产品开发中最广泛使用的系统。每个开发人员都使用自己的存储库副本，可以与共享项目存储库合并。

- 持续集成意味着将更改提交到项目存储库后，它与现有代码集成在一起，并创建该系统的新版本进行测试。

- 自动化的系统构建工具通过仅重新编译已更改的组件及其从属组件减少了编译和集成操作系统所需的时间。。

- 连续部署意味着进行更改后，将自动更新已部署的版本。仅当软件产品作为基于云的服务交付时才有可能。

- 基础设施即代码意味着软件在其上执行的基础设施（网络、已安装的软件等）被定义为机器可读的模型。自动化工具（例如 Chef 和 Puppet）可以基于基础设施模型配置服务器。

- 度量是 DevOps 的基本准则。你可以同时得到流程和产品度量。重要的流程指标是部署频率、失败部署的百分比，以及从故障中恢复的平均时间。

推荐阅读

What is DevOps?（E. Mueller，2010）：这篇博文写成于 DevOps 刚刚开始被使用时，它是一个经过深思熟虑的对 DevOps 含义的解释。其中没有详细介绍 DevOps，但包含了它的本质。

https://theagileadmin.com/what-is-dev/

Why Git for Your Organization（Atlassian，未注明日期）：该文讨论了 Git 不仅有益于开发人员，还具有广泛的组织适用性，对市场、产品管理、客户服务等有益。

https://www.atlassian.com/git/tutorials/why-git

Continuous Integration（M. Fowler，2006）：该文是较早介绍持续集成的概述之一，也是最佳概述之一，清晰易读。

https://www.martinfowler.com/articles/continuousIntegration.html

Continuous Integration: The answer to life, the universe, and everything?（M.Heller，未注明日期）：读一个与传统观点，即持续集成相反的观点是一件好事。该文指出了引入持续集成的一些问题，并提出了可能带来的好处并不总是像预期的那样好。

https://techbeacon.com/continuous-integration-answer-life-universe-everything

Building and Deploying Software through Continuous Delivery：（K.Brown，未注明日期）：该文讲述了持续交付的原则，以及与该主题有关的其他有用的信息。

https://www.ibm.com/cloud/garage/content/deliver/practice_continuous_delivery/

Infrastructure as Code: A Reason to Smile（J.Sitakange，2016）：该文是对将计算基础设施定义为代码的好处的清晰解释。

https://www.thoughtworks.com/insights/blog/infrastructure-code-reason-smile

习题

1. 说明为什么采用 DevOps 能为更高效的软件部署和运营提供基础。

2. 简要解释为什么当几个开发人员参与创建软件系统时，需要使用代码管理系统。如果只涉及一个开发人员，使用代码管理系统的优势是什么？

3. 分布式和集中式代码管理系统之间的根本区别是什么？这种差异如何给分布式代码管理系统带来最大的收益？

4. 在代码管理系统中创建新分支意味着什么？当多个开发人员使用相同的代码并且他们试图将其更改与项目主分支合并，会产生什么问题？

5. 说明当许多开发人员可能在同一个代码上工作时，如何使用 Git 和共享的公共

Git 存储库来简化管理开源开发的流程。

6. 什么是问题管理？为什么它对软件产品开发很重要？

7. 解释系统集成为什么不是简单地重新编译系统代码。

8. 为什么使用持续集成使查找软件中的错误更容易？

9. 持续集成、持续交付和持续部署的区别是什么？

10. 什么是流程指标和服务指标？解释为什么服务指标更容易收集并可能比流程指标更准确。

索　引

索引中的页码为英文原书页码，与书中页边标注的页码一致。

推荐阅读

软件工程（原书第10版）

作者：[英]伊恩·萨默维尔 译者：彭鑫 赵文耘 等 ISBN：978-7-111-58910-5

本书是软件工程领域的经典教材，自1982年第1版出版至今，伴随着软件工程学科的发展不断更新，影响了一代又一代的软件工程人才，对学科建设也产生了积极影响。全书共四个部分，完整讨论了软件工程各个阶段的内容，适合软件工程相关专业本科生和研究生学习，也适合软件工程师参考。

新版重要更新：

全面更新了关于敏捷软件工程的章节，增加了关于Scrum的新内容。此外还根据需要对其他章节进行了更新，以反映敏捷方法在软件工程中日益增长的应用。

增加了关于韧性工程、系统工程、系统之系统的新章节。

对于涉及可靠性、安全、信息安全的三章进行了彻底的重新组织。

在第18章"面向服务的软件工程"中增加了关于RESTful服务的新内容。

更新和修改了关于配置管理的章节，增加了关于分布式版本控制系统的新内容。

将关于面向方面的软件工程以及过程改进的章节移到了本书的配套网站（software-engineering-book.com）上。

在网站上新增了补充材料，包括一系列教学视频。

推荐阅读

架构即未来：现代企业可扩展的Web架构、流程和组织（原书第2版）

作者：马丁 L. 阿伯特 等 ISBN：978-7-111-53264-4 定价：99.00元

互联网技术管理与架构设计的"孙子兵法"

跨越横亘在当代商业增长和企业IT系统架构之间的鸿沟

有胆识的商业高层人士必读经典

李大学、余晨、唐毅 亲笔作序 涂子沛、段念、唐彬等 联合力荐

　　任何一个持续成长的公司最终都需要解决系统、组织和流程的扩展性问题。本书汇聚了作者从eBay、VISA、Salesforce.com到Apple超过30年的丰富经验，全面阐释了经过验证的信息技术扩展方法，对所需要掌握的产品和服务的平滑扩展做了详尽的论述，并在第1版的基础上更新了扩展的策略、技术和案例。

　　针对技术和非技术的决策者，马丁·阿伯特和迈克尔·费舍尔详尽地介绍了影响扩展性的各个方面，包括架构、过程、组织和技术。通过阅读本书，你可以学习到以最大化敏捷性和扩展性来优化组织机构的新策略，以及对云计算（IaaS/PaaS）、NoSQL、DevOps和业务指标等的新见解。而且利用其中的工具和建议，你可以系统化地清除扩展性道路上的障碍，在技术和业务上取得前所未有的成功。